河南柞蚕

主　编　郭　剑　潘茂华
副主编　张耀亭　王坤龙
　　　　崔　胜　朱绪伟

中国水利水电出版社
www.waterpub.com.cn
·北京·

内 容 提 要

本书主要根据作者多年来的工作实践，针对河南省当前柞蚕生产实际需要编写，是一本通俗易懂的应用书。

全书共七章，主要包括柞蚕的饲料及蚕场建设、柞蚕的生物学基础、柞蚕良种繁育技术、河南柞蚕放养技术、柞蚕病害及其防治、柞蚕的敌害及其防治和柞蚕业资源综合利用。同时介绍了河南柞蚕放养的经验和近年来的科研成果、实用技术等内容。

本书可供广大蚕农和基层技术服务人员学习使用，也可作为培训教材使用。

图书在版编目（CIP）数据

河南柞蚕 / 郭剑，潘茂华主编. -- 北京：中国水
利水电出版社，2020.8
　　ISBN 978-7-5170-8772-4

　　Ⅰ. ①河… Ⅱ. ①郭… ②潘… Ⅲ. ①柞蚕 Ⅳ.
①S885.1

中国版本图书馆CIP数据核字(2020)第149741号

书　　　名	**河南柞蚕** HENAN ZUOCAN
作　　　者	郭　剑　潘茂华　主编 张耀亭　王坤龙　崔　胜　朱绪伟　副主编
出版发行	中国水利水电出版社 （北京市海淀区玉渊潭南路1号D座　100038） 网址：www.waterpub.com.cn E-mail：sales@waterpub.com.cn 电话：(010) 68367658（营销中心）
经　　　售	北京科水图书销售中心（零售） 电话：(010) 88383994、63202643、68545874 全国各地新华书店和相关出版物销售网点
排　　　版	中国水利水电出版社微机排版中心
印　　　刷	天津嘉恒印务有限公司
规　　　格	170mm×240mm　16开本　21.5印张　338千字　2插页
版　　　次	2020年8月第1版　2020年8月第1次印刷
印　　　数	0001—2500册
定　　　价	**48.00元**

图 1　大别山天蚕

图 2　鲁红

图 3　白一化

图 4　胶蓝

图 5　豫大 1 号

图 6　豫短 1 号

图 7　穿茧

图 8　挂茧

图 9　暖茧制种

图 10　镜检

图 11　蚕卵消毒

图 12　净卵晾晒

图 13　收蚁

图 14　小蚕保护育

图 15　寄生蝇防治

图 16　剪枝

图 17　移蚕

图 18　剥茧

图 19　马蜂

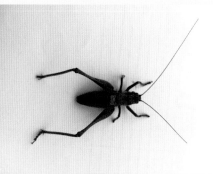

图 20　螽蟖

图 21　黑广肩步甲

图 22　蝽象

图 23　蚕饰腹寄蝇

图 24　坎坦追寄蝇

编 委 会

前　言

　　我国是世界柞蚕业的发源地，柞蚕资源和柞树资源丰富，分布辽阔。南起云贵高原，北至黑龙江，东起山东半岛，西至甘肃河西走廊，都有柞树分布，且大部省份都有柞蚕放养的历史。柞蚕从野生到人工放养，经过人类漫长的驯化、改良已经逐步适应大部分地区的气候环境。2000多年来，我国一直保持着世界柞蚕业第一大国的地位，柞蚕茧产量占世界的90％。目前，全国柞蚕生产主要集中在辽宁、吉林、黑龙江、河南、山东、内蒙古6个主产省（自治区），其柞蚕茧产量占全国的95％以上。

　　河南地处中原，是我国一化性柞蚕的主产区，其产量约占一化性柞蚕区的90％以上。柞蚕业是山区人民的一项传统产业，在发展山区经济中占有重要地位。随着国家"一带一路"建设的实施和"绿水青山就是金山银山"生态理念的逐步落实，柞蚕这一生态产业将焕发出勃勃生机。柞蚕生产以投入少、见效快、收益高的特点，将有力地帮助山区人民发展经济，脱贫致富。为了满足广大蚕农和蚕区专业人员学习的需要，结合河南省蚕业科学研究院新近取得的科研成果，并根据对多年的生产实践经验的总结，参考全国主要柞蚕区的生产经验和科研成果，组织编写了这本《河南柞蚕》。

目　录

柞蚕的饲料及蚕场建设

柞树，又名橡树、栎树。柞树是多年生木本植物，属种子植物门，被子植物亚门，双子叶植物纲，壳斗目，山毛榉科（或壳斗科），栎属。柞树是柞蚕的主要饲料。河南用于放养柞蚕的柞树主要有栓皮栎和麻栎，其中栓皮栎占实用柞坡面积的59%左右，麻栎占实用柞坡面积的38%左右，其他树种如槲栎、锐齿槲栎等占总量的3%左右。其中南阳、许昌地区以栓皮栎为主，信阳地区以麻栎为主，洛阳地区栓皮栎、麻栎、槲栎三者兼有。

第一节　河南分布的柞树主要种类及其形态特征

一、麻栎

麻栎（图1-1），俗称白栎、尖柞、油柞。分枝性较强，侧枝多平伸，节间较短。一、二年生枝条为灰色或灰褐色，嫩枝密生黄色绒毛，后脱落，呈黄褐色。多年生老树的树皮坚硬，呈暗褐色，有纵裂条纹，裂口呈灰白色。叶互生，节间短，叶狭长，叶尖有芒刺，叶形有披针形、长椭圆形和束腰形。叶缘呈锯齿状，齿锐，侧脉16～18对，叶脉直并伸出叶缘外，叶柄长有毛，叶面青绿色有光泽，叶背淡绿色，嫩叶密生黄色软毛，逐渐脱落。叶片略薄而小，冬季枯而不落，翌年发芽后枯叶脱落。麻栎枝条开展，萌芽力强，枝条向上性强。

图1-1 麻栎

麻栎喜光，深根系、发达，耐干旱，耐瘠薄，对土壤条件要求不严，在砾砂土壤中一般长势好于栓皮栎。喜湿润气候，但不耐酸碱土壤，在土层深厚、湿润、排水良好、阳光充足的山坡生长尤为良好。

春季麻栎发芽较晚，比栓皮栎晚5～7d，开叶较迟，但生长快，适熟期较短，老化快，一般用于饲养2、3龄柞蚕。麻栎叶质营养丰富，粗蛋白质含量高，蚕喜食，蚕群发育快而齐，蚕体质强健，保苗率高，养蚕成绩好。麻栎是稚蚕的良好饲料，但因在柞坡上发芽晚且数量较少，生产上常用来赶2、3龄的晚蚕。由于麻栎枝条开展，适宜留桩放拐进行树型养成，能放二级拐或三级拐，易养成中干树型，且树冠较栓皮栎大，同等数量的麻栎比栓皮栎多产15%左右的树叶，可多养10%左右的柞蚕。河南最常见的麻栎有大叶白、小叶白和亚腰白三种，其中以大叶白的叶质最好。

二、栓皮栎

栓皮栎，河南俗称黑栎、软木栎、白里柞、粗皮青杠，在河南省分布最广（图1-2）。树皮黑褐色，栓皮层发达，一年生枝条灰褐色，老枝表皮灰黑色，节间较短，枝条开展，主枝多，侧枝少，枝条向上性较强。叶为披针形或长椭圆形，叶面浓绿色，叶背面密生灰白色绒毛，叶片较麻栎厚，叶缘锯齿状，齿尖较短，侧脉9～15对。冬季枯叶多枯而不落，翌年发芽

图1-2 栓皮栎

枯叶脱落。

栓皮栎喜光，喜温，根系较发达，耐干旱，适应性强，砾砂土、黄棕壤土、褐色土壤均适宜，发芽较早，较麻栎早5～7d，各种营养成分适中，适于饲养1龄柞蚕，因其适熟期较长，硬化迟，是壮蚕期的主要饲料。在土层较厚的黄棕壤土、褐色土壤中长势旺盛，特别是柞坡坡跟和周边更是如此。由于栓皮栎枝条开展，在树型养成中，适于留桩成拳和留桩放拐的养成。

三、槲树

槲树，河南又称槲栎、柞椤、槲棵等（图1-3）。多呈低矮灌木，分枝较少，向上性强。树干皮粗涩，灰褐色。枝条呈灰白色及青色，四棱形，梢部有一肥大的顶芽和2～3个小芽，芽鳞密生黄褐色绒毛。叶片大，倒卵形或匙形，叶尖圆钝，叶缘有浅波状锯齿，叶面深绿或绿色，叶背灰绿色，密生绒毛。叶基耳状，叶柄极短。

春季槲树发芽早，展叶快，老硬也快，叶片适熟期最短，各种营养成分与麻栎、栓皮栎较之最差，嫩叶时水分含量高。利用槲树养蚕，蚕体虚弱，茧形

图1-3　槲树

大，茧层疏松，茧丝量少，解舒不良。因此，槲树养蚕价值不高，目前很少利用，有时仅作为辅助饲料。

第二节　点　橡　植　柞

一、橡实的采集

1. 采集时间

河南大部分地区，橡实在9月末至10月初成熟。一般黑栎成熟较早，

白栎成熟较晚，故应于9月中旬做好一切准备工作，并根据需要的多少作出母树和品种选择计划。选择叶质良好、生长发育健壮的柞树中批成熟的橡籽作种。采集橡子应在干燥的天气进行，为了适应养蚕的需要，采集时应分别采集，分别储放，以便于分别利用。应注意不要把两类橡种混在一起，以充分发挥不同品种特有作用。

2. 橡实鉴别

橡实的品质可以从外部特征的表现鉴别出来，健壮的橡实壳呈黄绿色，坚硬而有光泽，胚肉系黄白色或淡红色，可以采作种子。凡是脱皮的、皱皮多的、有虫眼的、受伤的、胚肉变黑的以及特别小的、发育不良而呈绿色的均不能作种利用。但在大量采集时，不可避免地带些坏籽，若不经过选种，在储放过程中会传染好种，造成损失。因此，采集种子之后，必须经过选种，选种可分手选和水选两种。

（1）手选法。通过人工剔除那些有蛀孔的、腐烂症状的、受机械压碎的、皱皮多的、发育不良的劣质种子。

（2）水选法。把橡子倒在盛水的容器内，以木棍搅拌，使干的与受各种损害的橡实漂浮水面，而后捞出，留优去劣。

二、橡实储存

为了避免橡实受热受潮，变质霉烂，降低橡实质量，影响发芽，新采集的种子，应及时放在不易受潮的房间内，摊成6～10cm厚，每日翻动1次，约经一周的时间即可阴干（干后的重量要轻5%～8%）。干后的储藏方法有以下3种：

（1）将橡实装入通气的篓内，放在地势高燥、通风凉爽的场所，上面盖些稻草，避免雨淋和冻坏，适宜小量储藏。

（2）选择地面干燥、空气流通的房屋，先在地面铺上一层细沙，然后在沙上铺一层橡实，这样继续层叠铺放，每层约3cm厚，一般堆高不超过50cm，以免发热霉烂。

（3）土坑混沙埋藏法（图1-4），此方法适于橡种越冬储藏。土坑应选择无鼠等为害、地下水位低、干燥、排水良好、温湿度适宜（温度以0～

3℃为宜，湿度以 70％为宜）而
变化不大的地方，挖深宽各 1m，
长可视橡种多少而定（一般以 5m
为好）；在坑内的每平方米中间，
设高出土丘约 20cm，直径 10～
20cm，四周有小孔，能通风换气
的通风筒（或以玉米秸把代替）。
在坑底先铺一层 10cm 左右厚的
粗干沙，然后将阴干的橡种，掺
入含水率在 30％ 左右的细沙

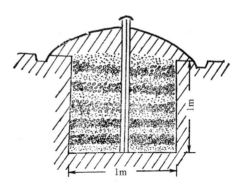

图 1-4　橡种越冬土坑混沙埋藏法

30％～40％放入坑里，或每放 5～8cm 厚的一层橡种，再放 3～6cm 厚的一
层较干细沙，待放到距地面 20～30cm 处时，铺一层较干细沙和秸草，再用
土培成 30cm 高四周大于土坑 20cm 的土丘踩实；最后土丘周围挖一条顺水
沟，以防雨水渗入坑内。这种土坑每米长能储藏 300～400kg 橡种。一般于
地封冻前埋藏，待翌春化冻后播种前挖出橡种。

三、橡实点播

1. 蚕坡场地的选择

蚕坡场地的选择以有利于柞树、柞蚕的生长发育和便于操作管理为原则。

（1）坡势适当。为便于操作管理和水土保持，一般坡度不超过 45°为
适宜。

（2）土质良好。为保证柞树生长发育旺盛，提高叶量，一般应选择土
层较厚的腐殖质或沙质壤土为好。

（3）各向兼有。河南省春蚕期气温特点是稚蚕期偏低，壮蚕期偏高，
一般应选用温度较高的阳坡放养稚蚕，选用温度较低的阴坡放养壮蚕。因
此，在场地选择上，应当阴阳坡各向兼有，利于养蚕。

2. 催芽

催芽应于播种前 10d 左右，将选好的橡实浸入清水 1～2d，然后摊放于
凉爽处，经常喷水，保持湿润，待橡种幼芽露头时进行播种。

3. 点播时间

点播时间一般可分为春播和秋播两种。秋播于橡实采集后，即行播种，具有无须长期储存、减少虫伤、需种量少、发芽率高、生长期长、苗齐、苗壮等优点，但越冬期易遭兽畜食害。春播可在清明节前播种，具有土壤经过冬天雨雪风化、墒情好、少受兽畜食害等优点；但因橡实长期储存，发芽率较低，柞苗生长发育较差。

4. 点播方法

点播方法应根据山形地势规划蚕场，选定方向、品种，有计划地进行播种。背风向阳、土质较好的方向可点播麻栎，供 2、3 龄稚蚕使用；其他点播栓皮栎，供壮蚕期使用。在便于操作管理的原则，根据土壤肥力，适当密植，株行距一般掌握 1m 左右，肥坡可以稍稀，薄坡可以稍密。确定株行距后，拉绳定位，按位挖喷雾。穴深 20cm，直径 30cm。疏松穴内土壤，每穴点播橡实 6 粒左右，要均匀撒布，不使堆积，便于发芽。然后覆土 4～8cm，用脚踏实，使橡实和土壤密切接触，以利发芽。每亩点播需橡实 7～8kg。点播后要严防兽畜食害橡实和幼苗。

第三节　柞树树型养成、剪伐和蚕场管理

一、柞树树型养成

柞树树型养成即结合当地柞树种类、坡质、地势对柞树进行人工修剪，通过多年剪伐将养蚕柞坡的柞树培养成产叶量高、叶质优良、便于人工操作放养柞蚕的技术措施。

（一）柞树树型养成的意义

柞坡柞树树型养成的意义，主要是通过人工有计划的修剪，扩大和改善柞树的树冠结构，抑制柞树树势纵向发展，增加柞树树冠横向面积，以提高柞树的光合作用效率和单位面积产叶量，从而改善柞树墩间小气候和提高柞坡单位面积柞蚕放养量。同时有利于生产技术操作和维护柞坡生态平衡，增加郁闭度，减少柞坡水土流失。

1. 控制柞树高度

柞树具有很强的顶端生长优势，由于树冠上部枝叶生长茂盛对柞树整体营养和水分的过分需求，容易造成下部枝叶过早老化而抑制下部枝叶生长，使下部枝叶逐年消失，造成树冠层很高，养蚕作业困难。根据养蚕生产需要，柞树高度应控制在 2m 以内，这样既扩大了树冠，保证了柞树对空间和光能的需求，又便于养蚕技术操作管理，提高劳动效率。

2. 改善柞树的树冠结构

柞坡柞树通过树型养成，改善冠层结构，抑制顶端生长优势，促进柞树内部营养结构的重新分配，促进柞树分枝和侧枝生长，使柞树枝叶尽量向四周扩展，发挥空间优势，充分利用光能，增加产叶量。柞树枝干分层排列，枝条疏密匀称，可以改善柞树树冠内部通风透光条件，改变树冠内的小环境和小气候，同时减少地面辐射热，有利于柞树和柞蚕的生长发育。

（二）柞树树型养成的理论基础

柞树经过人工修剪，改造成为适宜养蚕要求的树型，从柞树本身来说是违背其生理的，但从生产来说，通过剪伐养成一定树型，促使柞树枝叶生长，便于养蚕管理，对人类有益。那么，柞树哪些生理特性可以保证剪伐养成需要树型和不断轮伐更新控制高度保持树型，而不影响柞树生长，达到可持续利用呢？

（1）柞树具有较强的再生机能，修剪破坏其枝干后能引起柞树再生，促使潜伏芽、休眠芽、不定芽的萌发生长。在轮伐更新周期内，1～3 年生时营养生长占优势，柞叶生长量与枝干生长量随枝龄的增长而增大，二者呈正相关关系；4～5 年生枝干，营养生长减弱，生殖生长增强。柞树开花结实时，为满足其生殖生长的需要，柞叶生长量开始下降，而枝干生长量上升，二者呈负相关关系。柞树枝叶的相关生长规律为确定轮伐更新周期提供了理论依据。

（2）柞树顶端生长优势较强，这与生长素有关。生产上，柞树经过适当的剪伐，抑制其顶端生长优势，会迫使顶端生长优势分散平衡，抑制主枝、徒长枝、向上枝的生长，促进营养分散，促使分杈枝和侧枝的生长。

（3）俗话说"根深叶茂"，这说明了根深和叶茂是相互依存的关系。柞树在正常生长中，地下部分的根系和地上部分的枝叶之间保持着动态的平衡状态，二者之间是互相影响、互相制约的。枝干剪伐和柞蚕取食都会破坏柞树原有的根和枝叶的平衡状态，树体各个器官间明显地表现出重新恢复建立这一平衡状态的趋向，进而建立新的平衡。其中，最明显的就是引起被破坏的器官——枝叶的迅速再生。因此，生产上采取适当的修剪措施，可为地上部分枝叶的生长创造有利条件。

（三）柞坡树型养成的原则

柞树树型的养成，要因需制宜，因树制宜，因地制宜。

1. 因需制宜，培养树型

一般柞蚕生产上需要的蚕坡树型，高度应控制在 2m 以内，树冠直径为 2～5m。这样，枝条生长平列分散，布局合理，通风透光，枝叶繁茂，柞叶适熟，单位面积产叶量高、叶质好，适于蚕儿食用。便于养蚕操作和除害管理。所以，柞坡上的柞树培养树型，应根据养蚕生产的需要，进行树型养成。

2. 因树制宜，培养树型

不同种类的柞树，生物学特性有明显的差异，其中影响树型养成的主要特性有极性、层性、分枝角度、枝干的坚硬度、芽的排列、成枝力、萌芽力等。原则上，培养树型要在不影响或少影响柞树生理特点和树势的前提下，针对各种柞树的不同生物学特性以及生长时期和生长情况，采取不同剪伐培养方法来培养成适宜的树型。如河南大量分布的麻栎、栓皮栎就易养成中干、低干放拐树型或无干树型。

3. 因地制宜，培养树型

柞坡上的柞树培养树型，要根据柞坡的土壤肥力、地势高低、坡度大小、气候条件、柞树密度以及其他植被的分布等环境条件来培养树型。土质好、地势低坦、坡度小、风小、南向坡、柞树稀、敌害多的地方，宜养成中干留拳树型或中干放拐树型。土质好、树势强的宜重剪伐。

（四）柞树树型种类及特点

柞树的树型与柞叶产叶量、叶质优劣、养蚕管理、病虫敌害的防治、柞蚕生产的开展及效果等方面均有密切关系。因此，应根据当地气候、蚕坡土质、坡度大小、树种特性及饲养操作要求等，来确定蚕坡树型养成型式，培育出适宜养蚕、便于操作的树型，在柞蚕生产上具有十分重要的意义。

柞坡树型种类主要有无干树型、中干树型和其他树型。现将几种树型的优缺点介绍如下。

1. 无干树型

无干树型又称根刈树型或墩柞（图1-5），这是一种在河南较为普遍的放养柞蚕用树型。冬季伐坡时，从柞树接近地面的基部砍去全部枝干，翌年春暖时即形成枝条丛生无主干，呈灌木墩状的树型。其主要优点为：①枝条多，生长旺盛，发芽早，柞叶成熟快，叶质柔嫩，且柞叶含水率高，蛋白质充足，适宜饲养小蚕；②由于根刈树型低矮，可以减少风害；③隔年根刈后所发新芽，河南俗称火芽，可以解决河南柞蚕放养后期多年生柞树柞叶老化不能满足蚕儿生长发育需要的问题；④根刈树型养成技术简单，节省劳力，同时可以减少蛀干害虫的危害。其缺点为：①枝条密集，树冠低矮，通风透光性差，易遭闷热；②枝条丛生于地面，地面反射热强且底部柞叶易被污染，降低柞叶利用率，同时蚕儿食叶后易感染蚕病和易被敌害潜藏；③树型树冠较小，柞叶硬化快，单位面积产叶量少，担蚕量少。根刈树型适于薄坡或小蚕固定蚁场，放养1～2龄蚕为最好。

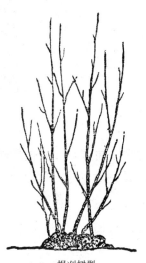

根刈树型

剪伐部位

图1-5 无干树型

2. 中干树型

中干树型又称中刈树型、桩橛等（图1-6）。即柞树留干高度50～80cm（最高不超过100cm）。柞树枝条丛生于桩干顶端或分散丛生于桩干拐枝上，树冠离地面有一定高度，树型呈伞状。它可分为中干留拳树型、中干放拐树型。中干留拳树型，枝条丛生于桩拳上，树冠离开地面，树型呈小伞状。中干放拐树型，枝条分散丛生于桩拐上，树冠呈大伞状。中干放拐树型，因地势不同，留放的拐枝也有不同，所放出的拐枝，均要求与地面平行，群众俗称"水平拐枝""仰头拐枝""低头拐枝""羊角拐枝"以及"两层拐枝"等。

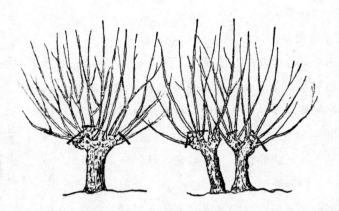

图 1-6 中干树型

中干树型是一种优质高产树型。其优点为：①树冠发达，枝条分布均匀合理，能充分利用柞坡空间，光合作用充足，可促进根系的发展，柞树生长发育旺盛，树龄较长，并可有效提高产叶量和叶质，缩小养蚕面积，提高单位面积放养量，同时便于蚕场看护；②树干较高，底部柞叶不易被污染，敌害不易上树或在其间潜伏，减少病虫害为害，提高保苗率；③树型开展，通风透光好，叶质好，同时可减少地面辐射热，改善墩间小气候，有利于蚕儿正常生长发育；④柞坡生态系统重建，柞树和树下草、灌木植物形成立体植被，减小雨水对柞坡直接冲刷，有利于水土保持和维持生态平衡。其缺点为：中干树型，特别是中干放拐树型，养成时间长，技术稍复杂。中干树型柞坡总面积比例，河南约占 20%，但生产上需要大力推广。

中干树型适于向阳柞坡和壮坡，放养 3～5 龄蚕最好。

3. 其他树型

柞坡柞树树型，除以上两种树型外，还有低干树型、高干树型等。

（1）低干树型。此树型留干高 15～33cm，枝条丛生于桩干顶端或桩干拐枝上，树冠离开地面。多混生于根刈和中干树型柞坡中。

（2）高干树型。此树型留干高 100cm 以上，一般多为 100～150cm，枝条分散丛生于桩干顶端拐枝上，树冠离开地面较高。多培养于蚕场路边、地埂和沟塘低凹处。

（五）柞树树型养成方法

柞坡柞树的树型养成，通常根据柞坡的地势、柞树种类和养蚕要求，采用不同的养成技术。

1. 无干树型养成技术

树型无干，枝条丛生于地表，呈灌木墩状。

无干树型养成，就是在 2～3 年丛生柞树进行轮伐更新时，于柞树休眠期从柞树植株基部 1～3cm 处将所有植株全部伐去，促使柞树重新萌发生长出新的枝条，最终形成灌木状柞墩。萌出的新芽，河南俗称"火芽"。河南的小蚕固定蚁场，都采用无干树型，每年进行剪伐，一般在春季小蚕结束后就伐去，并进行施肥管理。

2. 低干树型养成技术

此树型树干低矮。在柞树轮伐期选留比较粗壮的枝条作为主干，在离地面 30～36cm 处剪伐，在隔年轮伐更新所留主干上部萌发的枝条中，选留不同方位的粗壮枝条 3～4 个，在距基部 20cm 处伐去顶端部分，再次隔年轮伐更新时再在每一枝条上发出的枝条中选留位置适宜的 2～3 个，在距基部 12cm 处伐去顶端形成圆满树冠，即为低干树型。这种树型便于养蚕操作，兼具无干树型和中干树型的优点。河南因为隔年轮伐，养成此树型需要 5～6 年。

3. 中干树型养成技术

（1）中干留拳树型养成。中干留拳树型是在无干树型的基础上，一般可通过留桩定干、清底育枝、伐枝养拳三步养成。

1）留桩定干。当柞坡中的根刈柞树生长 2～3 年后，在柞树休眠期进行中刈砍伐，留桩干高 40～80cm，在枝杈和节间上方 1cm 处修剪掉上部枝条。同时，在所留的每个桩干顶端选留 1～2 个小侧枝。桩干上其他枝条和柞墩里的其他植株要全部清除。每墩柞树留桩多少要根据树种、柞坡柞树稀密而定。分枝少的树种、树稀的地方可留 2～3 个桩干，并要布局合理。

2）清底育枝。留桩定干后，结合柞坡轮伐更新工作，及时清底育枝，去除柞墩基部萌发的新生枝条及干杈死枝，酌情更新或修剪桩干上枝条，以利集中养分，促使桩干顶端生长更多更好的枝叶。

3）伐枝养拳。树型养成过程中结合柞坡轮伐更新，将桩干上的枝条，从基部 1～3cm 处进行一次修剪更新。这样通过桩干顶端多次轮伐更新在桩干顶端养成拳头状，即养成中干留拳树型。生产上要结合轮伐更新，及时清除柞墩基部萌发新枝和桩干下部枝条，淘汰多余桩干，以保持树型。

（2）中干放拐树型养成。在柞树中干留拳树型留桩定干养成之后，进行借枝放拐、剪徒长枝、逐段放拐，即可养成中干放拐树型（图 1-7）。

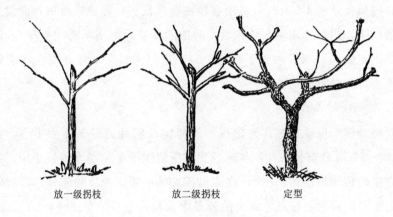

放一级拐枝　　　　放二级拐枝　　　　定型

图 1-7　中干放拐树型培养

1）留桩定干。同中干留拳树型培养法。

2）借枝放拐。在中刈留桩后的轮伐更新过程中，在所留的桩干顶端，选择向四周旁侧伸长姿势适宜放拐的粗壮侧枝，留拐枝长 20～50cm，剪去枝条上部，并在所放留的拐枝顶端选留生长旺盛和伸长姿势适合的放拐小侧枝 1～2 个，留作下一级拐枝。培养中刈放拐树型，定干时每墩定留 1～2 个桩干。

3）剪徒长枝。除和培养中刈留拳树型一样清底育枝外，还要结合剪枝移蚕养蚕操作，将桩干向上生长的高大徒长枝，从基部剪伐掉，以控制徒长枝向上生长。这样可以打破顶端优势，促进桩干和拐枝的生长，加速树型养成。

4）逐段放拐。结合中干留拳树型养成过程的伐枝养拳和柞坡轮伐，从留的桩干顶端和已放出的拐枝上，选择伸长姿势长好、健壮、适合放拐、布局合理的枝条，补放、接放、分放拐枝，并在所放拐枝顶端下方选留1～2个小毛枝，其他枝条全部剪掉。这样逐段放拐，待每墩柞树放出3～4个拐枝，每个拐枝放出2～4个级，总拐枝长1.0～1.5m即可。要求所放拐枝不仅要分布合理，而且拐枝尽量与地面平行。待树型养成后，结合柞坡轮伐更新，将桩拐上的枝条，从基部剪伐掉，通过多次剪伐更新后即养成拳状。

（3）中干树型快速养成。中干树型快速养成也称柞树快速中刈或小树攀尖中刈。在进行柞坡轮伐更新时，在1～2年生根刈柞墩中选择较大的几个植株，距地面40～60cm节权处将上梢剪伐掉，其余枝条不用剪伐。也可在根刈一年生小树的生长期，结合移蚕剪枝养蚕操作，有目的有计划地选择高大粗壮植株，在有分权处的上面剪梢留干40～60cm，其他不动。

中刈留干继续养蚕1～2年后，结合柞坡轮伐更新，将柞墩里的其他植株和桩干下部枝全部剪除，同时剪除桩干上的徒长枝。如计划养成中干放拐树型，也可借枝放拐，加快树型养成。通过攀尖抑制顶端优势，可以加快所留枝条和侧枝长粗长壮，促进树型快速养成。

（4）中干树型南召式的养成。在麻栎、栓皮栎根刈基础上，经过初型、中型、定型培养成的一种中干放拐树型（图1-8）。因树型养成后树冠大，最好选择在土质好、树势强、坡度小、柞树较稀的柞坡上培养。

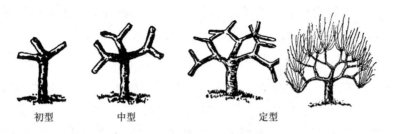

初型　　　　　中型　　　　　　　定型

图1-8　中干树型南召式养成法

1）初型。在1～2年生根刈柞墩中，选留最大的植株剪梢留桩干50～60cm，并在桩干上留3～4个粗壮侧枝作为支干，留拐长16～27cm，其余

13

枝条全部剪伐掉。

2）中型。在初型基础上，结合柞坡轮伐更新，再选留 1～2 个粗壮枝条作为二级拐，留干长 30cm 左右。

3）定型。在中型的基础上，结合柞坡轮伐更新，在二级拐的顶端选留 1～2 个适宜放拐的粗壮枝条，留干 30～50cm，养成三级拐。中干树型定型后，当树势衰老、叶量和叶质下降时，可将三级拐的拳伐掉促生新拳。

（六）柞蚕小蚕专用保苗场的建设

河南柞蚕固定蚁场，是根据柞蚕小蚕饲养要求，为满足小蚕生长发育需要，而经过人工密植培育建设的小蚕专用场。

1. 建设小蚕固定蚁场的意义

柞蚕在野外放养，小蚕易遭受各种病、虫、鸟、兽以及风、雨、霜、雪等自然灾害的侵害，抵抗力弱，造成小蚕大量损失，产茧量低。实验证明，固定蚁场的保苗率，1 龄可达 95％左右，结茧率提高 20％，增产效果明显。建设和推广小蚕专用保苗场，可提高放养安全性、最大限度地减少不良天气（气候）、天敌、不良饲料对小蚕的影响；可大幅度地降低遗蚕率，提高结茧率；同时可以缩小放养面积，提高单个劳动力的放养量，提高单位面积放养量，便于看护和管理，实行集约经营，是达到柞蚕生产增产、稳产目的的重要途径。

2. 小蚕固定蚁场的建设

（1）场地选择。河南建造固定蚁场，应选择地势高燥平坦、背风向阳、排水良好、土层较厚、土质较好，坡度小，交通方便，利于蚕期用芽整体规划、不受风霜侵袭的南向或东南向的坡腰。

（2）树种选择及橡实的采集。小蚕喜食含水分、蛋白质较多的嫩叶，另外河南蚕谚"春蚕难得早"。因此，在建设小蚕保苗场时，树种应选择发芽早的栓皮栎为好，其中以"大叶黑栎"为最好。橡实多于 9 月中下旬至 10 月上旬先后成熟，应抓紧时机，及时采种。采集中批成熟的橡籽作种。有条件时，最好是单株单采，进行单独播种。

（3）密植形式。固定蚁场适宜密植形式主要有以下几种。

1）床式。宽 1m，长 5m 或 10m，也可根据地形而定，床与床之间要留

1～1.5m 的通道，便于收蚁、匀蚕、移蚕等技术操作。床内顺长栽植 3～4 行，播种橡实 30～40 粒/m，株距 15～20cm。

2）行式。大行距 1～1.5m，小行距 30～40cm，株距 20～30cm，栽植方法与床式相同。

3）墩式。株行距 1～1.5m，穴直径 30～40cm，每穴环播橡籽 15～20 粒。

4）现有柞坡改造固定蚁场。利用现有柞坡，选择栓皮栎较多、树势较弱、密集、地势较为平坦、背风向阳、小环境好的地方进行改造。

（4）固定蚁场的种植和管理。

1）整地。播种前首先深翻土地，并保持表土在上，同时清除草根和石块，并施足基肥。场地四周开挖深宽各 30cm 左右的排水沟，防止水浸和害虫进入。

2）播种。为使固定蚁场通风透光，播种时以南北向纵向条播为宜。在坡度较大的场地播种，可行横沟条播，以减少水土流失。为保证全苗，可以适当加密，待出苗后，再行疏株。橡种点播后，盖土搂平，播种沟用脚踏实，便于橡芽扎根。固定蚁场每亩用种，床式：栓皮栎 200kg；行式：栓皮栎 170kg；墩式：栓皮栎 56kg。

3）幼苗期管理。天气干旱时，要适时浇水，出苗前用草帘覆盖保墒。要经常中耕除草，不使荒芜，幼苗期锄草时不宜过深，免伤幼根。发现苗弱叶黄，要增施速效肥。施肥量，树大可多施，树小可少施。可于两行间每平方米沟施尿素 20～30g，第二年就酌情增加施肥量。

4）整伐更新。柞蚕固定蚁场建成后，可以连年使用。当小蚕出场后，要及时齐地剪伐，并增施速效肥、中耕除草，不久柞树又发出新枝，次年仍可使用养蚕。固定蚁场柞苗高度，一般保持 80cm 左右为宜。

二、柞树的剪伐

在柞树的管理上，剪伐次数过多，一方面因大量失去枝叶等营养器官，对柞树的正常生长造成一定影响，影响树势；另一方面也降低了柞坡的利用率。但经过适当的整枝修剪，可延长柞树轮伐更新年限，抑制顶端生长优势，促进多发侧枝和增强侧枝的生长，降低树冠高度，增加枝条密度，通风透光，柞树枝繁叶茂，树势旺盛，增加产叶量，同时便于养蚕技术操作。柞树整枝修剪应根据蚕场的利用时期、柞树种类、树龄、树势、生长时期、地势、坡向、土质以及肥培管理等条件而有所区别。对土质好、树势强的柞坡可以连续剪伐，休眠期可重剪，生长期应轻剪。生产上常用的方法有以下几种。

1. 剪枝

一般在休眠期结合柞坡轮伐更新进行。对无干树型养成的柞坡，可隔年轮伐，以满足养蚕生产需要。如河南每年轮伐柞坡以获得火芽，以满足春蚕壮蚕用叶。对于留桩放拐树型或中干留拳树型，在树势逐年衰老、产叶量下降的情况下，要把最上一级拳砍伐掉，促使柞树重新萌发出繁茂的枝叶来，通过多次剪伐促进新拳养成，以防止老拳被盯死。

2. 剪梢

河南称为"捎坡"，河南春季气候干旱，柞叶硬化快，如春季火芽不足，可在农历春分前后对长势旺盛的柞树进行截梢工作。用镰刀或枝剪截去 2～3 年生柞树上部 1/3～1/4 的枝条；壮坡柞枝宜截长，瘠坡柞枝宜截短，细枝条宜留长，粗枝条宜留短；土壤墒情好可截长，墒情差可截短。经过截梢的柞树，发芽迟，叶片鲜嫩肥厚，适于饲养 4 龄柞蚕；多雨时期，也可作为 5 龄蚕的饲料。这种操作，河南称为"捎芽子"。另外，河南柞树叶一般在 6 月初就已经老化，6—7 月连续高温，使柞树进入"夏眠"状态而停止生长。为了饲养秋柞蚕的需要，给秋柞蚕小蚕期提供适熟柞叶，必须进行夏伐，可在 7 月 1 日前后 5 天（依据当时土地墒情），在柞树树干离地面 30cm 处进行夏伐剪梢，使柞树在修剪处重新萌发繁茂幼嫩的枝叶，以满足秋蚕饲养用叶需要。

三、蚕场的管理

蚕场建成后，要经常进行轮伐更新、树型维护、水土保持、冬季防火等管理，以保证树型良好、树势茂盛、草灌植物正常生长，保持柞坡总体功能完备，能够满足养蚕生产需要。

16

1. 蚕场的轮伐更新、树型维护

为了满足养蚕生产需要，河南一般每年会在柞树休眠期对隔年蚕场柞坡进行剪伐更新，俗称"伐蚕坡"。

（1）轮伐更新的意义。蚕坡柞树生长一定年限后，干高叶稀，不利于养蚕，需要整伐更新。柞树轮伐更新，可降低和减少柞树生长点，促进营养生长，提高柞叶产量和质量，控制柞树高度，适宜养蚕和便于管理，还能除去积存和残留在柞树枝条上的病原体和害虫卵，减轻病害、虫害，并且可以起到复壮柞树的作用。同时，整伐的当年，可以延迟柞树发芽时间，所发出的嫩梢火芽，可供作壮蚕期特别是 5 龄期的适熟饲料。

（2）柞树轮伐的时期。河南一般从 11 月上旬开始到翌年 2 月上旬柞树休眠期，树液停止流动时进行。蚕场更新剪伐时期，不宜过早或过迟。过早，树液还在流动，不利柞树愈合伤口。过晚，影响来年柞树萌芽和生长。可以根据不同地区气候、坡向、坡高、坡质和树种情况来决定适宜整伐时间，如生长在气候寒冷的高山阴坡的柞树，为免受冻害，一般于上冻前和立春后整伐；在瘠薄柞坡上生长的柞树，因柞叶硬化过早，一般于立春前后整伐。严禁不分时间、不按茬口、不讲质量地乱砍滥伐。

（3）养蚕柞坡的使用规划。不同位置的柞坡，温度、湿度、光照、风的大小方向均有差异，不同轮伐年限的柞树，发育情况也不同。生产上应根据蚕儿各龄期的特点及所用面积对柞坡进行合理的规划。选择适宜的树种、地势、坡向，做到提前规划，科学调配。养蚕柞坡一般可分为蚁场、稚蚕场、大眠场、营茧场 4 个部分。其中，蚁场用来饲养 1 龄蚕的场地，占全龄用坡面积的 3% 左右；稚蚕场用来饲养 2～3 龄蚕的场地，占全龄用坡面积的 12% 左右；大眠场用来饲养 4～5 龄蚕的场地，火芽不足时，可用捎坡芽或少部分老梢，占全龄用坡面积的 70% 左右；营茧场用来熟蚕营茧的地方，宜选地势高燥、通风良好的阴坡，约占全龄用坡面积的 10%～15%。

为了保证蚕期小蚕和大蚕的不同用叶需求，河南经常采用隔年轮伐，也就是把蚕坡划分为面积基本相等的两部分，每部分柞坡都有适宜的稚蚕场和壮蚕场。每年整伐一部分柞坡，将更新柞树所萌发出来的火芽用于饲养壮蚕，将未更新的老梢用于饲养稚蚕。在大眠场使用火芽的地方，火芽面积约占养蚕面积的 60％以上。

20 世纪 80 年代河南推广三年轮伐（三三制）方法，取得良好效果。其方法是将蚕坡三等分，每年砍伐 1/3，作为"二八"场用；修剪或捎坡处理 1/3，作为大眠场（4 龄）用；保留 1/3 老梢，作为小三场用。

（4）轮伐更新的方法。柞树的轮伐更新方法要根据树型养成而定，在保持树型的前提下，将上回轮伐更新后的新生枝条伐除掉，使其重新萌发柔嫩新枝芽。河南将生长两年以上的柞树统称"老梢"；整伐后的新生柞芽称为"火芽"。根刈树型，由于伐条部位接近地面，近年来，常使用改装过的伐草机进行伐条，大大提高了伐坡效率，节省了劳动量。中干树型可用油锯进行伐条。整伐时，伐条部位应贴近树拳或根刈疙瘩，不留较高的树权，截面要平整，并除净小毛枝和过去遗留下来的干树权，以维护树型。使用镰刀砍伐时，一手拉弯树枝，一手持镰自下而上猛力砍伐，以求截面平整，防止枝干劈裂。冬季进行柞坡巡视，杜绝砸疙瘩，毁树桩。

2. 水土保持

山地坡度倾斜，经常遭受雨水冲刷，水土容易流失，因而土质瘠薄，柞树生长不旺。为此，要认真做好场地水土保持，不断增强地力，增强树势。同时保护好柞坡地表植被，必要时可因地制宜修筑梯田、水平沟、堰塘和拦水坝等防护工程。

3. 加强冬季防火管理，砍伐防火隔离带

随着"绿水青山就是金山银山"生态理念的形成，我国的森林覆盖率将大幅提高，冬季引起森林火灾的风险也不断加大。因此，每年要做好冬季防火工作，要有专人看护柞坡，同时利用轮伐更新的时机，砍伐防火隔离带。

第四节　河南柞树的主要虫害及其防治

柞树为柞蚕提供了生活能源和生活场所，其发生害虫后不仅影响柞树的生长发育，而且还污染了柞叶，传播蚕病。据有关资料显示，我国的柞树害虫约有110种，其中能为害成灾的有几十种。为此在防治柞蚕病虫害的同时，必须注意防治柞树虫害，以确保柞蚕生产的顺利开展。

一、柞叶及柞芽的害虫

为害柞树叶、芽的主要害虫，有天幕毛虫、舞毒蛾、花布灯蛾、栎粉舟蛾、黄二星舟蛾、栎褐舟蛾、栎枯叶蛾、黄刺蛾等鳞翅目昆虫，也有金龟子等鞘翅目昆虫，还有栎二叉蚜同翅目昆虫。

1. 天幕毛虫

天幕毛虫别名带枯叶蛾，俗称顶针虫、戒指虫、春粘虫、毛毛虫等（图1-9）。属鳞翅目，枯叶蛾科。

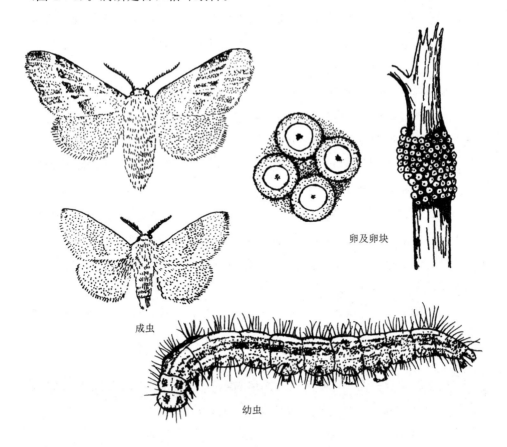

卵及卵块

成虫

幼虫

图1-9　天幕毛虫形态图（仿陈瑞瑾）

（1）分布与为害。

1）分布。天幕毛虫主要分布在我国东北、华北等蚕区。

2）为害。天幕毛虫以幼虫为害栓皮栎、麻栎、槲栎等柞树和梨、桃、杏、山楂、杨、柳、槐等树木的芽叶。1龄幼虫啃食刚萌动的栎树冬芽，一个嫩芽苞上常有几十个幼虫，直至把嫩芽蛀食空，致使成片柞枝没有嫩芽。2～3龄幼虫吐丝将枝梢包裹于丝幕内，取食嫩叶。4龄后迁移为害。4～5龄期为暴食期，常几日内将柞叶吃光。

（2）幼虫特征。老熟幼虫体长50～55mm，头部暗蓝色散布黑黄点，在颅顶两侧各有一大型黑斑，前胸背板及臀板皆为蓝色，其上各具2个黑斑。背中线白色或黄白色，亚背线较宽，呈橙黄色，两线之间夹一条黑色纵线，胸部各节背面两侧各具一黑瘤，第8节上的瘤在背中央大而显著，每个黑瘤上均生有黑色长毛，气门线下，密布黄白色的细长毛。

（3）生活习性。天幕毛虫1年发生1代，是全变态昆虫，以成形幼虫胚胎在卵内越冬，在河南每年4月初孵化，刚孵化的幼虫，多在卵块附近活动，1～2d后爬到附近的柞枝上啃食嫩芽。1～3龄幼虫吐丝结幕群居生活，1龄中后期吐丝结幕，随着龄期的增加，线幕增厚，取食时出幕，休息时静伏于幕内。1～2龄昼夜取食，但以夜间为主，眠期在幕内。3龄以后白天取食。幼虫整齐排列在幕内晒太阳，并摇摆头胸部。眠期在幕上。5龄期食量最大，常在几日内将柞坡内的树叶吃光。幼虫全龄经过约45d。此虫多以丝将叶卷曲或将几片叶、小细枝等缀合，在其间营茧化蛹。老熟幼虫结茧后约经2d蜕皮化蛹，蛹经过约18d羽化为成虫，一般于6月上旬羽化交配，产卵于枝条上越冬。

（4）防治。根据天幕毛虫卵块在柞蚕场内的分布规律，幼虫具有群集性，成虫具有趋光性，具有多种对其数量有抑制作用的天敌，可采取采卵、捕杀、诱杀、药杀及保护其天敌等综合防治。

药防幼虫：可在4月初孵化盛期用50%辛硫磷乳油、80%DDV乳油的150～200倍液进行喷雾药防，可达到良好的防治效果。

2. 舞毒蛾

舞毒蛾别名秋千毛虫，俗称红刺毛虫（图1-10）。属鳞翅目，毒蛾科。

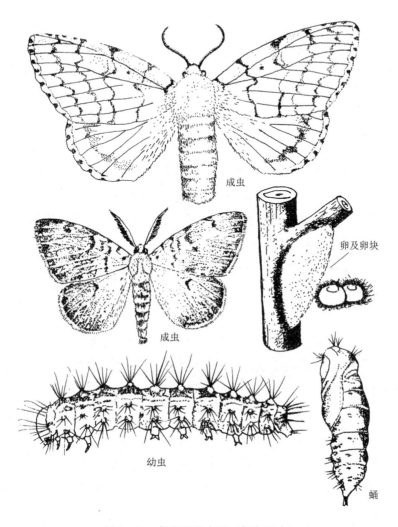

成虫

卵及卵块

成虫

幼虫

蛹

图 1-10　舞毒蛾形态图（仿朱兴才）

（1）分布与为害。

1）分布。全国各柞蚕养殖区均有分布。

2）为害。此虫是柞树春季的重要害虫之一，以幼虫啃食嫩芽、嫩枝和嫩叶，对柞蚕生产危害极大。幼虫生活周期长，可为害 2 个月以上，大发生时每墩柞树上有幼虫 300～400 头，最多可超过 1000 头，柞叶几乎被吃光。在柞叶被吃光后，可长距离爬行转移，很快扩大为害范围。此虫食性杂，除为害栎树外，还为害杨、柳、榆、苹果、杏等几百种植物。

(2) 幼虫特征。体长 50～70mm, 初孵化时黄褐色, 后变成黑褐色, 老熟幼虫头黄褐色并具深褐色的"八"字形纹。背线黄褐色, 前、中、后胸节及腹部第 1、2 节的背面两侧各有一对蓝色突起, 胸部背面两侧各具一对蓝色突起, 突起上均生有黄褐色毛。

(3) 生活习性。此虫年发生 1 代, 以完成胚胎发育的卵在树干、屋檐下、石块下越冬。翌年 4 月中下旬孵化, 幼虫生活周期 2 个月以上, 6 月中下旬化蛹, 蛹约经两周羽化为成虫。羽化的成虫不久即产卵, 当胚胎发育完成后, 便滞育越冬。刚孵化的幼虫多栖息于卵块上, 经 3～7d 借风传播或爬到树枝上, 初上树的幼虫多群集于新开放的芽叶上取食, 1～2 龄幼虫, 遇惊吐丝下垂, 随风飘荡似秋千状。为害多从树梢开始, 逐渐扩大到其他部位, 幼虫分布无规律性, 在饥饿时能作长距离迁移, 形成新的为害。老熟后吐少量丝将柞叶卷起, 将其躯体包裹, 或用其丝将虫体系于树枝上化蛹。

此虫的发生与树木的郁闭度关系密切, 如郁闭度为 0.2～0.3, 林层简单的阔叶林中或新砍伐而被破坏的阔叶林则多发生。郁闭度较大、林层复杂的林区很少发生。

(4) 防治。

1) 刮除或卵块涂药。在秋冬季节, 用刮刀将树干等处的卵块刮下销毁或用煤油、柴油等液体石油制品涂抹卵块, 杀卵效果良好。

2) 药杀幼虫。3 龄前, 用 50%DDV 乳油 500 倍液或 50%辛硫磷乳油 1000 倍液喷杀。

3. 花布灯蛾

花布灯蛾别名黑头麻栎毛虫, 俗称粘虫、包虫等 (图 1-11), 属鳞翅目, 灯蛾科。

(1) 分布与为害。

1) 分布。此虫分布于我国东北地区以及安徽、河南、湖北、江苏、浙江、福建、广东等省。

2) 为害。以幼虫为害柞树的芽和叶。越冬幼虫早春蛀食柞树的芽苞, 常将成片柞树芽苞食空, 幼龄幼虫仅食叶肉, 大龄后可将整个叶片食光,

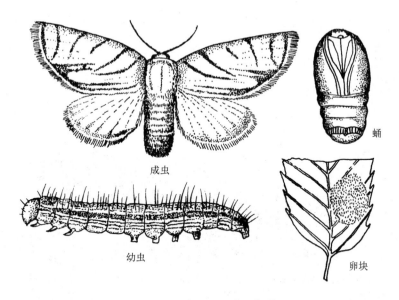

成虫

蛹

幼虫

卵块

图 1-11　花布灯蛾（仿田恒德）

且该虫为害柞树的时间较长，达 4 个月之久，严重影响柞树生长，造成大量减产。此虫除为害柞树外，亦为害楮或楠等树体。

（2）幼虫特征。老熟幼虫体长 30～35mm，头黑色，前胸硬皮板黑褐色被黄色线分成四块。胸部灰黄色，上有茶褐色纵纹 12 条，形成的图案较复杂。各节上生有白色长毛数根。

（3）生活习性。此虫年发生 1 代，以幼虫群集在树干基部的虫包内越冬，一般一个虫包常聚集幼虫 200～300 头，在河南 4 月初越冬幼虫开始活动，将虫包逐渐向树干上转移，取食柞树芽苞，幼虫于 5 月上中旬老熟，下树结茧化蛹，6 月上中旬羽化交配、产卵，7 月初孵化。幼虫取食到 10 月下旬或 11 月初便下树寻找适宜场所吐丝做虫包，并在其中休眠越冬。此虫取食集中，行动统一，头向叶缘，排列整齐。通常是整叶、整枝、整株被害，极易发现。幼虫出入虫包均排列成一列，排头幼虫边爬边吐丝，后续幼虫以丝为路标跟随。

（4）防治。

1）捕杀幼虫。幼虫多在虫包内，虫包又多在枝干或枝杈处，小幼虫多集中取食，可捣毁虫包消灭幼虫。

2）药杀。可用 90％敌百虫 1500～2000 倍液或 50％DDV1500～2000 倍液或 50％辛硫磷 2000 倍液进行喷杀。

4. 栎粉舟蛾

栎粉舟蛾别名旋风舟蛾、细翅蚕杜蛾，俗称罗锅虫、花罗锅、屁豆虫、气虫等（图 1－12）。属鳞翅目，舟蛾科。

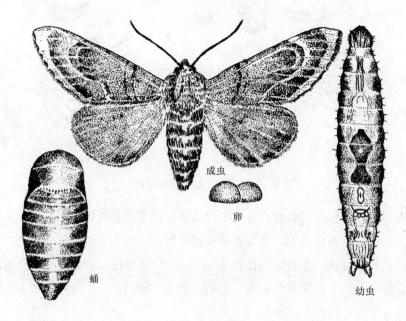

图 1－12　栎粉舟蛾形态图（仿张培义）

（1）分布与为害。

1）分布。东北地区以及河北、四川、湖南、河南等省均有分布。

2）为害。此虫以幼虫为害柞叶，发生期在秋期，大发生时在其盛食期 5～6d 内，可将柞叶食光。严重影响柞树生长，特别是干旱年份，易造成柞树早枯而亡。

（2）幼虫特征。成熟幼虫体长约 40mm，头色黄褐，上有 4 条黑褐色绒线，体躯绿色，间有黄褐，从第一腹节起沿气门线和亚背线向后各纵伸棕褐色带。第 3～6 环节腹节肥大，以后逐渐细小。体平展时，呈"罗锅"状，因此有"罗锅虫"之称。

（3）生活习性。在河南年生 1 代，以蛹于土下的土茧中越冬，7 月中下

24

旬羽化，羽化后便交配，卵期 5～7d，7 月末孵化。幼虫期 60～70d，延至 9 月下旬。初孵化幼虫食量较小且分散，四眠五龄，5 龄期食量大增，此期大发生可将柞树柞叶食光，9 月中下旬幼虫老熟，经树干爬到树干基部附近，并潜入其下 2～3cm 土中作土茧，在其内化蛹越冬。

（4）防治。药杀幼虫，可在每年 8 月调查虫口密度，发生严重时对柞树喷洒杀虫灵乳剂 2000 倍液或 50％DDV 乳油 500～1000 倍液。

5. 黄二星舟蛾

黄二星舟蛾别名槲天社蛾、背高天社蛾，俗称大头光、大头虫、大头黄（图 1－13）。属鳞翅目，舟蛾科。

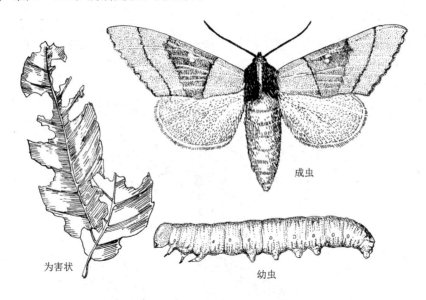

为害状　　　　成虫　　　　幼虫

图 1－13　黄二星舟蛾形态图（仿张翔）

（1）分布与为害。

1）分布。黑龙江、辽宁、山东、河北、河南、湖北、江苏、浙江等省均有分布。

2）为害。此虫以幼虫食柞树叶为害，能将柞叶连同叶脉全部吃光。幼虫主要是危害秋期柞叶。若饲养秋蚕，与秋蚕基本同期，因此此虫大发生时与秋柞蚕争食。

（2）幼虫特征。老熟幼虫体长约 70mm，初孵化时浅黄色，2 龄开始变浅绿色，老熟时绿色。幼虫头大，体肥光滑无毛。体背浅绿，有光泽；体侧葱绿，第1～7腹节为7对白色斜线，有的斜跨两个体节。

（3）生活习性。此虫在河南年发生1代，以蛹在土中越冬，7月上旬羽化，成虫有较强的趋光性。交尾时常落在树干的枝叶上。卵产于叶背，散产，卵期一周。孵化时间多集中在上午8时左右，7月下旬至9月末为幼虫食害柞叶的集中时期。初龄幼虫在叶背取食，食量较小，因此不常被人们发现。五龄时是暴食期，大发生时常把一片柞叶吃光。幼虫老熟后常爬到树下土中做一土茧，在其中化蛹越冬。

（4）防治。药杀幼虫方法同栎粉舟蛾。

6. 栎褐舟蛾

栎褐舟蛾别名栎蚕舟蛾、麻栎天社蛾、栎褐天社蛾，俗称红头虫、义和虫（图1－14）。属鳞翅目，舟蛾科。

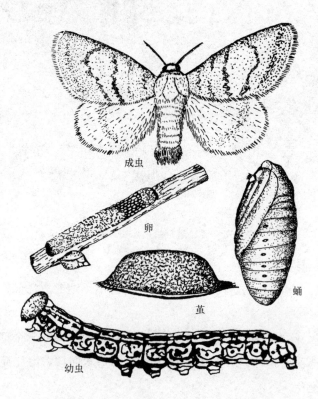

图1－14　栎褐舟蛾形态图（仿田恒德）

（1）分布与为害。

1）分布。全国各地均有分布。

2）为害。此虫主要为害麻栎和栓皮栎，4—6月幼虫食害柞叶。常常数百头群集在枝叶上为害，树叶很快被食光，影响柞叶产量，进而影响柞蚕的放养量。

（2）幼虫特征。老熟幼虫体长约48mm。体基色淡黄，头部橘红色，故称红头虫，体躯的背面和侧面密布规则的紫褐色斑纹。

（3）生活习性。此虫年发生1代，以卵在柞树枝条上越冬。4月上旬越冬卵孵化，1～3龄幼虫群集在柞叶上取食叶肉。3龄后食量明显增大，5龄为暴食期。幼虫的群集性较强，1～3龄始终在一起取食。4龄虽有分散但不明显，仍几十头几百头的在同一墩柞树上为害，成片柞树叶片被食光，幼虫共5龄，老熟时从树上爬下，钻入根际附近3～10cm深的土中吐丝结茧，并在其中化蛹。

（4）防治。结合冬季轮伐更新，剪掉有卵块的枝条，集中烧毁。

药杀用80％DDV乳油2000倍液喷杀1～3龄幼虫，效果良好。

7. 栎枯叶蛾

栎枯叶蛾俗称贴树皮毛虫，成虫翅呈灰褐色，类似秋后枯萎的柞叶，故名枯叶蛾（图1-15）。又称栎毛虫，油茶枯叶蛾，杨梅枯叶蛾，杨梅毛虫。属鳞翅目，枯叶蛾科。

（1）分布与为害。

1）分布。全国各地均有分布。

2）为害。此虫自4月中旬孵化始，到8月上旬为害柞树，大发生年代柞树被害50％以上，多是成片柞树叶食尽，严重影响柞树生长，有些柞坡叶食尽后导致柞树枯干死亡，越是干旱年份此虫危害越大。

（2）幼虫特征。老熟幼虫体长65～80mm，雌虫密生深黄色长毛，雄虫密生灰白色长毛，头黄褐色，前胸背板中央有黑褐色斑纹，其前缘两侧各有一个较大的黑色疣状突起，上生有黑色长毛一束，常伸到头的前方，其他各节各有一个较小的黑色疣状突起，上生有刚毛一簇。

（3）生活习性。此虫年发生1代，以卵越冬，翌年4月中旬孵化出幼

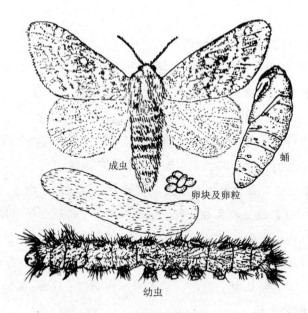

图 1-15　栎枯叶蛾形态图

虫，并开始危害柞树芽苞及嫩叶，幼虫经过 7 个龄期于 8 月上旬老熟，爬到地面后在枯枝落叶下吐丝结一薄茧，并在其中化蛹。幼虫孵化多在上午 7—9 时，约经 10h 爬上柞树取食。1~3 龄幼虫群集性很强，取食、栖息和就眠均群集，多是从叶缘处取食，就眠多在枝丫处，7 龄则分散为害，取食集中在夜间，22 时到次日凌晨为取食高峰，白天静伏枝丫处，受轻微惊扰则摆动前半躯体，剧烈惊扰就曲身下落，静后再重新上树，聚焦一起活动。幼虫为害柞叶时间很长。

（4）防治。此虫 1~3 龄幼虫群集取食，因此可在此时进行药杀，效果最好，可用 50%DDV 乳油 500~1000 倍液进行喷雾防治。

8. 黄刺蛾

黄刺蛾（图 1-16）俗称洋辣子，属鳞翅目，刺蛾科。刺蛾种类很多，幼虫通称为洋辣子，体型体色各异，但在瘤突上匀生毒毛。

（1）分布与为害。

1）分布。此虫在全国各省均有分布。

2）为害。此虫寄主甚多，几乎危害所有阔叶树。但最喜食的是苹果树和柞树。

（2）幼虫特征。老熟幼虫体长 23～25mm，柱形，第 2、3、4、10 节大且隆起，第 2 节后各节在亚背线及气门上线处各有 1 对枝刺，亚背枝刺以 2、3、8 对为大，气门上线枝刺以 2、9 对为大。虫体黄绿色，背部有 1 个哑铃形赤褐或紫褐色大斑，周边有细的蓝边，此斑在第 2、3、4 节处特别宽大，第 5、6、7 节处狭窄，其后又复变宽，尾节有 2 个赤褐色圆点和 1 个倒八字形紫蓝色斑纹，体侧线蓝色，气门上线浅蓝，气门下线杏黄。初孵化幼虫黄白色，食尽卵壳，静止片刻后剥食叶肉。至 4 龄才啮食叶片。

（3）生活习性。此虫在我国北方一年发生 1 代，南方发生 2～3 代，以前蛹期在钙质硬壳（俗称洋辣罐，类似绢丝昆虫的茧）内越冬。刺蛾的钙质蛹壳一般附着在树枝上，也有藏于树根土层的类型。翌年 5 月上旬陆续化蛹，5 月中旬至 6 月中旬成虫羽化，卵期 6～7d，成虫昼伏夜间活动，多在叶背分散产卵。6 月上、中旬第一代幼虫为害柞叶，7 月下旬至 8 月上旬第二代幼虫为害柞叶，幼虫经 7 次蜕皮，第 8 龄老熟结茧。第二代于 9 月上旬至 11 月上旬陆续结茧。幼虫因瘤突上着生毒毛，可螫伤人体，影响放养人员工作。

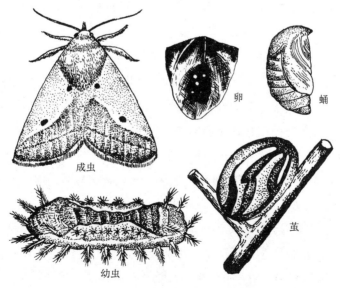

图 1-16　黄刺蛾形态图（仿朱白亭）

（4）防治。无蚕时可于柞树上喷布 0.05％辛硫磷或杀虫灵。有蚕时于养蚕前 10d 喷布 0.05％亚胺硫磷或马拉硫磷，对 2 龄以上柞蚕无害。

9. 金龟子

金龟子属鞘翅目，金龟子科，俗称"瞎碰子"。河南金龟子种类繁多，定名的有 118 种，分属于 8 个科，与农业、林业直接有关的有 4 科 85 种。其中，丽金龟科中的侧斑异丽金龟和亮绿丽金龟的成虫为害柞树的嫩叶、嫩芽、花、花蕊、花瓣及果实；幼虫（蛴螬）为害植物的地下部分（根）。花金龟科中的褐锈花金龟、小青花金龟、黄斑短突金龟和日铜罗花金龟的成虫为害柞树的花；幼虫不为害植物，常以腐殖质为食。

（1）分布、为害、成虫特征与生活习性。

1）侧斑异丽金龟，属丽金龟科，异丽金龟亚科。

分布：灵宝、洛阳、西峡、信阳。

为害：成虫危害板栗、核桃、楸、尖柞、小灌木等叶片，能把春季柞树刚萌发的新芽和嫩叶食光，造成收蚁无芽可用；幼虫危害植物的地下部分，尤以半山区、近山区为害较重。

成虫特征：头壳前沿及唇基、上唇均较皱褶；头部前顶毛 6～7 根，约呈一纵列，额前侧毛每侧 2～3 根，其中仅 1 根较长；上颚腹面发音横脊均较细而密；触角长约 2.2mm，第 2 节最长，第 1、3、4 节各节约等长，第 1 节常具 1 微小毛，第 2 节 6～8 根，第 3 节 2～3 根。

各节气门板开口较小，乃至接触；其外围均为骨化环所包围，前胸及腹部第 7、8 节气门板显著大于其他各节气门板；腹部第 1 节气门板又明显大于第 2～6 节各节气门板；腹部第 2、3、4 节各节气门区紧接气门板上后方，具较长针状毛较多约 10～15 根，侧叶上毛亦较多，15～20 根；腹部第 7、8、9 节各节背面，除两横列较长针状毛外，基本裸露，仅第 7 节背面前横列长针状毛前方，有极少短小针状毛。

臀节背板上缺骨化环；复毛区的刺毛列由两种刺毛组成，一般每列 28～35 根，前段为尖端微向中央弯曲的短锥状刺毛，每列 18～25 根，后段为长针状刺毛，每列 8～13 根，排列均不甚整齐，有副列，短锥状刺毛与长针状刺毛也常略有交错，两列间近于平行，近前端处两列刺毛常略向两侧扩出，近后端逐渐向两倒岔开，两列间部分长针状刺毛的尖端相遇或交叉；刺毛列的前端明显超出钩毛区的前缘，略超过复毛区的3/4处。

成虫小型或大型，体色多艳丽，有蓝、墨绿、铜绿、翠绿、金紫等很强的金属光泽。不少种类体色单调暗淡，呈黄、黑、褐、棕等色，属于植食性害虫，夜出，有趋光性、假死性。

生活习性：1年发生1代，以幼虫在土中越冬，6月下旬至7月中旬为成虫出土活动产卵盛期。成虫可取食各种果树叶，喜在较疏松的沙壤土中产卵。幼虫为害作物地下部分，尤以半山区、近山区为害较重。

2）亮绿丽金龟，属丽金龟科，异丽金龟亚科。

分布：栾川、夏邑、鲁山、南阳、罗山、桐柏、信阳、新县。

为害：成虫危害栎、油桐、李树等树的叶片，能把春季柞树刚萌发的新芽和嫩叶食光，造成收蚁无芽可用；幼虫栖于土中，危害植物的地下部位，主要以成虫为害。

成虫特征：额前侧毛每侧2根；上颚腹面的发音横脊细而密；触角长2.6mm，第2节最长，第1节长于第3节，第4节略微短于第3节，第2节具毛3～4根，第3节1根，偶缺。

前胸及腹部第7、8节气门板开口处不为骨化环所包围；腹部第2、3、4各节气门区紧接气门板上后方，具长针状毛5～8根，侧叶上6～8根；腹部第7、8、9各节背面，除两横列长针状毛及第7节前横列前方尚有较多短小针状毛外，均裸露。

骨节背板上缺骨化环；复毛区的刺毛列由长针状刺毛组成，一般每列7～9根，无副列，整个刺毛列长宽约相等，或长略大于宽，两列间近于平行，仅前端略微靠拢，后端略向两侧岔开，两列间多数刺尖相遇或交叉；刺毛列的前端不达钩毛区的前缘，约达复毛区的1/3处，其前方钩状刚毛一般超过14根。

生活习性：1年发生1代，以幼虫在土中越冬，5月上旬至8月为成虫活动产卵盛期。

3）苹毛丽金龟，又称长毛金龟子，茶翅金龟子。属丽金龟科，异丽金龟亚科。

分布：我国的东北、内蒙古、河北、河南等地均有分布。

为害：成虫主要食害刚发的柞树芽叶及花。在发生盛期，一个柞枝顶端常有 10 多头群集食害芽叶和花，特别在蚕场边缘、孤墩柞树最为严重。严重时一株柞树上有百余头之多。除为害柞树外，还能为害苹果、杏、山楂、桃、李、杨树等树木。

成虫特征：体卵圆形，长 10mm 左右，宽 5mm 左右。头胸背呈紫铜色，有刻点。翅鞘为茶褐色，光滑，从翅鞘上可看出后翅有折叠成的"V"形。

头部前顶毛每侧 6～7 根，呈一纵列，额前侧毛每侧仅 2 根较长；上颚腹面发音横脊较细而密；触角长 2.0mm，第 2 节最长，第 3、第 4 节约等长，略短于第 1 节，第 2 节具毛 6～8 根，第 3 节 2～3 根。

内唇感区刺 3 根；侧毛区发达；绿脊排列紧密，通常 20～26 条；基感区左侧小圆形感觉器前方具一横列小刺，9～12 根。

前胸及腹部各节气门板开口较小，前胸及腹部第 7、8 节气门板明显大于其他各节气门板，腹部第 1 节气门板大于第 2～6 节各节气门板；腹部第 2、3、4 节各节气门区紧接气门板的上后方具针状毛 5～8 根，侧叶上 10 根左右，长度不甚一致；腹部第 7、8、9 节各节背面，除两横列长针状毛外，均裸露，偶有极少短小刺毛。

臀节背板上缺明显的骨化环；复毛区的刺毛列由两种刺毛组成，前段由尖端微向中央弯曲的短锥状刺毛组成，一般每列 6～12 根，后段由长针状刺毛组成，一般每列 6～10 根，两列间近于平行，相距较远，同列刺毛排列较整齐，通常无副列，常有个别长针状刺毛夹杂于短锥状刺毛之间，两列间绝大部分长针状刺毛尖端相遇或交叉；刺毛列的前端超出钩毛区的前缘，偶或刚达到钩毛区的前缘，则其前方通常无钩状刚毛，刺毛列的前端约达复毛区的 2/3～3/4 处。

生活习性：此虫年发生 1 代，以成虫在土中越冬。4 月上旬开始出现，为害柞树幼嫩芽叶及花。以上午 8 时左右及下午 3 时左右为害最盛，早晚不爱活动。成虫有假死性，无趋光性，日间活动为害。成虫期正值各种果树花期，喜食多种植物的花，尤喜食苹果树的花，偶食其嫩叶，成虫为苹果等果树花期的重要害虫。幼虫多栖于富腐殖质的壤土中，为害性显著小于成虫。5月为产卵孵化盛期，经10多天后，孵化为幼虫，为害幼根，老熟时（8月）地下化蛹，晚秋后变为成虫，在树下土中越冬。

4）小青花金龟，属花金龟科，青花金龟属。

分布：主要分布于东北、西北、华北、华中、华南、西南等地区。

为害：成虫春季食害柞树幼嫩的芽叶和花，并能为害苹果、梨、桃、板栗、杏、李等果树和农作物等植物的花。

成虫特征：体长12mm左右，体宽7mm左右，暗绿色，头部黑色，复眼和触角为黑褐色。唇基较狭长，前部强烈变窄，前缘中凹较深；背面密布小刻点，头部密被长绒毛。前胸背板稍短宽，近于椭圆形，为暗绿色或赤铜色，密布小刻点和长绒毛，两侧的刻点和皱纹较密粗，盘区两侧各有1个白绒斑，近边缘的斑点较分散，有些前后相连接，但也有些无斑。小盾片狭长，末端钝，基部散布小刻点。鞘翅稍狭长，为暗绿色或赤铜色，肩部最宽，两侧向后稍变窄，后部外侧端缘圆弧形；表面遍布稀疏弧形刻点和浅黄色长绒毛，并散布较多白绒斑：通常外侧和近翅缝各有3个，其中外侧的中部和顶端2个较大，肩突内侧常有1个或几个小斑。臀板略短宽，密布粗糙横向皱纹，近基部横排4个圆形白绒斑。中胸腹突稍突出，前部较窄，前端圆。后胸腹板中部除中央小沟外很光滑，两侧密布皱纹和浅黄色长绒毛。腹部光滑，散布稀疏刻点和长绒毛，1～4节两侧各有1个白绒斑，极易识别。前足胫节外缘具3个尖齿，中、后足胫节外侧具中隆突，跗节细长，爪稍弯曲，足部皆为黑褐色。雄性外生殖器基侧片末端不对称。

生活习性：此虫年发生1代，以幼虫在土中越冬，成虫4月上旬出土，白天活动，下午活动最盛，4月下旬至6月为成虫产卵盛期，喜在荒草地产卵。有假死性和趋向糖醋液的习性。

5）铜绿金龟子（图1-17），又称铜绿丽金龟子、青金龟子，俗称缎子马拉。属丽金龟科，异丽金龟亚科。

分布：辽宁、陕西、山东、河北、河南、浙江、江西等省均有分布。

为害：成虫除食害柞树幼嫩芽、叶外，还为害蒿柳叶、果树、杨树、枫树、榆树、柏树及农作物叶片；幼虫危害豆类、禾谷类、薯类、林业果

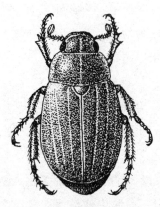

图 1-17　铜绿金龟子

树苗木等地下部分。

成虫特征：体椭圆形，体长 18～21mm，体宽 8～10mm，褐绿色，有金属光泽。复眼红色，触角淡黄褐色，头部额前侧毛每侧 3～5 根，其中 2 根较长；上颚腹面发音横谐较细而密，而中部的横脊略宽；下颚发音齿尖锐，尖端前弯，通常 6～8 个，内颚叶尖端 2 齿，基部愈合；触角长 3.1～3.4mm，第 2 节最长，第 1 节和第 3 节约等长，略长于第 4 节，第 2 节具毛 4～7 根，第 3 节 2～3 根。

内唇端感区感区刺 3 根，偶有 4 根，均较粗大；缘脊多，每侧 21～25 条，排列紧密；右侧毛区刺毛显多于左侧毛区，侧毛区前端与端感区接近处的刺毛常增粗；基感区左侧小圆形感觉器前方，具一横列小刺，通常 8～12 根。

前胸及腹部第 7、8 节气门板开口很小，以致上下端接近，开口处为骨化环所包围；腹部第 2、3、4 各节气门区紧接气门板上后方，具长针状毛 4～7 根，侧叶上 8～13 根；腹部第 7、8、9 各节背面，除两横列长针状毛外，均裸露，偶有极少毛；前胸背板两侧边缘黄色，虫体腹面及足均为黄褐色。足的胫节和跗节红褐色，跗节由 5 个节组成。前、中足爪约等长，显著长于后足爪。

臀节背板上缺骨化环；复毛区的刺毛列由长针状刺毛组成，每列 13～19 根，多数为 14～16 根，两列间近于平行，两列刺尖相遇或交叉，同列刺毛，特别是后段刺毛间排列不甚整齐，常有副列，刺毛列的前端远未达钩毛区的前沿，也不达复毛区的 1/2 处，略超过 1/3 处，其前方钩状刚毛较多，超过 14 根。

生活习性：本种在我国分布甚广，特别是长江流域及以北地区数量甚多。此虫发生各地年均 1 年 1 代，多以 3 龄成熟幼虫越冬。6 月为成虫出土活动产卵盛期，初羽化成虫时，多栖息于土表，经 3～4d 才出土取食。隔 7～8d 后，开始产卵。卵多散产于土表，经 10d 孵化为幼虫。幼虫一般在早晨和黄昏进行活动和取食。成虫有较强的趋光性和假死性。

（2）防治。利用金龟子的假死性，在黄昏成虫交尾取食时，打落捕杀。成虫盛发时可用灯光诱杀。可用 50％ DDV 乳油 250 倍液喷雾防治。

二、枝干害虫

枝干害虫有的蛀食柞树枝干及根部，有的吮吸柞叶或嫩枝汁液，严重影响柞树的正常发育，降低柞叶的产量和质量，影响柞蚕生产。同时有些枝干害虫（如栎大蚜）的分泌物对柞蚕的一些害虫具有正趋性作用，而招引这些害虫为害柞蚕。

1. 粟天牛

粟天牛（图 1-18）又称粟山天牛、深山天牛、栎天牛，属鞘翅目，天牛科。

（1）分布与为害。

1）分布。粟天牛主要分布于吉林、河北、河南、山东、浙江、福建、四川、台湾等省。

2）为害。粟天牛以幼虫蛀食柞树枝干及根部，形成不规则的隧道，隔断养分和水分的传导。根部被蛀食后，经水浸泡腐烂，常导致蚂蚁为害及菌类寄生，以致树势衰弱，枝细叶小。为害严重者，全株枯死。在被害柞树枝干或基部常可看到从排泄孔排出的木屑和虫粪。

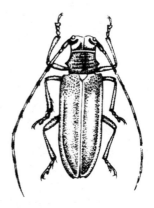

图 1-18　粟天牛

（2）幼虫特征。老熟幼虫长约 70mm，乳黄色，体躯肥壮，呈长圆筒形，略扁。头部和前胸背板骨化，呈黄白色或黄褐色。前胸宽大，背面近方形，其上有两个"凹"字形纹。胸足细小，腹足退化。胸部 2～3 节及腹部 1～7 节背、腹两面均生有粗糙的步泡突，气门褐色。

（3）生活习性。粟天牛在河南 2 年发生 1 代，以幼虫在被害枝干或根内部越冬。越冬的老熟幼虫于翌年 5 月化蛹。于 6 月初羽化为成虫，出孔。卵

35

于 6 月中旬出现，于 7 月上旬开始孵化。孵化后的幼虫蛀食到 11 月越冬。越冬幼虫于 3 月开始活动，10 月下旬老熟并移至根部作蛹室在其内越冬。初孵化的幼虫蛀入皮层韧皮部为害，再逐渐深入木质部。越冬幼虫于 4 月为害最严重。幼虫在枝干内每隔一定距离向外蛀食一个排泄孔，从排泄孔排出黄色或黄白色粪粒和木屑。一般排泄孔下面幼虫较多，并逐渐向下方移动。较大的幼虫多在柞树的基部或根部危害。

（4）防治。

1）人工捕杀。在柞树根部寻找产卵处，以木槌等敲击杀之或寻找幼虫杀之。

2）药杀。寻找新鲜排泄孔，排除虫粪木屑后，用注射器注入 50％DDV 乳油 100～200 倍液，再用黄泥封口，药杀幼虫。

2. 栎大蚜

栎大蚜（图 1－19）别名栎枝大蚜，俗称腻虫。属同翅目，蚜科。

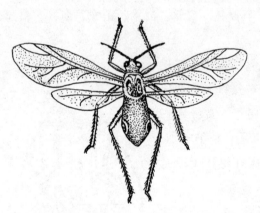

图 1－19　栎大蚜

（1）分布与为害。

1）分布。栎大蚜在江苏、浙江、河南、河北、山东、辽宁等省均有分布。

2）为害。栎大蚜的成虫、若虫刺吸柞树嫩枝汁液，影响枝条发育，降低柞叶的质量和产量。同时此虫在取食过程中，在柞树的枝叶上分泌许多糖蜜类的分泌物，被分泌物污染的柞叶蚕厌食，但为蚂蚁、寄蝇等害虫所喜食，因而常将蚂蚁和寄蝇招引来为害柞蚕。

（2）形态特征。成虫有翅胎生雌蚜，体长 4mm。全体黑色，腹管退化仅留痕迹。具翅两对，暗灰色，其上分布不规则的透明斑。后足胫节细长，约为腿节的 2 倍，为跗节的 10 倍；无翅胎生雌蚜与有翅雌蚜相似，无翅，体大于有翅雌蚜，约为 5mm。

（3）生活习性。此虫在河南年生代数不详。在河南是以卵在树干下半部的树皮上越冬，翌年5月初越冬卵孵化为无翅胎生雌蚜，雌蚜向外扩散至其他柞树继续取食为害，再行孤雌生殖，产生无翅胎生雌蚜。繁殖数代后，于8月开始产生有翅胎生雌蚜和有翅雄蚜，两性蚜交尾受精后，雄蚜不久死去。雌蚜爬到树干下半部的树皮上产卵越冬，成虫产卵具群集性，多数雌蚜集中一处产卵。

（4）防治。用0.5%乐果DDV药杀若蚜，效果良好。

3.壳点红蚧

别名黑绛蚧，属同翅目，红蚧科。

（1）分布与为害。

1）分布。壳点红蚧分布于山东、辽宁、河南、陕西、江苏等省。

2）为害。专寄生山毛榉科栎属的麻栎和栓皮栎。此虫以若虫、雌成虫寄生为害柞树的枝干，受害株树势衰弱，发芽期较健株推迟半个月左右。幼树受害后3～5年全株死亡。为害严重时，致使柞树成片衰败。

（2）形态特征。

1）成虫。雌成虫褐至黑色，球形，体背硬化，直径3～5.5mm。背中央的乳突上有帽状三龄蜕，色淡个体可见几条黑色横纹或黑点组成的横纹，臀部有明显的白色蜡粉。触角退化，5～6节，第3节最长，足小，节数正常。臀瓣消失。

2）若虫。1龄幼虫淡红褐色，眼点黑色，喙3节，触角6节，第6节最长；臀棘毛2条，白色，臀瓣不明显；足发达。肛门位于腹面末端，肛环硬化为马蹄形，肛环毛6根。2龄若虫紫褐色，发生雌雄分化。雄若虫凸椭圆形，触角7节，第7节最长；体被白色蜡粉，臀瓣不明显。肛门移到体末两臀瓣间，肛环上出现孔纹。雌若虫体色同雄虫，但无白色蜡粉，体扁平椭圆形，触角6节，第3节最长。体缘有白色蜡缘刺，臀瓣明显。3龄雌若虫黄褐色，体近圆形。单眼很小，臀瓣不明显。肛门位于背面末端，肛环硬化无孔无毛。

（3）生活习性。壳点红蚧在河南一年发生1代，以2龄若虫雌、雄分群越冬。雌若虫群聚在枝干裂缝、伤疤或细枝基杈处；雄若虫则群聚在粗枝干的裂缝及伤疤处。翌年3月下旬平均气温9℃左右，2龄雄虫爬到雌虫附近分泌白色蜡丝结茧，并在茧内蜕皮化蛹，5月上旬雄虫羽化，短距离飞翔寻找配偶。越冬雌虫于4月中旬平均气温11℃时寄主展叶期蜕皮进入3龄期，10～13d后，雌若虫脱皮进入成虫期，2～3d后成虫成熟，等待交配受精。雄成虫羽化非常集中，交配多在上午8时和下午14—16时进行，壳点红蚧不能孤雌生殖，受精后雌虫体背迅速隆起成球形，5月下旬产卵，卵期2～4d，若虫孵化后，便从母体腹面凹陷处爬出。1龄幼虫爬行寻找枝干裂缝、伤疤处群集固定吸食寄主汁液。6月下旬，体背分泌4行白色透明的蜡块覆盖虫体，进入越夏滞育期。10月中下旬1龄若虫恢复取食，并蜕皮为2龄若虫。2龄雄虫原处不动进入越冬期；2龄雌虫则寻找新的枝干裂缝、伤疤或细枝基叉处固定越冬。此虫仅寄生2年生以上的枝条，不同寄生部位对其发育有影响，寄生于主干伤疤、粗枝上的发育快、个体大、产卵多，小枝基叉上的个体小、产卵少。在柞蚕区，隔几年剪伐1次的老柞受害重，而连年剪伐的墩柞则受害很轻。

壳点红蚧虫口数量的变化与降水、刮风和温度关系较密切。5月上旬至6月上旬期间气候温和，少雨少风，利于雄虫羽化交尾和若虫孵化定居，翌年发生重；反之，虫口数量猛减。高温低湿的年份，此虫发生早，为害重。冬季低温也会造成越冬若虫大量死亡。向阳的山坡、温暖避风的山沟等树密郁蔽的生态环境利于其发生，而迎风坡、阴冷的北坡则不利于发生。

（4）防治。在雄虫羽化盛期，用洗衣粉200～1000倍液喷撒寄主树干或地面上雄茧，以使雄成虫无法出茧，另外，还可杀死蛹，从而使雌成虫无法受精。保护利用其天敌瓢虫、草蛉等，同时结合柞坡轮伐更新，消灭越冬若虫。

4. 麻栎瘿蜂

麻栎瘿蜂（图1-20）属于膜翅目，瘿蜂科。

（1）分布与为害。

1）分布。麻栎瘿蜂主要分布于辽宁、山东、河南等省。

2）为害。麻栎瘿蜂以幼虫为害柞树的嫩枝、嫩叶或芽苞，严重影响柞树的正常生长，使柞叶产量降低或叶质下降。该虫产卵于麻栎的休眠芽内，影响翌年的发条和生长，被寄生树枝叶少、枝稀，树势衰弱。

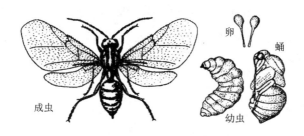

卵
蛹
成虫
幼虫

图 1-20　麻栎瘿蜂

（2）幼虫特征。老熟幼虫肥胖多皱，白色有光泽。头部尖，具棕褐色大颚一对，尾部钝，有一极小的肛上板。幼虫12节，长2.5～3mm。

（3）生活习性。此虫在河南年发生1代，以初龄幼虫在寄主芽内越冬，翌年4月上、中旬开始萌动时，幼虫随之活动，由于幼虫新陈代谢产物（或某种激素）的刺激，使芽形成瘤状的虫瘿。5月下旬幼虫逐渐老熟化蛹，6月中下旬羽化为成虫，在瘿内经充分晾翅后，咬破虫瘿外出。交尾后产卵于休眠芽内，7月中下旬孵化出幼虫，取食一段时间后以初龄幼虫在寄主苞内越冬。

（4）防治。冬季柞坡轮伐更新时要彻底，即根刈蚕场要将大小树一律砍掉；中刈蚕场只留桩或拐，其他枝条一律砍掉，彻底消灭越冬虫源，可收到良好效果。

三、橡实害虫

橡实象虫（图1-21）别名橡实象鼻虫，属鞘翅目，象甲科。

1. 分布与为害

（1）分布。东北、华北、华中等地均有发生。

（2）为害。此虫主要以幼虫为害橡实，被害率为40％～80％，被害橡实只有少数能发芽，大部分不能发芽。成虫亦能为害幼嫩橡实和嫩芽。其为害程度亦相当严重。幼虫除为害橡实外，还为害粟实。

2. 成虫、幼虫特征

成虫体长约9mm，基色赤褐，略呈纺锤形，体上密被灰褐色细毛。头

39

管细长，前端稍向下弯曲。触角膝状，雌虫触角着生位置略靠近头管基部。前胸背板细毛略长，由背中线向两侧倒。鞘翅基部宽阔，末端窄尖，略呈倒三角形，其上具有许多不规则的棕褐色波状纹。足的腿节膨大，呈锤状。

老熟幼虫体长约12mm。全头型，无足，体略弯曲。头褐色，胴部乳白色或浅黄色。

3. 生活习性

橡实象虫年生1代，以老熟幼虫在土中越冬。翌年5月幼虫化蛹，6—7月相继羽化为成虫，8—9月成虫逐渐发育成熟，交尾后雌虫产卵于柞树上的橡实中，卵经4～8d孵化为幼虫。初孵化幼虫在胚乳表面向果蒂方面取食，幼虫在橡内共蜕皮3次。在果实内生活约1个月，幼虫老熟后，一般在10月咬破果皮并于土下9～25cm处作土室越冬。

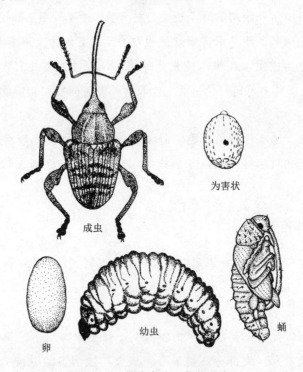

图1-21 橡实象虫（仿徐天森）

4. 防治

捡落果灭虫源，收集落果放在水泥地的房屋内，幼虫脱出时集中消灭。

（1）浸卵杀虫。将刚采回的橡实浸泡于水中 10d 以上，即可杀虫。

（2）药物熏蒸杀虫。在密闭条件下，每立方米容积的种子用二氧化硫 20～30mL，温度保持 23℃以上，熏蒸 20h，杀虫率可达 95％以上；用磷化铝 8g，温度保持 23℃左右，熏蒸 72h，效果较好。

第五节　河南柞树的主要病害及防治

柞树在自然环境中经常遭受各种病害的侵染，病害不仅使柞树生长受到抑制，使柞叶质量低劣，产量下降，甚至造成柞树死亡。按其为害部位分，有为害柞叶的白粉病、锈病、褐斑病、柞叶褐粉病、缩叶病等；为害枝干的柞树干枯病、枯枝病、干基腐朽病；为害根部的柞树幼苗根腐病、柞树根朽病；为害果实的橡实僵干病、橡实霉烂等。

一、柞树白粉病

1. 分布与为害

柞树白粉病（图 1-22）在柞树分布区均有发生，主要为害火芽及 2 年以上柞树夏梢，1～3 年生的实生苗和幼林。

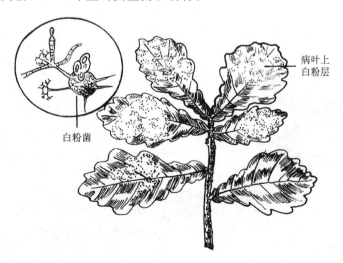

病叶上
白粉层

白粉菌

图 1-22　柞树白粉病

2. 为害状

此病病原为粉状叉丝壳菌。此病发生初期（4月下旬），柞叶上出现黄白色小点，随着病势的发展，小点扩展为灰白色病斑，表面生长白色粉状物。5月中旬，白粉病斑逐渐遍布全部叶片。柞叶随即变成黄褐色或赤褐色。柞树生长后期即9—10月，在白色病斑处出现肉眼易见的白色颗粒。这种颗粒由白而黄，最后变成黑色闭囊壳。发病重时柞叶萎缩、卷曲、干枯，随枯叶落地越冬。

3. 防治方法

可结合轮伐更新，清除病叶、病梢并集中烧毁，减少越冬病原。合理密植，促进通风透光，降低林间湿度，减轻病害发生。对发病初期的柞坡用2‰硫酸钾或5‰的多硫化钡液喷洒柞叶，抑制病害蔓延。或采用0.05‰～0.10‰的霉锈净、甲菌定喷雾，药物有效持续期为15d。

二、柞树褐斑病

1. 分布与为害

柞树褐斑病（图1-23）在山东、河南普遍发生。主要为害麻栎和槲栎叶片，发病后使叶片干枯脱落。

2. 为害状

此病病原为厚盘单毛孢菌，发病初期，在柞叶上出现圆形的红褐色或灰褐色小斑点，似芝麻粒大小，多呈轮状波纹，叶背可见细小的灰白色绒毛。严重时，最大的病斑直径可达15mm，中心暗红色、灰褐色，周围环生灰色、红褐色粉质块，边缘淡绿色，严重时整个病斑淡绿色，周围叶色褪绿发黄。由叶尖及叶缘侵染的可使叶尖干枯卷曲，叶片脱落。

病原菌
分生孢子

病叶

图1-23 柞树褐斑病

3. 防治方法

搜集病枝、病叶集中烧毁，

消灭病原。发病严重的柞坡，可在春季发芽前喷洒一次波美 4°～5°石硫合剂，杀灭枝干上或柞墩内的越冬病菌。

三、柞树锈病

1. 分布与为害

柞树锈病（图 1-24）又称松栎锈病、松栎柱锈病、松瘤锈病、黄粉病。在河南柞林常见此病。可为害麻栎、板栗、槲栎、栓皮栎等十几个树种，其中以麻栎、栓皮栎感病最重。

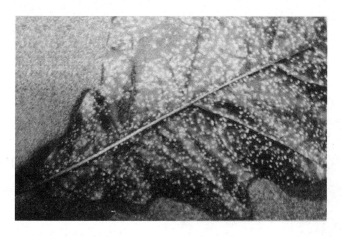

图 1-24　柞树锈病（叶背夏孢子堆）

2. 为害状

此病病原为栎柱锈菌。5 月在幼嫩柞叶的背面生黄色粉状物，在叶片下面与之相应的部位色泽稍淡，7—10 月在叶背的夏孢子堆中或他处陆续产生冬孢子柱，冬孢子柱褐色或黑褐色，为稍曲或卷曲的毛状物。冬孢子萌发产生担子及担孢子，担孢子当年秋季侵染松树，松树受害后，由于皮层受到刺激，木质部增生，在枝干形成大小不等的木瘤。木瘤大小不一，一株树上少则 1 个，多则超过 30 个，肿瘤表面粗糙，影响树木正常生长发育，受害严重时，引起枝干局部干枯而死。本病病原系全孢型专性转主寄生菌，柞树和松树混交林有利于病害的发生。据观察，病害在轮伐更新的柞林中发生较重。在夏秋间气温较低，空气湿度大的地方发病严重。

3. 防治方法

剪除病叶及病瘤枝条集中烧毁；伐除柞坡中的松树，阻断专性转主寄主。对苗木和幼树，可喷波美 0.3°～0.5°的石灰硫磺合剂，或喷 65％代森锌可湿性粉剂 500 倍液，效果较好。或对松树的树干喷 0.025％～0.05％放线菌酮液 0.03L，可起到预防和治疗作用。

四、柞树缩叶病

1. 分布与为害

柞树缩叶病（图 1-25）又称烂斑病、叶肿病，分布于河南、山东、四川、东北等地。为害麻栎、栓皮栎、槲栎等柞树。

图 1-25 柞树缩叶病（病树枝叶）

2. 为害状

此病病原属栎叶肿外囊菌属。于 5—6 月多发生在幼树上。叶片正面出现凸起的褪绿斑块，后期在斑块中形成圆形、椭圆形、不规则形等灰绿色枯斑，直径 0.2～3cm，叶背病斑略凹陷，生灰白色或紫灰色粉层，为病菌的子囊层。病斑相连后，形成大块枯死斑，雨后霉烂状，但叶不变形。有的病叶变形，病叶扭曲皱缩，叶肉略微肥厚，质脆肿大。

五、柞树干基腐朽病

1. 分布与为害

柞树干基腐朽病（图 1-26）在河南省西部时有发生，为害柞树及板栗、桦、杨、柳等，引起严重的干基腐朽。

2. 为害状

此病病原为担子菌亚门的硫色干酪菌。多发生在老龄树上，病菌由伤口、断枝、冻裂处侵染。一般引起干基腐朽，有时也引起主干腐朽，使树

44

干基部长出的硫黄菌子实体　　　　　　干心材腐朽

图 1-26　柞树干基腐朽病

木枯死。腐朽初期木材浅黄色，有白色纹线，后期木材变红褐色并沿年轮
与射线方向碎裂，裂缝中常生长白色菌膜。此病多半是隐蔽发现，在外部
不易发现，腐朽经常发生在树基部。受烧伤的林木腐朽严重，在冻伤多的
林地内也严重。

3. 防治方法

清除病虫木、枯立木、倒木、风折木，清除林木上引起腐朽的病菌子
实体，以杜绝侵染源。

第二章

柞蚕的生物学基础

柞蚕是一种经人工驯养，有较高经济价值的绢丝昆虫。在分类学上柞蚕属节肢动物门，昆虫纲，鳞翅目，大蚕蛾科，柞蚕属，柞蚕种。

柞蚕属完全变态昆虫，其个体发育过程要经历卵、幼虫、蛹和成虫四个发育阶段。以蛹越冬。以幼虫取食柞叶，积累营养完成整个变态过程。河南春蚕一般经过四眠5龄，历时45d左右结茧化蛹。在幼虫发育阶段，1～3龄为小蚕（或稚蚕）期，4～5龄为大蚕（或壮蚕）期。

第一节　柞蚕的形态和构造

一、卵

柞蚕卵呈扁平的椭圆形，一端略钝，一端略尖。直径为2.5～3mm，厚为1.5mm，卵的大小轻重与柞蚕品种和上代营养好坏有很大关系，河南春柞蚕卵每克约105粒。柞蚕卵的固有色为乳白色，卵在产出时被黏液腺分泌的褐色分泌物覆盖而呈淡褐色或深褐色。卵壳坚硬不透明，在蚕卵的钝端有受精孔，卵表面有多边形脊纹，在多边形脊纹的顶角有气孔（图2-1）。

卵产出时形态比较饱满，随着胚胎的发育、卵内营养物质的逐渐消耗和卵内水分的不断蒸发，卵壳表面会出现凹陷，称为卵涡。当

图2-1　柞蚕卵

胚胎发育至气管形成期时，由于胚胎翻转卵壳再行鼓起，此时发出微响声，称为"卵鸣"，俗称"炸籽"。

卵的内容物有卵黄膜、浆膜、卵黄和胚胎等。卵黄膜是紧挨在卵壳内面的一层均匀透明薄膜。浆膜位于卵黄膜内，由合子所分裂的细胞生成，具有保护胚胎的作用。卵黄则分散在卵的细胞质内，主要含有蛋白质、糖类和脂肪等物质，是胚胎发育所需的营养来源。胚胎在前期深埋卵黄中，通过不断摄取营养逐渐发育成蚁蚕。

二、幼虫

柞蚕幼虫由头、胸、腹三部分组成，整个蚕体呈长筒形（图2-2）。幼虫体色，蚁蚕为黑色，头壳为红褐色，2～5龄蚕因品种而异，一般一化性蚕品种多为黄色，二化性品种为青黄色。幼虫体部有13环节，体皮上生长许多刚毛和棒突。蚕体共生瘤突75个（第11环节生尾角），左右对称，瘤突上生有几根较长刚毛。幼虫有胸足3对、腹足4对和尾足1对。身体两侧有明显的气门线，一般为槟榔棕色，从第五环节直通尾部。幼虫气门为椭圆形，共9对，分别生于第1、第4至第11环节的两侧。在第3至第10环节的亚背线瘤突的外侧和气门上线瘤突的下方，常发生具有金属光泽的辉点，辉点为银白色。

外观上，雌蚕第8和第9腹节腹面各有2个乳白色小圆点，称石渡氏腺（图2-3）；雄蚕则在第9腹节腹面前缘中央有两条短纵线，称海氏腺（图2-4）。柞蚕幼虫的雌雄性征，于4龄后期可以观察出来，而到5龄第2、3d最为明显。

图2-2　柞蚕幼虫

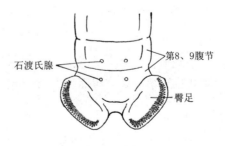

图2-3　雌蚕外部特征

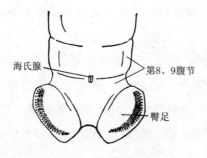

海氏腺

第8、9腹节

臀足

图 2-4 雄蚕外部特征

三、蛹

蛹是完全变态昆虫四个发育阶段中幼虫与成虫之间的过渡阶段，在外形上已呈现成虫的雏形（图 2-5）。柞蚕蛹为被蛹，呈纺锤形，黑褐色或淡黄褐色，头端钝圆，尾部稍尖，一般雌大雄小。蛹体大小、轻重随品种和饲料营养的不同而有差别。刚蜕皮的嫩蛹（俗称"神仙蛹"），黄白色，表皮柔软，体色也浅，触角、翅、足各个分离，以后与蛹体抱合，之后表皮逐渐硬化，体色也随之由浅而深，最终呈黄褐色或黑褐色，成为一个完整的被蛹。蚕蛹外观上可分为头、胸、腹三部分。头部很小，头壳大部分呈乳白色，半透明，嵌于胸部前端，俗称"颅顶板""玉门"。头部两侧有 1 对向下弯曲的触角，触角基部有复眼 1 对，因被触角遮盖，外观上不能看到。胸部由 3 个环节构成，分别称为前胸、中胸、后胸。胸节中以中胸最为发达，有前翅 1 对，前翅覆盖腹部第 1～4 环节的前半部。背面分前胸、中胸和后胸。后胸有后翅 1 对，因被前翅遮盖，仅露外缘。触角中间，复眼下方，有口器和下唇肢 1 对，形成等

图 2-5 柞蚕蛹

腰三角形；其下露出胸足 2 对，第 3 胸足被前翅遮盖。胸部有 10 个环节，界限明显。柞蚕蛹雌雄较易识别，在体形上一般雌蛹大于雄蛹，触角则雄比雌发达。雌蛹生殖孔位于第 8～9 腹节腹面的中线上，呈"X"形线纹；雄蛹生殖孔位于第 9 腹节腹面的中央，呈点状生殖孔。

四、成虫

柞蚕成虫俗称柞蚕蛾（图 2-6）。体型较大，蛾体分头、胸、腹三部分，

除环节间隙外，全体密生排列整齐的鳞毛。蛾体色泽因品种而异，一般为黄褐色。雌蛾体长一般为35～45mm，翅展150～180mm；雄蛾较小，色泽较淡。

图2-6 柞蚕蛾（♀♂）

成虫头部较小，卵圆形，两侧着生半球形复眼，两复眼间生一对栉齿状触角，雄蛾触角宽大，雌蛾触角狭长，是雌雄蛾主要区别之一。触角主要司嗅觉，对性引诱有强烈反应，雄蛾更为明显。在外形上，雌蛾通常大于雄蛾。柞蚕蛾是个体发育的最后一个阶段，此时性已成熟，不再取食、生长，柞蚕蛾生命活动的主要特征是交配繁殖，完成整个世代过程。

胸部由前胸、中胸、后胸三个胸节组成，以中胸最发达，前胸最小。三个胸节各具胸足1对，中、后胸各有翅1对，前翅比后翅发达，翅表面密覆鳞片，唯各翅中央部位均有一个无鳞片的圆形透明区，通称眼点。前胸两侧具气门1对。

腹部10节，雌蛾腹部比雄蛾大，第1～7腹节两侧各具气门1对。外观上，雌蛾能见到7个腹节，雄蛾则8个，其后面腹节已构成外生殖器，平时隐缩在腹部末端内。蚕蛾腹节间的节间膜较发达，这有利于交配和产卵。凡腹节间紧凑有力，且透过节间膜清晰无渣点者为健蛾，反之多为病弱蛾。成虫腹部末端有生殖器，雌蛾生殖器由侧唇和交尾孔构成；雄蛾生殖器由抱器和阴茎构成。

第二节 柞蚕幼虫的习性

柞蚕在野外环境中生长，在长期的自然选择和人工驯化过程中，对各种生态因子具有较强的适应性，形成了自己的生活习性。

一、食性

蚁蚕孵化时，先吃卵壳；各龄眠起后，先吃自己的蜕皮。蚕农认为多吃卵壳和蜕皮，是蚕体健康的表现。蚁蚕喜欢群集在柞树顶端的叶面上，先吃嫩叶，逐渐下移。春稚蚕以日出露干和傍晚时吃叶最盛，早晨和夜晚气温低时，以及中午前后阳光强烈时很少吃叶。壮蚕期因白天温度较高，多在清晨、傍晚和夜间吃叶。柞蚕虽能吃柳属、板栗属和苹果等树的叶子，但以吃柞叶生长发育最好。柞蚕幼虫有直接饮水的习性，特别是久旱逢雨，饮水最盛。

二、眠性

正常情况下，柞蚕幼虫经过四眠 5 龄而老熟营茧。但在天气长期干旱、柞叶老硬，营养积累不能满足变态需要时，就会出现五眠蚕。1～2 龄蚕多眠于树梢叶面上，3～4 龄蚕多眠于枝梢上。眠蚕把握力弱，虽吐丝将腹足和尾足固定在枝叶上，也容易被强风暴雨击落。

三、趋性与抗逆性

柞蚕对各种刺激源作定向改变或移动的特性，称为趋性。柞蚕的趋性有趋光性、趋化性、向上性、群集性、警觉性和抓着力等。

1. 趋光性

刚孵化的蚁蚕向光亮处爬行；蚕墩上的小蚕在墩外缘的比墩中部的多，大蚕则避强光而爬向枝叶深处。暖种室里的柞蚕蛾向光亮处爬行，特别是雄蛾飞向灯源或明亮的窗口。

2. 趋化性

柞蚕对外界化学物质的刺激有感知性，趋向于所喜爱的刺激源，如我们散卵收蚁时用艾蒿做引枝，而不能用新鲜的柞枝条。雄蛾通过触角感受雌蛾发出的性激素，向雌蛾飞去。

3. 向上性

柞蚕收蚁或移蚕时，幼虫必先爬到枝条顶端，待顶端嫩叶食完后，再逐渐下移。因此，春蚕收蚁和移蚕时，应将蚕撒在柞墩的下半部枝条上，使蚕在树上均匀分布。

4. 群集性

小蚕喜爱群集于柞树梢部叶面上取食，壮蚕时则分散取食。因此，柞蚕放养中，小蚕可以适当密放，大蚕则必须稀放。

5. 警觉性

柞蚕遇到外界的侵扰时，便停止活动，收缩体躯，昂起头胸。当遇到强的外来侵扰时，会发出"啧啧"声，并头胸左右摇动吐出消化液；而从蚕的生理上讲，吐消化液会影响蚕的消化能力。因此在养蚕操作中，要细心操作，避免蚕吐消化液。

6. 抓着力

柞蚕有随时用足抓住枝叶的习性，若遇风雨或敌害侵袭时，柞蚕便紧握树枝。一般大蚕的抓着力强，小蚕弱；食叶柞蚕的抓着力强，眠中弱。

第三节　柞蚕的滞育和化性

柞蚕和其他节肢动物一样，为了顺利渡过严寒或酷暑天气，生活年史中出现一段暂时停止生长发育的时期，这一现象称为滞育。柞蚕以蛹滞育。在滞育期蚕蛹即使在温暖的环境也不发育，只在适当低温条件下解除滞育后，接触10℃温度才开始发育。

化性是柞蚕在自然条件下每年发生世代数的特性。一年发生一个世代就滞育的称之一化性；一年发生两个世代才滞育的称为二化性。河南、湖北、四川、贵州等省和山东南部，为一化性柞蚕生产区，一年只放养一季春蚕。辽宁、吉林、黑龙江等省，为二化性柞蚕生产区，一年可放养春、秋两季蚕。

柞蚕化性的变化，虽然是在遗传基因支配下，由内分泌器官分泌相应激素而形成的，但柞蚕化性表现的地区性相对稳定；也就是说，把二化性品种移入一化地区或把一化性品种移到二化地区，几代后就变成了与移入地相应的化性品种。在不同的外界环境条件下，外因通过内因而起作用，影响柞蚕化性的变化。其外因有光照、温度和营养等几种。其中光照时间是影响柞蚕化性表现的主要因子，而温度和营养二因子只是在4～5龄期柞蚕感受中间光照时才起作用。4～5龄（特别是5龄）柞蚕每日感受13h以下短光照，多发生滞育蛹，成为一化性；4～5龄柞蚕每日感受15h以上的

51

长光照，多发生不滞育蛹，成为二化性。

解除滞育蛹的低温为 $-5 \sim 15\,^{\circ}\mathrm{C}$，最适温度为 $8\,^{\circ}\mathrm{C}$。解除滞育蛹的光照时数为 $15.5 \sim 18\mathrm{h/d}$，最适的光照时数为 $17 \sim 18\mathrm{h/d}$。光源以乳白色光和蓝光为佳。

第四节　柞蚕与环境的关系

柞蚕在野外放养，直接受到外界各种环境因子的影响。环境条件适宜与否，影响着柞蚕的正常生长发育和生命力的强弱。因而环境条件的优劣与养蚕生产的关系极为密切。

一、柞蚕与饲料

饲料是维持柞蚕正常生长发育的必需要素之一，是柞蚕进行能量转换、营养物质储备和茧丝形成的物质源泉。饲料的质量既随树种、成熟度和叶位而改变，又随柞树栽培条件、整伐方法、蚕场管理和气象环境的不同而变化。因此，饲料既是营养条件，又是环境条件，饲料质量的优劣直接影响柞蚕的体质和生长发育的进程。其中，从叶质方面来看，蛋白质含量：嫩叶高于老叶，糖类含量：适熟叶高于嫩叶，水分含量：上位叶＞中位叶＞下位叶，纤维、干物质含量：下位叶＞中位叶＞上位叶；从树种方面来看，麻栎叶含蛋白质较多，辽东栎含粗脂肪较多，营养价值均较高，栓皮栎各种营养含量适中。为此养蚕人员必须根据各龄柞蚕发育情况和当年气候特点，适当调剂饲料，满足蚕儿正常生长发育的需要。

二、柞蚕与温度

温度是柞蚕生命活动所必需的环境条件之一，在诸多的气象因子中，温度对柞蚕影响最为显著。温度与柞蚕的生长发育、繁殖、茧丝产量和质量等均有密切关系。柞蚕幼虫饲养在适温环境中，食欲旺盛、体质强健、生命力强、茧质优良、龄期最短。反之，饲养在偏低或偏高温度环境中，则生命力减弱，易发生病害，死亡率高。据调查，柞蚕发育的最低界限温度是8℃，蚁蚕在8℃环境条件下，一龄期就相继死亡；幼虫在30℃温度中饲育，仅有少数柞蚕结茧，蚕蛹于羽化前死亡；在20～22℃中饲养的柞蚕，成绩最好。春柞蚕的适温范围为17～25℃，而秋柞蚕的适温比春柞蚕高。温度低于20℃时，柞蚕食叶缓慢，不活泼；温度高于28℃，柞蚕多不食叶，狂躁爬行。

柞蚕幼虫生活温度范围（单位：℃）

9←10—15←16—19←20—22—24→25—27→28—31→32
临界温　生存温　　次适温　　适温范围　　次适温　　生存温　　临界温

不同龄期柞蚕幼虫对温度的敏感程度也不同，1龄及5龄均不耐低温，2龄、3龄对较高温度的适应性较强，4龄对偏高或偏低温度的适应范围较窄。不同品种对温度的适应性也有差异，黄蚕系统品种对高温、干旱的适应性较强。

在柞蚕生产中，经常发生过高或过低的温度为害柞蚕的现象，如春蚕制种期初产下的蚕卵长期处于10℃以下的环境，不受精卵明显增多；河南5龄末期柞蚕时常遭受干热风的危害。

三、柞蚕与湿度

柞蚕体重的80%以上是水分，其体内所需水分主要来自柞叶，其次是雨、露和空气中的水蒸气。柞叶含水量也受降水和湿度的影响，因此，环境的湿度与降水对保持和调节蚕体水分平衡至关重要。柞蚕在长期的自然选择中养成了喜雨好湿的习性。天气久旱不雨，蚕体瘦小，发育不齐，龄期延长；又因柞叶老硬，蚕多爬行选食，甚至跑坡，导致体质虚弱易发蚕病。久旱逢雨露，蚕便匍匐叶面争相吸饮水滴，进而食欲大增，体躯肥大，发育速度加快。阴雨过多，湿度过高，饲料偏嫩，柞蚕食下过多的偏嫩叶，体质虚弱，易感蚕病。雨水过多尤其对蚁蚕和眠起蚕影响更大，常易发生"灌蚁子"现象。一般情况下，壮蚕期对湿度和降水的适应能力比稚蚕期强。据调查，小蚕在温度20～22℃，湿度85%～88%的环境中饲养，发育经过最短（18d）；湿度100%时，经过时间延长2d；湿度47%～70%，经过时间延长5～7d；相对湿度在50%以下，柞蚕死亡率高。

四、柞蚕与风

微风可以调和柞墩内热量分布，改变柞坡林间小气候，减少干热风的影响，并兼有除尘作用。天气炎热时，微风可以促进柞蚕体温的发散，减轻热伤害；在多雨时期，微风可以摇落叶面上的粪便和雨水，避免小蚕饮水过多或饮食污水，减少柞蚕感染病原的机会。

柞蚕对风力的要求以 4m/s 为好，一般认为，收蚁时以无风为好；小蚕期以轻风和微风为优；大蚕期柞蚕抓着力增强，对四级"和风"也能适应。如果风力过大，风速达到 10～15m/s，柞蚕就会遭到伤害。

五、柞蚕与光线

柞蚕在野外自然环境条件下生长，形成了与外界光周期变化相同步的生理活动规律。光对柞蚕既有热能效应，又有信息作用，直接影响着柞蚕的生长发育，而且是决定柞蚕滞育的主导环境因子。柞蚕通过感受外界昼夜明暗变化而调节自身生理活动的节律。柞蚕在黑暗环境中生长，全龄经过时间会比自然光的对照区延长 4d，全茧量较轻。1 龄柞蚕在黑暗条件下饲育，2～5 龄期转入自然环境，柞蚕生长发育正常；5 龄后期柞蚕在黑暗中生长，则发育不良，体重增长缓慢。强烈阳光对柞蚕有害，就眠于光枝上的柞蚕，因烈日暴晒（俗称晒眠子）容易体质虚弱，引起蚕病；长久暴晒于直射阳光下的蚕茧和蚕卵，逐渐死亡。另外，光线是影响柞蚕滞育与化性的主导环境因子，柞蚕蛹的滞育与光照长短、光照强度、光的性质等密切相关。

六、气象因素对柞蚕产茧量的影响

根据我院田旭等科研人员调查统计 1970—1991 年的 22 年间气象资料和产茧量数据分析得出：4 龄期的温度和湿度与产茧量的相关性均达到显著水平，特别是 4 龄期的温度和温湿系数（平均相对湿度/平均温度）达到极显著水平，而五龄期只有相对湿度达到显著水平。

4 龄期温湿度对柞蚕单产茧量的影响值为：丰产年份日均温为 17.85℃，

相对湿度为 74.43%；欠产年份的日均温为 21.61℃，相对湿度为 61.42%。由此看来，柞蚕 4 龄幼虫的适宜发育温度为 18℃，相对湿度为 75%。若相对湿度低于 61%，21.5℃的天气在 5d 以上时，蚕儿就会受到干热的伤害，造成减产。

附　柞蚕人工饲料

人工饲料是根据柞蚕的食性及生理需要，选择适宜的天然物质或化学物质配制而成的饲料。从广义上讲，凡是经过加工制作的任何饲料都可称为人工饲料。

采用人工饲料饲养柞蚕，可以减少灾害性天气及病虫害对蚕儿的危害，可以人为控制柞蚕生长发育进程，并能防止环境污染。

（一）饲料组成

人工饲料根据组成成分来源占比多少，可分为混合饲料、半合成饲料和合成饲料。含有柞叶粉的人工饲料称为混合饲料；不含有柞叶粉但含有其他天然物质的人工饲料称半合成饲料；完全由氨基酸及其他化学物质组成的人工饲料称合成饲料。柞蚕人工饲料的组成必须满足以下基本条件：满足蚕的营养要求（营养成分）、有适当的物理性状（造型成分）、有防腐性能（防腐成分）、适合柞蚕的食性（含诱食因子、咬食因子、吞咽因子）（附表 1）。

附表 1　　　　　　　柞蚕人工饲料组成

成　　分	吕鸿声（1979）		王蜀嘉（1983）		通口方吉	中岛福雄
	小蚕期	大蚕期	小蚕期	大蚕期	（1979）	（1981）
柞叶粉/g	5.0		6.0	5.0		5.0
脱脂大豆粉/g					2.5	
鲜大豆粉/g	1.5	4.0	1.5	1.5	1.5	1.0
石油酵母/g					0.3	
玉米粉/g	1.5	1.0	1.5	1.5		
纤维素粉/g		2.5	1.0	1.0	滤纸粉 2.88	1.77
麦麸粉/g			1.0	1.0		
大豆油/g			0.01	0.01		

续表

成　分	吕鸿声 (1979)		王蜀嘉 (1983)		通口方吉 (1979)	中岛福雄 (1981)
	小蚕期	大蚕期	小蚕期	大蚕期		
蔗糖/g	0.5	1.0				
葡萄糖/g					1.0	1.0
β-谷甾醇/mg		100.0			20.0	
尿素氯化物/mL					20.0	
无机盐混合物/g				0.1	0.3	
维生素 C/mg	200.0	20.0			0.2	150.0
维生素混合物/g					0.1	50.0
B族维生素混合物/mg	40.0	40.0	1.0	1.0		
氯霉素/mg	1.0	1.0				
柠檬酸/mg	50.0	50.0			0.15	
丙酸/mg	100.0	100.0				
山梨酸/mg	20.0	20.0	1.0	1.0	30.0	30.0
每10g干物加水/mL	26.0	22.0	24.0	22.0	27.0	27.0
琼脂/g	1.5	1.5			1.0	1.0
助长剂/mL			0.016	0.016		

（二）人工饲料的配制

人工饲料的配制包括对原料的选择加工及调制。饲料的调制要注意各种原料的充分混合，不影响饲料的营养价值。

1. 原料的选择与加工

（1）柞叶粉。柞叶的叶质因树种及采集时期而有变化，采集后的管理对饲料质量也有影响。不同树种的柞叶养蚕效果不同，以麻栎、蒙古栎最佳，辽东栎、槲栎较差（通口方吉，1981）。采集无污染、无病斑的柞叶，在 50～60℃下鼓风干燥，然后粉碎成粉末并过 60 目筛（孔径 250μm），分装于灭菌的容器内，保存在低温黑暗处，防止吸湿发霉。

（2）蛋白质。大豆粉的蛋白质及氨基酸含量适合柞蚕生长发育的需要，可以直接作为人工饲料的原料。由于大豆中含有少量影响取食的脂溶性物质，多采用脱脂大豆粉为原料。日本多采用石油酵母蛋白为原料，该蛋白质含量在50%以上。

（3）糖类。糖类一般为蔗糖、葡萄糖、淀粉。纤维素的添加有利于蚕体吞咽和消化，有利于饲料成型。

（4）防腐剂。常用的防腐物质有山梨酸、丙酸等，也可加入抗生素类药物如氯霉素等。

（5）脂类。含柞叶粉的人工饲料一般不需要加入脂类，但必须添加甾醇类物质。各种植物油中营养价值较高的是大豆油。

（6）维生素。如维生素C、B族维生素等。麦麸中B族维生素含量高，常作为人工饲料的原料。

（7）无机盐类。市售的无机盐类按一定比例混合而成。

（8）成型剂。琼脂、淀粉是人工饲料中常用的成型剂。适量增加淀粉含量，少用或不用琼脂可降低成本。纤维素也有改善饲料物理性状的作用。

2. 饲料的调制

将鲜柞叶在50～60℃下鼓风干燥，过60目筛后与柞叶粉以一定比例混合。微量的添加剂如山梨酸、氯霉素等，为使其均匀地混合到饲料中去，先溶于少量水中，并与一定量淀粉混合，使这些药物均匀地黏附于淀粉颗粒的表面。脂溶性的B-谷甾醇可选用有机溶剂溶解，再加入到上述混合的原料中，待有机溶剂挥发后使用。最后加入无机盐类和维生素等物质，边搅拌边蒸煮，在95℃下蒸煮20min即可，或在117℃高压灭菌40min。蒸煮后的饲料冷却后，用聚乙烯保鲜膜包装后贮藏于低温（10℃以下）条件下待用。

第五节　柞蚕茧和丝的特征特性

柞蚕茧，由茧衣、茧柄、茧层和蜕皮所组成。柞蚕茧茧形为椭圆形，尾端稍尖，中部稍大，头部稍钝并有茧柄。柞蚕茧大部分为褐色，少数为白色。

一、柞蚕茧的茧层构造

柞蚕老熟时，首先排出胃肠中的内容物，然后拉叶营茧。柞蚕吐丝营茧终了后，常从肛门排泄出颜色深浅不一的乳状液。排泄量 2～5mL/头，成分主要为草酸钙（占 78%～80%）、尿酸铵盐或钠盐（约 3.6%）、少量单宁。老熟柞蚕所吐蚕丝本为白色、白茧，经过蚕体爬动排泄液涂均整个柞蚕茧，而变成褐丝、褐茧，茧层逐渐变硬起到保护蚕蛹作用。

柞蚕茧层分外层、中层和内层，且茧层构造与解舒有关。柞蚕吐丝时，茧丝排列分为"S"形和"8"字形，一般柞蚕茧外层的大部分及中层、内层均为"8"字形，仅在外层偶有"S"形排列。这与柞蚕吐丝时移动速度快慢，造成的，老熟柞蚕移动速度快头左右摆动幅度小时，吐丝呈"S"形，移动速度慢，头左右摆动幅度大，吐丝呈"8"字形。同一层次的茧丝排列成"8"字形时，特别是狭长的"8"字形，交叉点多、面积大、密度大，胶着力强，茧丝不易分离，缫丝困难。

二、柞蚕茧的物理性状

（一）茧型

柞蚕茧为椭圆形，上端较尖，顶部有茧柄，中部宽大，下端雄茧尖，雌茧钝。

茧型大小、茧粒的轻重与性别、品种、饲料、产地、叶质和放养技术等有关。通常雌茧大，雄茧小；雌茧重，雄茧轻；雌茧茧层薄，雄茧茧层厚；特别是茧腰部位，雌茧软，雄茧硬；雌茧内部空间小，雄茧内部空间大。这些都可作为柞蚕生产上雌雄分离时的区分特征。

（二）茧层相关指标

（1）全茧量。全茧量即茧重。通常指鲜茧层（包括茧柄、茧衣）、蛹体、蜕皮的重量之和。

全茧量，因蚕品种、饲料树种、叶质、产地、性别、养蚕时期、放养技术等不同而不同。

（2）茧层量。茧层量指一粒茧的茧层、茧衣和茧柄的总重量，是指茧层的绝对重量，表示茧质优劣的基本指标，可作为选种、评茧的主要依据。茧层量的提高，取决于蚕品种选育与繁育、蚕性别、养蚕环境、养蚕早晚、饲料种类、叶质、食叶量、养蚕技术。

（3）茧层率。茧层率指茧层量与全茧量的比例，以百分率表示。

$$茧层率(\%) = \frac{茧层量(g)}{全茧量(g)} \times 100$$

茧层率的高低，与蚕品种、蚕性别、养蚕早晚和结茧早晚、养蚕技术等有关。

（4）茧丝长。茧丝长指一粒茧所能缫得的丝长。

茧丝的长短与茧形大小、茧层厚薄、烘茧工艺、保管条件、煮漂茧质量、缫丝技术等有密切关系。如茧形大、茧层厚、烘茧合理、保管妥当、煮漂茧质优、缫丝技术高会得到长的茧丝。

$$茧丝长(m) = \frac{生丝总长(m) \times 定粒茧数(粒)}{缫丝茧数(粒)}$$

目前，丝厂常采用 8 粒茧定粒缫丝，先测出生丝总长，然后计算茧丝长。

（5）解舒丝长和解舒率。解舒是指缫丝时茧丝从茧层离解下来的难易程度。缫丝时茧丝离解困难，落绪多，称解舒差。反之，称解舒好。

解舒关系到生丝的产量、质量、原料消耗、台时产丝量和工人劳动强度等，系衡量茧质的重要指标之一。解舒好坏，一般用解舒丝长和解舒率表示。

1）解舒丝长是指缫丝时平均绪一次所缫取的茧丝长度，单位为 m。

$$解舒丝长 = \frac{茧丝总长(m)}{添绪次数(次)} = \frac{丝条总长(m) \times 定粒(粒)}{供试茧数(粒) + 落绪次数(次)}$$
$$= 茧丝长(m) \times 解舒率(\%)$$

解舒丝长，与茧的解舒好坏、烘茧工艺、茧的保管、煮漂茧质量、缫丝技术等密切相关。落绪次数越少，解舒丝长越长。无落绪时，则解舒丝长等于茧丝长。因此，通常都以解舒丝长的长短和回收率的高低来确定茧质好坏。

2）解舒率是指解舒丝长与茧丝长的百分比。柞蚕茧的解舒率一般为 $45\% \sim 55\%$。

$$解舒率(\%) = \frac{供试茧数(粒)}{供试茧数(粒) + 落绪茧数(粒)} \times 100$$

或

$$解舒率(\%) = \frac{解舒丝长(m)}{茧丝长(m)} \times 100$$

3）解舒丝量是指每添绪一次所缫得的丝量。

$$解舒丝量(g) = \frac{丝量(g)}{添绪次数(次)} = \frac{茧丝纤度(D) \times 解舒丝长(m)}{9000}$$

（6）回收率。回收率指缫得丝量与总纤维量（丝量、大挽手、二挽手、蛹衬重）的百分比。

$$回收率(\%) = \frac{缫得丝量(g)}{解舒后纤维量(g)} \times 100$$

三、柞蚕丝的化学组成

柞蚕丝由丝胶和丝素组成。柞丝纤度为 6D 左右，单茧丝长 950m 左右，多丝量品种的单茧丝长达 1300m 左右。

柞丝外层为丝胶，内层为丝素。丝素在茧层中占 84%～85%，主要成分是蛋白质，丝素蛋白质含 18 种氨基酸组成，其中甘氨酸、丙氨酸和丝氨酸最多，约占总量的 91% 以上。其中尤以丙氨酸为主体，含量最多，因此耐酸性好。

柞蚕丝丝胶占 12.1%～12.11%。丝胶是一种球形蛋白结构，以无定型颗粒状态包覆于丝素外围，具有保护丝素和胶着茧丝的作用。由碳 46.65%～46.74%、氢 6.93%～7.12%、氧 30.14%～30.82%、氮 15.60%～16.00% 组成。丝胶由 18 种氨基酸组成，主要有丝氨酸、苏氨酸、天门冬氨酸和甘氨酸组成，这 4 种氨基酸含量约占氨基酸总量的 60%。

柞蚕良种繁育技术

河南现行柞蚕良种繁育程序分为母种、原种和普通种（包括一代杂交种）三级。母种由保育品种扩大繁育而来或供生产原种的蚕种，是最高一级种子，在品种纯度和品质方面保持品种的固有性状；由省、市主管部门指定设备条件、技术力量好的种场负责繁育。原种是供生产普通种或一代杂交种用的蚕种，可为纯种，也可为单杂交种；在品种纯度和品质方面也有较高要求，应由市、县主管部门指定有条件、技术的种场负责繁育。普通种由原种繁育而来，是大面积丝茧生产用种；不仅有一定的质量要求，在数量上必须满足大面积生产需要。

柞蚕以蛹越冬。滞育的柞蚕蛹经过冬季低温保护，解除滞育转化为活性蛹，给予适宜的温湿度逐渐发育成蛾。自然条件下初春气温偏低且多变，蛹体发育缓慢、蚕蛾羽化不齐，不能按时出蚕直接影响柞蚕生产。生产中，人们采用室内加温补湿的方法，给予合理的温湿度，促进蛹体发育，做到适时出蛾，这一过程称为暖茧。从拾蛾到蚕卵浴消后包装，这一过程称为制种。

第一节　种　茧　保　护

种茧是柞蚕生产的主要生产资料和重要物质基础。有了种茧，才能进行春柞蚕生产。种茧的优劣关系到成虫体质强弱，幼虫生命力高低，生产蚕茧质量的好坏和产量的高低。河南一化性柞蚕种茧，自当年6月上旬收茧，到次年2月下旬暖茧，种茧保护长达8个多月。因此，必须根据蛹体需要和气候特点，给予合理的保护，满足来年蚕茧生产用种需要。

一、保种室的准备

保种室应选择地势高燥、环境清洁、坐北朝南、高大宽敞、墙壁厚实、前后有窗的房屋作保种室，以保证夏秋凉爽，冬季保温，排湿容易，换气方便。同时还应备有防鼠设施。种茧入室前，房屋、用具均应进行严格消毒。

二、保种用具准备

河南柞蚕种茧的保护用具有保种架、茧床、保种匾和茧笼等。

1. 保种架

保种架为农村保护大批量种茧的用具，用木杆在保种室搭架，然后在木架上摊茧箔（高粱秆织成），即可进行保茧。搭架方法在房四角离墙 60～70cm 的地面上立木柱 4 根，取木杆或竹竿为横杆，用铁丝捆扎成木架，木架为三层，上层木架不宜超过窗口，下层木架离地面不少于 50cm，三层木架之间的距离为 60～70cm，以便于铺茧。

2. 茧床

茧床是用来保护小批量普通茧的用具，是用木材和竹板制作，茧床一般长 200cm，宽 100cm，高 25cm，床四周用木板制成，底部用竹片制作，竹片间留 1cm 空隙，茧床四周底部，每角做一床腿，腿高 5cm（图 3-1）。

图 3-1 茧床

3. 保种匾

保种匾用来保护继代母种和繁育母种茧，保种匾为空格匾，三间保种室一般可保茧 36 万粒，需准备蚕匾 144 个，放匾用的梯形架（六层架）18 片，长竹竿 72 根。

4. 茧笼

茧笼适宜保护小区留根母种和继代母种，茧笼可用木制筐，周围安装铁纱，笼内分两室，每层放茧盒 1 个。茧笼一般高

100cm，深 62cm，宽 130cm，茧笼前壁安两扇中间开合的纱门（图 3 - 2）。茧盒用木板做框，用铁纱钉底，高 12cm，长与宽以能够插入茧笼为宜。

图 3 - 2 茧笼

三、保种方法

农村大批量保护种茧，使用自搭的茧架，用箔保护，每间房可保茧 5 万～6 万粒，放茧厚度为 3～4 粒。柞蚕制种场多采用茧床、茧笼和蚕匾来保护各区种茧，每茧床可放种茧 4000 粒左右，每匾放茧 2500 粒左右，每个茧盒放茧 500～1000 粒。

四、保种室温湿度控制

种茧保护室要有专人负责，做好温湿度调节和记载。保茧温度最高不超过 30℃，最低不能低于−2℃，干湿差 3～5℃。伏天以防高温闷热为主，白天关闭门窗，夜间开窗换气降温。涝天以防湿为主，注意开窗换气排湿，防止种茧发霉。入冬保种室不要接触 5.5℃ 以上的温度，防止蛹体过早发育。

五、种茧摇选

采茧后 20d 左右，开始第一摇选，以后每隔 40～50d 摇选一次。选除死笼茧、薄皮茧、寄生蜂为害茧、羽化茧、双宫茧、鼠害茧，并分品种、分区分别记入种茧摇选登记卡内，以便计算死笼率。选除的死笼茧要远离种茧保护室和制种场所存放，防止病原的蔓延和扩散。工具使用后，经严格消毒后存放备用。

六、寄生蜂防治

在每年 6 月下旬至 7 月上旬，每天进入保种室在窗户等有亮光的地方进行观察有无寄生蜂的发生。当发现有少量寄生蜂发生时，要及时用 DDV 进行熏杀，做好寄生蜂的第一次防治工作。这样可以大大降低寄生蜂的基数，否则后期将很控制其为害，一直到9月上旬为止。

1. 药剂用量

保茧室用0.3～0.5L/m³ 40％～50％的DDV或0.2～0.3L/m³ 80％的DDV的标准进行施药，一般三间房屋用40％～50％的DDV，有顶棚房屋需要50mL，无顶棚房屋需药70mL，用80％的DDV可酌减药量1/4左右。

2. 施药方法

药剂加水10～20倍，用旧报纸、布条等吸附药物后，分散悬挂在保茧室中，密闭门窗，使药气自然挥发，药效一般持续7～10d。施药后蛹体摇动，但影响不大，每隔两天夜间换气一次，防止种茧伤热。

七、种茧品质检验

为了不断提高种茧质量，防止蚕品种质量下降和微粒子病毒蔓延，在各级种场自检的基础上，各级蚕业主管部门在10月下旬组织各级柞蚕种场进行种茧品质检验。抽查区数，母种种茧为合格区数的10％，原种种茧不少于5区，发现有1/3饲育区不合格者，必须全部重新检查。

1. 检验单位

各级柞蚕种茧均以饲育区为品质检验单位。

2. 茧质和种茧病毒率检验

茧质检验和种茧微粒子病毒检查可同时结合进行。在各级种茧中抽取有代表性样茧，母种种茧每区雌雄各10粒，原种种茧每区雌雄各25粒，普通种种茧每区雌雄各50粒，逐区进行称量和镜检。分别计算死笼茧率，雌雄平均全茧量、茧层量、茧层率、雌茧率和微粒子病毒率。

3. 抽茧、剖茧、检查

（1）抽茧方法。各级种茧在普通茧中随机多点取有代表性样茧，样茧数繁育母种种茧每区100粒以上，原种种茧每区200粒以上，普通种种茧每区300粒以上。填写品种、批次、种级、区号标签，一式三份，连同样茧送至种质检验室，先将各级种茧每区所取样茧充分搅拌和平摊，以对角线划分为4份，取对角线2份作茧质和种茧微粒子病毒检验，按规定项目，划出应检茧数，剩余样茧原区返回保种室。

（2）剖茧。将所取样茧以区为单位进行剖茧，并雌雄分放，雌茧或雄茧不足时，再行补足，应随机抽取，不得有意挑拣调换。

（3）检查。每区随带标签送检验人员检验。检查结束后，由检验组统一计算检验结果，多剖的雌雄茧，用纸糊封与多余样茧对号，一同送还种茧保护室。

第二节　暖　　茧

暖茧是指通过人工加温补湿，促使蛹体适时发育而羽化出蛾的技术措施，河南称为"大蛾房"。

一、暖茧前的准备

1. 暖茧开始升温日期的确定

生产上应考虑各地气候状况、柞树种类、柞蚕品种、历年出蚕时期、暖茧方法、制种量大小、制种批次、卵期保护时间等因素，确保暖茧适期与柞树发育时期相适应为前提，确定暖茧开始日期。确定暖茧时间的方法是：先确定出蚕适期，再按照暖茧、制种、保卵和孵卵经过日数向前推算。以南召西半县出蚕日期是 4 月 5 日为例，采用平温暖茧法蚕需加温 20d 出蛾，从开始出蛾到制种结束 10d，卵期保护时间 16d，把各段时间加在一起为 46d，然后从出蚕适期向前倒查推算 46d，这样暖茧升温的开始日期就是 2 月 19 日左右。

2. 暖茧前的物资准备

（1）暖茧室。暖茧室是种茧加温补湿、蚕蛹羽化发蛾的场所。要求暖茧室保温，容易补湿、换气，工作方便。一般按 25kg/m² 来计算暖茧室的面积。暖茧加温设备有电热线、控制箱等。每间 20m² 的暖茧室，需用 5 盘 1kW 的加温线制作成长形方框挂于暖茧室四壁直接加热，外接控温仪，设置目的温度，当温度达到目的温度时，电源自动跳闸，停止加温。室内可用电子补湿仪直接补湿，室外可接湿度控制阀，当达到目的湿度时，即自动跳闸。此方法室内温湿度稳定，操作方便，室内干净整洁。

（2）暖茧用具准备。按 40m² 的暖茧室挂茧 1000kg 种茧计算，需立柱 8 根，横条杆 6 根，茧杆 20 根，干湿计 5～6 支。

（3）制种房屋准备。制种室包括出蛾室、清对室（或晾对室）、交配室、产卵室、镜检室、剥卵室、毛卵保护室、净卵保护室。从拾蛾到剥卵所用的房屋，一般距离越近越好；而净卵保护室应离制种场所远一些。因为制种房屋中的蛾毛和病原可随空气流动而污染消毒过的蚕卵。

制种房屋准备详见制种房屋定额表，见表 3-1。

表 3-1　　　　　　　　制种房屋定额表（挂茧 20 万粒）

名　　称	需要房屋数量/间			说　　明
	挂繁育母种茧	挂原种茧	挂普通种茧	
暖茧室	5	3	3	
清对室	2	2	2	
交配室	2	1	1	每间房屋规格为： 7m×3m
产卵室	2	1	1	
剥卵室	3	2	2	
保卵室	2	1	1	
镜检室	3	2	2	

（4）制种用具准备。制种用具准备详见制种工具定额表，见表 3-2。

表 3-2　　　　　　　　制种工具定额表（挂茧 20 万粒）

设备名称	规　格	单位	需　要　量			备注
			挂繁育母种茧	挂原种茧	挂普通种茧	
蛾筐	高 24cm、口径 50cm	个	200	200	200	
蛾袋	长 15cm、宽 10cm	万个	7	7		全部镜检，用单蛾袋
茧架	高 1.65m、长 240cm	个	9	4	4	
行条杆	直径 12cm，长 300cm	根	14	6	6	
茧杆	直径 7cm，长 300cm	根	25	25	25	
梯形架	6 层	个	18	18	18	保护晾卵
蚕匾		个	180	150	150	

续表

设备名称	规　格	单位	需　要　量			备注
			挂繁育母种茧	挂原种茧	挂普通种茧	
产卵袋杆	直径25cm，长300cm	根	30	30	30	
孵卵盒	长30cm，宽18cm	个	1100	200	200	
干湿计		支	16	12	12	
穿茧绳		kg	1.5	1.5	1.5	
电子天平		个	4	4	4	

（5）镜检用具准备。镜检用具准备详见镜检工具定额表，见表3-3。

表3-3　　　　　　　　　镜检工具定额表（挂茧20万粒）

设备名称	规　格	单位	需　要　量			备注
			挂繁育母种茧	挂原种茧	挂普通种茧	
显微镜		部	8	8	8	
考种板		块	42	42	42	
考种桌		个	8	8	8	
检种针		个	600	600	600	
毛巾		条	20	20	20	
黑布	每块长60cm	块	8	8	8	
水裙		个	10	10	10	
盆		个	3	3	3	
白布	每块长50cm	块	10	10	10	
盖玻片	每盒100片	盒	15	15	15	
载玻片		片	300	300	300	
水桶		只	2	2	2	
铁锅		只	1	1	1	
毛笔		支	2	2	2	
工作案	长500cm，宽150cm	台	6	6	6	
凳子	独座	个	24	24	24	
盘		个	4	4	4	
苛性钾		g	500	500	500	
氯化汞		g	500	500	500	

（6）蚕种浴消工具准备。蚕种浴消工具准备详见浴消工具定额表，见表3-4。

表3-4　　　　　　　　　浴消工具定额表（挂茧20万粒）

设备名称	规　格	单位	需　要　量			备注
			挂繁育母种茧	挂原种茧	挂普通种茧	
保温桶		个	1	1	1	
浴种盆		个	5	5	5	
胶手套		副	2	2	2	
量杯	500L或1000L	个	2	2	2	
棒状温度计		支	2	2	2	
浴种纱袋	长33cm，宽25cm	个	50	50	50	
继代母种纱袋	长20cm，宽8cm	个	40	50	50	
浴种标签	塑料或铁签	个	200	50	50	
种表		个	1	1	1	
千克秤	2kg	个	1	1	1	
工作衣		件	3	3	3	
白碱		kg	2.5	2.5	2.5	
甲醛		kg	10	10	10	
脱水机		台	1	1	1	

3. 暖茧室的布置

河南柞蚕暖茧室的挂茧设备，除母种需要特别茧笼外，挂原种和普通种均可搭设茧架。茧架搭设方法：茧架四周距墙70cm左右，作为人行道及放置蛾筐的地方，以每间房屋为单位，四角及中间各栽立柱1根，立柱高1.8m。在距地1.7m的顶端，以横条杆沿前后墙，按前后窗的方向连接立柱成方形，横条杆上棚架茧杆，茧杆间距不少于30cm。为便于通风换气，茧杆两端与前后窗相对应，然后消毒备用。挂茧架如图3-3所示。

4. 暖茧室及用具的消毒

暖茧室和用具的消毒工作，应在暖茧前7～10d进行。首先要把暖茧室及用具打扫和洗刷干净，然后进行药物消毒。药物消毒在使用前3～4d进行，用含有效氯1%的漂白粉溶液，对暖茧室及用具进行喷雾消毒，不留死

角，每 100m² 用药 22.5kg，喷药后
保持湿润 0.5h 以上。或使用熏烟剂
消毒，点燃前先用净水喷湿暖茧室
及用具，然后按每间房屋 20m²/袋
的用量，点燃后密闭 6h 即可。消毒
后密闭 24h，再打开门窗放出药味，
待药味完全散发后再密闭封存，以
免病原再次污染。

图 3-3　挂茧架

5. 种茧复选

种茧经过冬季保护后，少部分未选出劣茧或被鼠咬食的茧可于暖茧前
结合穿茧或绑茧进行复选，严格留优去劣，确保种茧质量。

种茧的标准，选留茧形端正、封口紧密、茧层均匀、茧衣完整，茧色
一致的茧。淘汰畸形、薄皮、双宫、响茧、蛾口、油烂等不良茧。抽查蛹
时，蛹体表现饱满油润、体色鲜明、颅顶板洁白透亮、腹部环节紧凑、摇
动敏捷有力、血液呈固有色泽、黏稠度大、脂肪细腻、蛹胃附近的脂肪无
黑褐色小渣点。且种茧微粒子病抽查率控制在国标以内，即母种茧不大于
0.0%，原种不大于 2.0%，普通种不大于 4.0%。

母种要逐粒茧称量，按标准选茧。原种茧和普通种茧以饲育区为单位
进行雌雄鉴别设立对交区。为了保证异蛾区交配和品种间杂交，选择各级
种茧时都要做好雌雄鉴别工作，雌雄茧的比例，一般掌握雌 4、雄 6、或雌
45%、雄 55%。

6. 穿（或绑）挂种茧

河南穿茧（或绑茧）一般在当年 10 月至翌年 1 月前进行。挂茧在加温
暖茧前或穿茧结束后接着进行。其中各级母种因量少可进行穿茧。原种和
普通种茧因量多可进行绑茧。

（1）绑茧（图 3-4）。繁育原种、普通种适用本方法。用绑茧绳将种茧
每 5～6 粒茧为一撮，将其茧柄捏在一起，左手拿茧，右手拿线，顺茧撮绕
两周，以吊丝扣形式将茧柄捆牢。撮与撮之间相隔 6～7cm。一般每人每天
可绑茧 70kg 左右，比过去穿茧可提高工效近 2 倍。每绑一个区或品种要贴

上卡片，注明品种、对交区或对交形式。

　　注意：没带茧柄的种茧，可人工做茧柄或用针线穿串随大批次一同挂茧。

　　（2）穿茧（图3-5）。繁育各级母种适用本方法。穿茧时可用1.8m长的细绳，一端挽以直径3cm套，另一端贯以大针，斜穿茧底（无茧柄端）的茧衣，让茧柄向外方倾斜，呈麦穗状，茧串长1.3m，缀茧230粒左右。穿妥后，把剩余的绳子挽在末端茧串上，以防脱茧。

图3-4　绑茧　　　　　　　　图3-5　穿茧

　　穿茧时，穿茧衣，方便针插入。穿茧要牢固，以免茧粒脱落。茧柄必须向外，便于蚕蛾羽化后自茧内爬出。在茧串末端系上卡片，注明品种区号。

　　（3）挂茧（图3-6）。挂茧时，要把母种、原种及杂交品种对交区（或批）的雌雄茧隔离开来，用分室挂茧或用塑料纱网隔离，以防混杂。便于发蛾后提出雌中雄蛾、雄中雌蛾，保证异区或品种间的杂交。采取竖向挂茧，将茧串一端系于茧杆上。为了感温均匀，先行撩串，即将茧串末端的木棒插入上端绳环内，使茧串折挂，见蛾时再行放串，以利发蛾。若是绑茧，根据茧串要求长度截取即可，用细绳将茧串一端系于茧杆上。为了方便工作，并防止蚕蛾拥挤，引起相互抓伤而落地，一般茧杆间距25～30cm，茧串间距5cm，茧串高度以便于捉蛾为宜，下端距地面50cm以上，为了防止发蛾后期缺雄，可留10％～15％的雄茧在暖茧3～7d后分批入暖茧室。

二、暖茧

1. 升温方法

河南暖茧一般采用平温法，即从室内自然温度（如10℃）起，每天升温2℃，至22℃时保持平温，直至发蛾。相对湿度为70％～75％，暖茧期20d左右。

2. 种茧调位

为了使种茧感温均匀，暖茧期用茧床盛放加温的，把茧床位置进行前后、左右、上下进行调换；挂茧加温的可以采取撩串进行调节，以减小茧串上下的温差。用地火龙加温暖茧的，因茧串下方接近地面温度偏高，可以采取撩串进行调

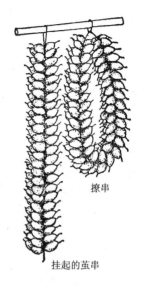

撩串

挂起的茧串

图3-6　挂茧

节。撩串方法：将挂在茧杆上茧串末端的小木棒提起，插入上端绳环内即可，见苗蛾时，再把串茧放下。

3. 通风换气

为保持室内空气新鲜，暖茧前期每天换气1次，暖茧后期每天换气2～3次，每次换气20～30min。也可结合调温工作开窗换气，外温过低或大风雨天气，暂不换气。室内禁放杂物，以保持干净整洁。

4. 蛹体发育调节

不同柞蚕品种的蛹体所需要的有效积温不同。为保证不同品种（或区）间的杂交，在暖茧时，一方面根据不同品种所需的有效积温，采用不同升温时间来调节；另一方面在补温期间定时抽样解剖蚕蛹，观察蛹体外形及内部器官的变化情况，判断蛹体发育的程度，然后根据蛹体发育情况，适当调节室内温度或调换种茧位置。

观察蛹体发育程度，可采取一看外形、二看内部器官的方法。剖茧取蛹，先看颅顶板颜色变化，然后撕开触角观察头胸部位的变化；再撕开蛹皮，观察蛹体内部组织器官的变化，蛹期发育的主要特征见表3-5。观察蛹体发育的程度也可以不撕蛹，其方法是：将蚕蛹发育的有效积温分为十

71

个阶段，即可确定蛹体感受积温的多少。各阶段蚕蛹颅顶板（玉门）色泽变化见表3-6。

表3-5　　　　　不同发育阶段柞蚕蛹主要器官变化的特征

（河南省蚕业科学研究院调查）

发育阶段	有效积温/℃	蛹体发育情况	
		胃　　囊	其他组织
0		似雀舌状，硬面有折纹，外部覆盖一层白色薄膜	复眼中有一个黑色小点，触须和翅生有纵走主脉
1	6～12	白色薄膜发虚，外膜内层发虚，变为青色，有黏性，但以手捏之不易破碎，中央较厚，外部软化，大部分外膜变为青色	复眼中有一个黑色小点，触须和翅生有纵走主脉。其他组织较前显著发育，可发现8条卵管
2	30	胃囊较前柔软的，可捏成圆饼	触须及胸足显出环节
3	66	胃囊较软	触须及胸足显出环节
4	90	胃囊较软	触须分离，个别复眼变红色
5	114	胃囊更软，俗称"小溏"	翅脉变粗，可以取出，复眼变为红色，接着复眼变深红，个别变成黑色
6	138	直肠囊膨大，内有白色代谢物，胃囊液化，俗称"大溏"，代谢物淡黄色	腿环节变黄色，腹部嫩白，新旧皮可以脱离
7	162	胃囊逐渐缩小	蛾体基本形成，白色无毛，能与蛹皮脱离，腿淡黄，显钩爪，触须呈淡黄色，翅肩稍硬，卵淡绿色
8	186	胃囊逐渐缩小	胸足、蛾翅及触须变成褐色
9	210	胃内容物消失，留下黄色空囊	蛾体全部淡黄色，胶液腺变深红色，逐步变成黑色
10			蛾体逐步形成，开始羽化

注　发育起点温度为10℃。

表3-6　　　　　不同发育阶段柞蚕蛹颅顶板变化特征

发育阶段	有效积温/℃	颅顶板（玉门）色泽变化	说　明
0	0	灰玉色，略透明	蚕蛹呈暖种加温前的状态，无明显变化
1	12	灰玉色，略透明	
2	30	周边泛白，中央留有灰玉色三角形小块	先从颅顶板周边开始变色，由灰玉色逐步转为白色，再呈乳白色

续表

发育阶段	有效积温/℃	颅顶板（玉门）色泽变化	说　明
3	66	灰玉色三角形缩小，消失，颅顶板泛白色	
4	90	呈乳白色	
5	114	呈乳白色	此时触须发育，基部开始隆起，与颅顶板之间形成一条狭缝，外观上可以看到灰黑色孔点，随着触须的不断发育，夹缝深陷，孔点扩大而明显
6	138	颅顶板侧上方多数出现左右对称、上下狭长的灰黑色孔点	
7	162	全部出现孔点，个别扩大而明显	
8	186	颅顶板红润，个别微红或粉红	从颅顶透视内部鳞毛呈微黄色，个别深黄，颅顶板随之变为紫红色。由于鳞毛发达，颅顶与触须之间夹缝弥合，孔点消失。颅顶板呈紫红色时，蛹体变软，皮变薄，色变暗。呈棕褐色时，蛹体焦脆，手触有声，当天即可羽化蚕蛾
9	210	粉红或红色，个别紫红色，呈紫红的孔点消失	
10	230	紫红色或暗紫色，个别棕褐色。呈棕褐色者当天羽化	

注　发育起点温度为 10℃。

第三节　制　种

种茧感温发蛾后，相继开展的拾蛾、交配、清对、拆对、选蛾、装袋、产卵、镜检和浴种消毒等一系列工作过程，称为制种。柞蚕制种是一项程序烦琐、技术严格、时间紧迫、任务繁重的工作。因此，必须充分准备、妥善安排，以期达到保证蚕种质量的目的。

一、发蛾

柞蚕越冬蛹，在暖茧期间，感受一定程度的有效积温后，形成蚕蛾，于茧柄附近钻出茧壳，称为"发蛾"。大批制种时，发蛾开始至结束一般持续 7～10d，第 3～5d 发蛾最盛。

每天发蛾的早晚，可以根据需要，利用温度调节进行控制。在发蛾时刻的掌握上，一般有以下两种方法：恒温发蛾和变温拦批发蛾。河南在见苗蛾时，将暖茧温度降到 10℃，晾茧 2～3d，再开始升温暖茧进行发蛾制种,俗称拦喷。

1. 控制室温方法

(1) 恒温发蛾法。发蛾期间正常加温,室温保持 22℃,每天 17 时前后开始发蛾,18—20 时蛾子盛发,20—23 时进行拾蛾、清对和交配工作。这种方法的优点是:拾蛾及时,减少落地和抓伤;能够正确掌握交配时间,减少脱对。缺点是:夜晚工作时间长。

(2) 变温发蛾法。俗称"断火拦批"。每天 10 时开始升温,12 时室内温度达到 22℃,24 时至次日 6 时半开门窗,使室内温度降至 20℃,6 时左右打开窗户,使温度逐渐降到 15℃左右。采取断火拦批发蛾方法,于 15 时开始发蛾,盛发蛾时间集中在晚上 19—20 时,让蚕蛾在串上自由交配,于次日 7 时左右进行选蛾装袋工作。这种方法的优点是:发蛾时间延长,拾蛾不及时,增加落地和抓伤;蚕蛾夜间串上交配,交配时间过长,脱对蛾增多。本法适用于农村种场生产普通种。

2. 注意事项

(1) 盛发蛾时,室内保持黑暗环境,防止雄蛾骚动乱飞,此时不要随意打开门窗,以免影响发蛾。

(2) 盛发蛾时,要掌握好室内温湿度,防止高温闷气。在高温闷热环境中,蚕蛾活动频繁,容易相互抓伤,出现"黑汗蛾",影响蛾体健康。

(3) 发蛾期间如遇低温侵袭,要做好保温工作,在换气时不要开北窗,防止北风冲击,影响出蛾。

(4) 发蛾期间,大批蚕蛹发育成熟,呼吸量急剧增加,室内空气中 CO_2 的含量明显增加。为了保证蚕蛹正常发育,除掌握好温度和湿度外,还要定时开窗换气和保持室内卫生。

(5) 发蛾期间,要在暖茧室的地面排放空筐,便于蚕蛾蛾翅伸展、晾翅和交配。

二、晾蛾和拾蛾

在河南,一般于拾蛾前 1h 打开门窗,充分晾蛾,待蛾翅伸展晾干后,再进行拾蛾。制母种、原种和一代杂交种,要从雌蛾群体中提雄蛾,在雄蛾群体中提雌蛾，并淘汰纯对中的雌蛾，以确保异区（异品种或异品系）交配。拾蛾方法为：用拇指和食指抓雌雄蛾四翅的基部，轻取轻放。一般先拾落地蛾，再拾串上的蛾（软翅蛾待其翅膀伸展后再拾），按品种对交区分别拾蛾入筐，并随时淘汰不符合本品种性状的杂色蛾，以及秃头、焦尾、卷翅、病弱的蚕蛾。每筐放蛾140只左右，雌雄比例为8：10。筐内蚕蛾要撒布均匀，切勿积压，以免相互抓伤。装好雌、雄蛾的蛾筐，立即加盖，让蚕蛾自由交配。待拾蛾工作完成后，再按拾蛾先后次序清筐提对。

提对时，用右手拇指和食指轻轻捏住雌蛾四翅的基部（切勿提雄，以防脱交）提出对子蛾，把雌蛾四翅基部夹在左手食指和中指之间，让蛾背挨着手背，积累数对对子蛾后，再一同放在蛾筐的内壁上，雌上雄下排列于筐壁上，放对子蛾时先放蛾筐内壁上部，再放蛾筐内壁下部。每筐放对子蛾150对左右，然后加盖，注明品种、级别、区号、日期、时间、数量后，把对子蛾筐送入交配室，再把未交尾的杂蛾合并一起，20～30min后，再清对。在清对结束工作前，把最后所剩杂蛾筐内的健康雌蛾挑出，然后投入多出5％左右新鲜雄蛾或挑选出的体色鲜明、鳞毛整齐、活泼健康雄蛾，放入交配室内温度稍低的位置，在第二天早上清出里面的未交蛾，然后让对子蛾继续交配，在当天下午拆对时最后拆对，保证交配时间10h左右。清对工作结束后，把剩下多余的雌雄蛾送至低温处（10℃）保护，待下次拾蛾时再用。

三、交配管理

柞蚕雌雄蛾交配适期为雌蛾四翅完全展开、两后翅边缘紧接、四翅微微扇动、外生殖器频频外伸，雄蛾振翅飞舞的时候。要求当天羽化的蚕蛾当天交配。交配室空气要新鲜，光线要均匀（以暗室更好），温度以18～20℃、干湿差2～3℃为好。如果温度过低（15℃以下），雄蛾就不活泼，不受精卵增多，产卵量少；如果温度过高（25℃以上）易脱对，则产卵量减少，不受精卵多，孵化率降低。交配温度和交配时间呈反比关系，温度高时时间要短，温度低时时间要长，生产上一般要求蚕蛾交配10h以上。另外，在发蛾制种前期往往容易出现缺少雄蛾，需使用二交蛾，交配温度可稍低，交配时间可适当延长，以保证交配质量。交配室要有专人值班巡蛾，及时提出脱交蛾，以免脱交的雄蛾扰乱其他蚕蛾交配，造成脱对遗失蚕卵。

采用串上交配方法制种时，应掌握在 15 时开始羽化发蛾，20 时蚕蛾羽化基本结束，让茧串上蚕蛾自由交配。一般于 24 时蚕蛾交配率达到 95% 左右，于上午开始拾蛾。拾蛾时，先拾未交配的蚕蛾（7—8 时），再拾对子蛾（9—10 时）。对子蛾在暖种室内经历 10 余小时基本满足交配受精的需要。这时可以边拾蛾、边拆对、边选蛾、边装袋产卵。把未交配的蚕蛾集中于杂蛾筐内，放在温暖的地方（如暖茧室、交配室）让其交配，待 10h 以上再拆对。串上交配的优点是简化制种工序，节省蚕室蚕具，降低制种成本。

四、拆对

满足交配时间后，在光线明亮处拆对选蛾。拆对工作白天在室外进行，外温低于 10℃时转入室内，以防雌蛾遭受冻害，影响受精卵形成。拆对时要分清品种、级别、批次等。拆对动作要轻，不能强拉硬扯，以免损伤雌蛾生殖器，影响产卵。拆对后雌蛾由专人进行选择工作。拆对方法是：用右手拇指和食指捏住雄蛾四翅的基部，用中指轻捏雌蛾腹部，左手将雌蛾向后一拉即可分开。拆对工作结束后，选择体色新鲜、鳞毛整齐、精神活泼的雄蛾装入筐内（每筐 110 只左右），放在 10℃以下的低温处，以备再用。试验证明，使用二交雄蛾不影响蚕种的孵化率和蚕体健康，但禁止用 3 次雄蛾。

五、选蛾

选蛾（图 3-7）是制种工作的重要环节，留优汰劣，以达到提高蚕种质量和产茧量的目的。选蛾分目选和镜选两种。生产中，严格目选可以在很大程度上鉴别淘汰微粒子病蛾和体质强弱蛾，即使通过镜检制种，也必须以严格目选为基础，以淘汰体质虚弱蛾。选蛾一般按选择时期可分为串上选、清

图 3-7 选蛾

对选和拆对选 3 种。

1. 串上选

串上选与拾蛾工作同时进行。主要是淘汰蛾翅卷曲、体形不正、鳞毛不全的病弱蛾。

2. 清对选

结合清对工作一起进行，主要淘汰病弱症状明显、外形异常、交配能力差的蚕蛾。

3. 拆对选

拆对选是目选中最重要的一环，拆对时要精选雌蛾，一看外形，二看血液和渣点。

（1）操作方法。先观察雌蛾的外形，再用左手捏着雌蛾四翅的基部，右手拇指和食指轻捏尾部，使腹部向腹面弯曲，然后轻轻撺动腹部，从腹部背面第 2～5 环节的节间膜观察蚕蛾血液的清晰度和脂肪组织上有无渣点，从而区别蚕蛾优劣。

（2）健康蛾和病弱蛾的外形和内部特征。

1）外形观察。

健康蛾的特征，符合原品种固有性状，体躯饱满，行动活泼，鳞毛丰厚齐全，色泽鲜明，四翅伸展硬实；捉蛾时四翅挣扎有力，环节紧凑，腹大卵多。

病弱蛾的特征，不符合本品种固有的特征和特性，行动迟缓，腹部松软，环节外拖，翅卷尾焦，鳞毛不全，蛾色失常，腹卵少而积水（俗称水肚子蛾或鳞腹坚实俗称实肚子蛾）。

2）体内观察。

血液，健康蛾的血液清晰透明，色泽呈现该品种固有颜色，病蛾的血液因组织细胞被微粒子原虫破坏，呈浑浊状。

渣点，由于微粒子原虫在蚕蛾的肌肉、脂肪体和卵管等组织上寄生，在这些组织上常常出现红褐色或褐色小渣点。

在选蛾过程中，所淘汰的病弱蛾应集中烧毁或深埋，不可随地乱扔。

六、产卵

经严格目选出来的雌蛾，应迅速放入蛾袋或产卵床内让其产卵。

1. 产卵形式

生产上有纸袋（纱袋）产卵和产卵床产卵等。

纸袋（纱袋）产卵可用 16cm×12cm 的纸袋，或用 18cm×13cm 的胶质塑料纱袋、30cm×40cm 胶织纱袋。蚕蛾装袋后分批次、分品种用线绳穿成长串，每串 50 袋，悬挂于产卵的架子上。用纸袋产卵的或直接摊到蚕床上，每床 300～400 袋，或用竹制花眼篓（高 1.2m，上口径 50～55cm，下底径40～50cm 盛装蛾袋，每篓可装蛾袋 200 余袋），放置于产卵室内产卵。小袋产卵为单蛾产卵形式，便于镜检，淘汰病弱蛾。大袋产卵为混合产卵形式，在种茧微粒子病较轻的情况下可采用。

2. 产卵时间

柞蚕蛾有夜晚产卵的习性，一般前半夜（20—23 时）产卵最多，后半夜逐渐减少，白天极少产卵。据调查：第一夜产卵最多，占总卵数的 75％～80％；第二夜产卵次之，占总数的 15％～20％；第三夜产卵很少。头两夜产下的蚕卵，是雌蛾卵巢管先端的蚕卵，成熟较早，卵质充实，表现在卵粒重，孵化率高，幼虫生命力强；三夜以后所产的蚕卵，营养不足，卵质较差，表现为卵粒轻，孵化率低，幼虫生命力差。因此，柞蚕产卵期应以两夜为限。限制产卵时间也是蚕种选择的一种手段，借以提高蚕种质量和幼虫生命力。

3. 产卵环境

产卵温度以 20～22℃为宜，相对湿度以 75％为宜。产卵速度与环境条件有密切关系。温度过高（30℃），则产卵速度快，不受精卵增多；温度过低（18℃以下）则雌蛾不活泼，产卵慢，卵粒少。在同一时间内，恒温比变温卵产出率高，不产卵蛾减少。升温方法应从室内自然温起，逐渐升高，直至蛾翅扇动时为止（声音像下雨）。产卵室温度一般保持 22℃，最高不超过 23℃。这样蛾子活泼，产卵正常。为保持产卵室空气新鲜，白天要充分换气，室温保持 15℃以上即可。

4. 雌蛾不产卵或少产卵的发生

在生产中经常发现不产卵或少产卵的雌蛾，主要由以下几个方面原因造成：

（1）拆对时强拉硬扯，损伤了雌蛾产卵器。

（2）卵袋挤压形，影响雌蛾振翅产卵。

（3）过早脱交、雄蛾病弱或低温交配，授精效果不好。

（4）产卵室温度低或温度不匀。

（5）雌蛾生殖器官畸形、构造不全等。

七、显微镜检种

显微镜检种是在严格目选基础上，于产卵 2d 后，用显微镜检查雌蛾体内组织，进一步淘汰微粒子病蛾所产下蚕卵，确保蚕种无毒的措施。因此，显微镜检种是柞蚕选蛾工作的重要环节。肉眼选蛾，仅可以根据外部形态来鉴别病蛾及虚弱蛾，而体内潜伏病源的轻病蛾，单凭肉眼很难判定，必须借助显微镜检查雌蛾体内的病源；使用显微镜只能淘汰病蛾，却淘汰不了虚弱蛾。因此，目选和镜选必须结合进行，二者缺一不可。生产上母种和原种必须进行镜检，普通种可以全部镜检或抽检。

1. 显微镜检种原则

制母种实行雌蛾对检，即一蛾制成两个标本片；制原种和普通种（包括一代杂交种）全部雌蛾都要镜检，并加强复检。采取混合产卵方式制种时，要严格选蛾，并从各批次中抽出 10% 的雌蛾，使用显微镜检查微粒子病的发生情况。凡病毒率超过 2% 者，该批蚕种应予以淘汰。

2. 显微镜检种室的布置

检种室要宽敞明亮，有洗涤条件、有水源和排水条件。在室内窗下设检种桌，每桌配置一台灯，以增强光线，每桌放显微镜两部，按顺序安排初检和复检的位置。在检种室一端设工具洗涤处，室中间放置操作台。

3. 显微镜检种的工作程序

（1）蛾袋收发。镜检前蛾袋收发人员到产卵室领取当日应检蛾袋，保存于收发室内，再把不同品种、批次的蛾袋转交给镜检室负责人。每天镜检完毕，再分别登记各类蛾袋的数量；把无毒袋捆绑、整理后交给剥卵室，把有毒袋集中烧毁。当天检不完的蛾袋，要逐袋施行杀蛾处理，防止再产三夜卵；蛾袋交接时，工作人员要填好交接表。

（2）排板点板。把一头涂有红漆标记的载玻片，红头向左，按规定位置排放在检种板上。用毛笔把碱水（KOH 或 NaOH 和水按 1：19 配成溶液）按号在载玻片上点上绿豆大小的水珠。要求大小一致，距离相等，防止混流。点完后转交给研蛾员。

（3）掏蛾叠袋。首先检查蛾子产卵情况，掏出产卵正常的蚕蛾交研蛾员研蛾，蛾袋依次叠放，并折叠袋口，掏完一板把叠好蛾袋上下颠倒，附上卡片，用书夹夹好，放在检种板上。不产卵或少产卵的蛾，仍把蛾子装袋，集中交给收发员妥善处理。

（4）研蛾、盖片。研蛾人员按掏蛾顺序，用检种针（或竹牙签）刺入雌蛾腹背面第 2~4 环节背血管处，从腹内挑出一团脂肪组织（切勿带蚕卵和蛾尿），放在载玻上点有碱水的位置研磨，研磨至碱水混浊。要求一针只刺一蛾，一蛾只制一标本。双蛾检种时，两蛾一并研磨，各号蛾汁不混。掏蛾、研蛾顺序和检种板上编号三对照，防止错误。研完一板，交给盖片员盖片。盖片员盖好盖片后，再送给初检员镜检。研蛾制板如图 3-8 所示。

图 3-8 研蛾制板

（5）镜检。用 15×45 倍的显微镜认真观察视野里蚕蛾组织内有无微粒子孢子。微粒子孢子状似芝麻，形状一致，大小齐一，色泽淡绿，多沉积下层，经研磨不会变形。显微镜（若是电光镜不用考虑光线）放在窗下，光强时反光镜用平面，缩小遮光器，光弱时反光镜用凹面放大遮光器。通过目镜可看到视野内流动的蚕蛾组织细胞（即视野）。物镜、目镜要保持清洁，必要时用软绸、擦镜纸擦拭，也可用二甲苯将软绸、擦镜纸湿润后擦拭，效果更好（图 3-9）。

1）初检。初检人员用右手取载玻片放于载物台上（红头仍向左），物镜对盖玻片中心，转动大螺旋，使物镜慢慢落下，到即将接触盖玻片时，从目镜中观察物体，同时转动微螺旋，使镜筒慢慢上下移动，直到视野内出现清晰的蚕蛾组织细胞为止。每个标本至少观察3～5个视野，发现微粒子孢子时，就在检种卡片的相应号码上记"×"。镜

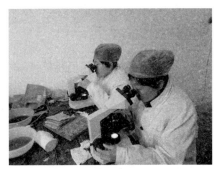

图 3-9　镜检

检判断要准确，在保证质量的前提下速度尽可能加快。初检人员在检完一板标本后，应在卡片纸上标写本人的编码，再把标本送给复检员复检。

2）复检。为了防止初检人员漏检和错检，复检人员应对初检过的标本进行复查。根据初检人员的镜检水平，采取重点抽查或普遍复查的方法，随时纠正初检人员镜检的错误，并把有毒片放入 $0.1\%HgCl_2$ 液（或 HCl 稀释液）中消毒，有毒的蛾袋抽出集中存放，以备处理。

（6）洗涤消毒。洗涤人员应将用过的无毒载玻片和盖玻片，可随时洗涤干净，第一遍用洗洁精（家庭常用）稀释液洗，第二遍用清水冲洗，平摊于擦拭板上，用毛巾、纱布擦拭干净，晾干（或用吹风机吹干）后备用。毒片在 $0.1\%HgCl_2$ 液（或 HCl 稀释液）溶液中浸泡后，取出洗净备用。

4. 注意事项

（1）在显微镜检种之前，应认真做好镜检人员的技术培训工作，要求镜检人员充分了解显微镜的结构和性能，熟练掌握显微镜使用方法，用第二个视野正确识别检验标本中的病原物。

（2）镜检室的工作人员分工要明确，严格按照技术操作要求进行操作，严肃认真，有条不紊，防止漏检和误检，不断提高镜检质量。

（3）每日镜检工作结束后，要将显微镜上的目镜和物镜用擦镜纸擦拭干净，然后放入显微镜箱内（或专用显微镜罩罩住）。镜检室每天要进行排班整理、打扫干净。镜检过的废蛾，由专人负责处理。

（4）镜检室负责人要每日整理登记镜检结果，详细记载镜检过的品种、

批次和各类型的蛾袋数（如良蛾袋、微粒子病袋和少量卵袋等），并计算当日病毒的检出率。

$$检出病毒率=\frac{有毒袋数}{受检袋数}\times100\%$$

（5）镜检室一般保持自然温即可，若温度低于10℃时，要予以补温。

八、剥卵和毛卵保存

为便于蚕卵的浴洗消毒，无论是产卵袋还是茧床产卵，都要将黏结在纸袋或纱网上的蚕卵剥下，形成散卵。

1. 剥卵

剥卵工作一般在雌蛾镜检后的第2～3d后进行，室温不低于10℃。剥卵前，先在支好的蚕匾内铺上白布（或大胶盆），然后把盛着蛾袋的铁瓷盆或胶盆放在蚕匾（或大胶盆）内进行剥卵，以减少蚕卵损失。剥卵要细致，动作要轻，勿使蚕卵过于震动，剥母种和原种的蛾袋时，要就袋剥卵，原袋盛装，剥后将蛾袋口折好，勿使蚕卵遗漏，以备选卵。蛾袋撕烂的，要在新蛾袋上重新写上品种、产卵日期等；剥普通种卵时可以把蚕卵摊放在铺上白布的蚕匾中，并放入注明品种、重量、产卵日期的标签；不同种级、品种、批次的蚕卵，每天为一批分别进行保存。因蚕卵较易剥下，严禁强刷硬刮，损伤蚕卵。

2. 毛卵保存

未经浴消的蚕卵，称为"毛卵"。毛卵应放置于毛卵室内妥善保管，母种卵和原种卵，仍放在原袋内保存，以备选卵。普通种卵，可按每天批次分别摊放在蚕匾内，并注明品种、产卵日期和重量。毛卵一般用自然温保存。同时要把产卵日期早的蚕卵放在保种架的下方，晚的放在保种架的上方。若室内温度低于10℃时，需要补温，毛卵室要派专人负责管理。

九、选卵

选卵一般在制种结束后，准备蚕种浴消前进行。蚕卵选择严格按照良种繁育制度规定的标准进行。所制母种和原种种卵，要用电子天平逐蛾称其重量。同时观察卵形，淘汰卵数过少、卵色驳杂、大小不一、畸形和秕卵等不良卵。卵量达不到该级蚕种标准，而符合下级标准者，可降级使用。留根母种单蛾或双蛾为1区，继代母种5蛾为1区，繁育母种10蛾为1区，单蛾卵量不小于1.8g；称量后装入母种专用浴种袋内，每10小袋为1捆用塑料经子捆扎结实，填写卵量登记表，记录好品种、卵量、产卵日期、标签号等内容。原种200g为1区（毛卵量应大于200g），单蛾卵量不小于1.6g；普通种单蛾卵量不小于1.5g，每袋不超过1kg，袋上绑标签；原种和普通种按批装袋，各区要挂标签，并按照标签号填写卵量登记表，注明种级、品种、卵量和产卵日期等。

十、浴种及卵面消毒

蚕卵产下后，由于卵胶的黏性使蚕卵表面上黏附许多鳞毛、蛾尿、灰尘和病原体，蚁蚕孵化时会随着卵壳被一起食下，若不进行浴洗消毒，就会传染蚕病。卵面消毒工作一般在晴天的上午进行（图3-10）。

1. 福尔马林消毒法

（1）脱胶、漂洗和脱水。

1）脱胶。把蚕卵袋放入5％ Na_2CO_3（白碱）溶液中（自然温），迅速揉搓3min，脱掉卵表面褐色黏液。

2）漂洗。脱胶后，将蚕卵迅速放入清水中进行漂洗，一般需换水2～3次，漂洗时轻轻揉搓蚕卵。为了能漂去上浮蛾毛及

图3-10 蚕卵消毒

不良蚕卵，原种、普通种可把浴种袋内的散卵倒入脱胶盆内进行漂洗，漂洗后重新装回原袋，捆扎好袋口，防止原标签丢失。

3）脱水。脱水一般采用脱水机脱水，也可用消毒过的毛巾或棉布等擦去卵面的水分。

（2）消毒方法。

1）药液浓度为3％。

2）液温为23℃。

3）消毒时间为 30min。

4）消毒过程，将盛有药液的消毒缸放入盛有温水的保温缸内，消毒液的温度比目的温度高 1～2℃，把已装入蚕卵的消毒袋放入消毒缸（或保温桶）内，并全部浸入药液中，加盖保温。消毒时要经常（至少 2～3 次）翻动蚕卵，使卵袋内外药液的浓度一致，感温均匀，达到消毒时间即可取出浴种袋。

5）脱药。把消过毒的蚕卵从消毒缸（或保温桶）内取出，立即放入清水中脱药，换水 2～3 次，至无药味为止。

6）脱水。把脱药后的蚕卵放入脱水机内脱水 1～2min。

（3）注意事项。

1）福尔马林原液浓度事先要测定。

2）浴消蚕卵，消毒缸（或保温桶）内的福尔马林溶液要及时补充原液。消毒液的浓度，随着浴消卵量的增加而逐渐降低。致使消毒液浓度降低的主要原因是蚕卵和盛卵纱袋带水。使用塑料纱袋浴消蚕卵，每消毒 500g 蚕卵，可带水 100g 左右。为此，在消毒过程中，应根据消毒卵量和不同盛卵器的情况，适当增加福尔马林原液量。增补药量公式为

$$增补药量（kg）=\frac{浴消卵量（kg）\times 带水量（kg）}{加水倍数}$$

$$加水倍数=\frac{原液浓度-目的浓度}{目的浓度}$$

3）消毒缸（或保温桶）液温保持 23℃。温度变低时，可在保温缸内加适量热水，使其达到目的温度，并经常翻动卵袋。

2. 漂白粉消毒法

（1）药液浓度。含有效氯 1% 的漂白粉澄清液。

（2）液温为 18～20℃。

（3）时间为 5min。

（4）药液量。每 10kg 漂白粉澄清液，可消毒蚕卵 3～4kg。如欲增加卵量，则每 100g 卵需要增加药液 250g。消毒液以使用 1 次为限。

（5）消毒过程与福尔马林相同。

（6）注意事项。在配制消毒液前，应准确测定漂白粉的有效氯含量，

以确保消毒效果。同时漂白粉消毒液应在使用前 1d 配制，盛放于密闭容器内。

3. 盐酸消毒法

(1) 用比重计测量盐酸浓度，然后配成 10% 的稀盐酸，药液温度保持在 20℃。

(2) 用塑料纱袋装好蚕卵，每包 1.0～1.5kg。

(3) 将浴种袋投入盐酸中消毒 10min，1kg 蚕卵需要 1.5～2.0kg 消毒液。消毒液只用 1 次。

(4) 用清水浴洗卵面，脱去药液，一般换水 2～3 次。

(5) 将脱药后的蚕卵，用脱水机脱水后，平摊于铺有纱网的蚕匾中晾干。注意放置好原有标签。

十一、晾卵与包装

1. 晾卵

(1) 晾卵场所的选择与准备。晾卵场所应选择地势高燥、环境清洁、距离发蛾制种室较远的地方，应于使用前进行地面和环境的冲洗和消毒工作。雨天消毒可在室内晾卵，房屋墙壁应是砖石结构，具有前后对窗、水泥地坪和天花板。室内搭设晾卵架，配备蚕匾、纱网和风扇等用具，并给工作人员配备隔离工作衣和拖鞋等用品。晾卵室及用具应于使用前 7d 进行严格洗涮和消毒（图 3-11）。

(2) 晾卵方法。脱水后的蚕卵，根据不同要求分别摊晾、风干。母种脱水后应及时挂于提前绑好的晾晒绳上，原种、普通种要及时倒入铺有纱网的蚕匾内，注意放置原有标签。蚕卵应于当日晾干，必要时可借助电风扇吹干，切忌日晒。

2. 包装

晾干后的蚕卵，可轻轻揉搓，以分离粘在一起的卵块，然后按照各级蚕种规定的饲育单位，用消毒过的包装袋或卵盒包装。并在包装袋上面注明品种、种级、卵量和产卵日期。

图 3-11　晾卵

十二、种卵的保护

柞蚕卵自产下到进入孵卵室，这一阶段的合理保护称之为保卵。柞蚕卵无滞育期，接触 7.5℃ 以上温度，便开始发育。它的发育好坏、速度与外界环

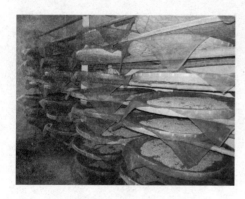

图 3-12　净卵保护

境条件有密切关系，如卵期过长，会因胚胎发育、呼吸、营养物质的消耗而增加死卵或造成幼虫生命力下降；同时，保卵期还是调节柞蚕收蚁的关键时期。为了做到适时孵卵，借以达到适时出蚕、蚁体强健的目的，就要把蚕卵放在适合其生理需要的环境下保护（图 3-12）。

（1）保卵室及物资准备。保卵室是洗浴消毒后的蚕卵在催青前的存放场所。为杜绝病源传染，必须对保卵室及其用具和周围环境进行严格的消毒工作，使之成为无毒保卵室。在保卵室内搭设蚕架，并准备盛放蚕卵用的蚕匾。

（2）保卵室的环境条件。柞蚕卵一般在自然温中保护。若室内温度低于 10℃ 时，进行补温，相对湿度保持 75％ 左右，室内空气保持新鲜。

（3）原种、普通种卵要平摊于铺有纱网的蚕匾内，厚度为 0.5cm 左右，母种、原种用消过毒的纸蛾袋袋装保存，以摆放一层袋为限。为了调节不同批次蚕卵的发育，要求早批卵低放、晚批卵高放。

（4）保卵室要有专人负责，除注意调节室内温、湿度外，还要注意防除鼠害，严禁让蚕卵接触农药、化肥等有害物质，严防消毒后的蚕卵再污染。

十三、卵期经过时间对春柞蚕的影响

柞蚕卵没有滞育期，接触 7.5℃ 以上的温度便开始发育。在 22℃ 恒温中，经历 11d 左右，有效积温达到 165℃ 时，便孵化出蚕。在河南柞蚕生产中，往往因技术处理不当，卵期经过时间非短即长，给生产带来一定损失。

实验证明，春柞蚕（在河南）卵期经过时间不能太长，超过 30d，柞蚕体质逐渐下降，表现蚕卵孵化率低，蚕龄经过延长，发育不齐，蚕期中遗失蚕多，对核型多角体病毒的抵抗性差，结茧率低，茧质不好。若卵期延长到 40d 以上，蚕体质更差，仅有少数蚕能够结成小而薄的蚕茧。

柞蚕卵期经过时间虽以短为优，但在春蚕生产过程中，若制种与养蚕的间隔太近，工作就会过于紧迫。为保证蚕体质健壮而又有利劳力安排，春柞蚕卵期经过时间以 24d 左右为宜，最长不要超过一个月。

第四节　柞蚕种质资源的研究和利用

中国柞蚕种质资源十分丰富，在世界野蚕资源中占有极重要的地位。柞蚕种质资源汇集了柞蚕丰富的遗传多样性和基因资源，是不同生态条件下经过长期的自然演变形成的，是柞蚕遗传学研究和优良品种选育以及保障柞蚕产业可持续发展的重要物质基础。只有通过对种质资源进行挖掘、收集、保存，对其经济性状进行评价，建立合理的保护措施，才能为科学研究及新品种的选育提供更多的素材。

一、柞蚕种质资源保护的意义

种质资源又称遗传资源。种质是指能界定遗传性状，并将遗传信息传

递给子代的遗传物质。种质资源是在漫长的历史过程中，由自然选择和人工驯化而形成的一种重要的自然资源，它积累了由于自然和人工引起的极其丰富的遗传变异，即蕴藏着各种性状的遗传基因，是人类用以选育新品种和发展农业生产的物质基础，也是进行生物学研究的重要材料，是极其宝贵的自然财富。

育种成效的大小，很大程度上取决于掌握种质资源的数量多少和对其性状表现及遗传规律的研究深度。筛选和确定柞蚕育种的原始材料，也是柞蚕育种的基础工作。能否灵活地、恰当地选择育种的原始材料，受到品种资源工作的广度和深度的制约。

二、柞蚕种质资源的研究

柞蚕种质资源是柞蚕业发展的基础和物质保证，中华人民共和国成立以来，柞蚕种质资源利用、遗传育种及柞蚕分子生物学等领域的研究取得了显著成就，促进了柞蚕生产的发展。

1. 柞蚕种质资源的种类与分布

柞蚕种起源于山东鲁中南地区，经过长期的自然选择和人工选择，逐步形成了独特的生物学特性和经济学性状，适应了当地自然环境和饲养条件的柞蚕品种。

山东（鲁中南地区）、陕西、山西、甘肃等省，地处北纬 $31°42'\sim42°40'$，是我国柞蚕一化性与二化性过渡区域，是柞蚕化性不稳定区域。

河南、安徽、湖北、四川、广西等省（自治区），是我国典型的一化柞蚕区。在辽宁、吉林、黑龙江、内蒙古等省（自治区）是典型的二化性区域。

幼虫体色，我国现代柞蚕品种大体可分为青黄蚕、黄蚕、蓝蚕、白蚕 4 个系统。其中青黄系统又可分为青绿色和青黄色 2 类；黄蚕系统分为淡黄色和杏黄色；白蚕系统可分为黄银白、灰银白和白色 3 类；蓝蚕系统则可分为靛蓝、水蓝等类型。柞蚕育种常以幼虫体色作为标志选择育种材料。淡黄体色的柞蚕品种多分布于贵州、四川等省，而杏黄色品种多分布于安徽、河南、山东等省。青黄蚕系统的品种主要分布于辽宁、吉林等北方蚕区。蓝蚕和白蚕系统的品种，适应范围较窄，蓝蚕品种仅分布于山东省胶东地区，白蚕系统则只分布于辽宁东部鸭绿江沿岸地区。此外，我国还拥有丰富的野蚕资源。如嵩县野柞蚕，台湾野柞蚕和信阳新县的大别山天蚕。

2. 柞蚕种质资源保存的研究

科学地保存柞蚕种质资源，称为保育。其目的就是科学地保持柞蚕品种固有的特征特性，防止其混杂和退化，更好地为新品种的培育提供素材，以满足柞蚕生产的需要。

品种保育的重点在于幼虫期的饲养。制种时，采取异蛾区交配，多蛾卵量混合育即多个单蛾产的卵混合后称量定量卵饲育，以不同的蛾产的卵组成 2 个对交区。这样既有利于保持本品种的固有性状，又可减少近亲交配导致品种退化。工作中要根据本品种的固有生物学性状和经济性状，做到四选即选蚕、选蛾、选茧、选卵。

3. 柞蚕种质资源生物学特性的研究

柞蚕种质资源研究主要是对保存的品种资源进行特征特性的描述和记载，如品种化性、眠性、体形、幼虫及成虫体色、茧形、茧色、龄期经过、单蛾产卵量、百粒卵重量等，结合保育进行观察和记载，同时进行经济性状调查，如发育经过、幼虫生命率、虫蛹统一生命率、死笼率、全茧量、茧层量、茧层率、茧丝长、纤度、净度、解舒率、强伸力等。进入 21 世纪，科技工作者开展深入的研究，全振祥等（2010）从 16 个柞蚕经济性状提取 4 个主成分，即产量因子、茧丝效率因子、生命力因子和纤维量因子，其所表达的信息量占信息总量的 83.1%。基于 16 个柞蚕品种种质资源的 4 个主成分分值进行的聚类分析，将供试的 16 个品种可分为 4 个类群，类群内各品种的性状相似。

4. 柞蚕种质资源的其他研究

最近 20 年，还陆续开展了一些柞蚕种质资源有经济学意义的种性研究，包括柞蚕品种抗 NPV 病毒病、抗空胴病、抗吐白水软化病、抗微粒子病、抗低温及抗饥饿能力等方面的抗性研究和品种对人工饲料的适应性研究，这些研究为柞蚕育种提供了科学依据。

5. 柞蚕全基因组测序

2014 年由辽宁蚕业科学研究所牵头的，辽宁省农科院大连生物技术研究所、吉林省蚕业科学研究院、沈阳农业大学生物科学技术学院、河南省蚕业科学研究院、黑龙江省蚕业科学研究所组成的柞蚕基因组研究联合攻关项目组与深圳华大基因科技服务有限公司携手，经过2年的不懈努力，完成了柞蚕全基因重头测序工作。这是我国蚕业科学家继完成家蚕基因组框架图及精细图、桑树基因组测序后，又一蚕业基因组突破性研究成果。通过柞蚕基因组测序，旨在获得柞蚕基因结构组织的详细信息，探讨基因产物的功能，从分子水平上深入阐明柞蚕的生物学特性、泌丝机理及与微生物的相互作用，为改良柞蚕茧丝等性状、培育实用品种奠定分子生物学基础。

三、柞蚕种质资源的利用

（一）柞蚕育种研究进展

新品种选育及应用是提高柞蚕茧产量、质量及柞蚕业经济效益的主要途径之一。我国育种工作已选育出150多个柞蚕品种及杂交，成为柞蚕重要的种质资源。特别是20世纪90年代以后，柞蚕多丝量品种、白茧品种、抗病品种及特殊性状品种的育成，丰富了柞蚕种质资源。柞蚕育种技术也由传统育种技术发展到采用生理生化指标及分子标记辅助育种等多种技术，育种方法和检测技术的进步有效地提高了育种效率，加速了柞蚕品种的更新换代。

1. 柞蚕系统分离育种

系统分离育种是柞蚕育种普遍采用的育种方法，柞蚕的品种选育是从系统分离育种开始的。20世纪90年代以来，采用系统选育方法二化性地区育成了蛹丝兼用的柞蚕品种选大1号，该品种是我国第一个以大型茧为选育目标的新品种，由此引发了柞蚕大型茧品种的选育；河南省以一化性地方材料育成了鲁松、33、39、河41、镇玉等。育成了柞蚕品种云白，结束了柞蚕茧色为单一的褐色茧历史，育成了一化性多丝量品种豫5号、豫6号、豫7号，育成了一化性地区蛹丝兼用大型茧新品种豫大1号。到目前为止，采用系统分离育种方法全国共培育出柞蚕新品种60余个，成为中国柞蚕品种资源库中类型最丰富、数目最多的一族。

2. 柞蚕杂交育种

在柞蚕育种理论方面，探索出选用适应性强、生产性能好的品种作为母本，选用具有某种突出特点又符合或接近育种目标性状而又与母本生态、生理特性差异较大或地理远缘的品种作为父本进行杂交，使育成品种适应性强、生产性能高等理论。

山东省蚕业科学研究院（1990）以豫 6 号为母本、青黄为父本进行杂交选育，培育出多丝量品种方山黄 1 号。秦利等以方山黄 1 号为母本、青 6 号为父本进行杂交育种，结合生理生化辅助育种技术，于 2003 年育成了黄蚕血统大型茧新品种沈黄 1 号等。到目前为止，全国通过杂交育种方式，已选育出多种类型的柞蚕新品种 50 余个。

3. 柞蚕诱变育种

利用物理或化学因素进行诱变育种，挖掘新的遗传资源的有效手段。柞蚕诱变育种始 20 世纪 70 年代末，山东省蚕业研究所（1977）以 403、446 两组杂交种卵为材料，采用 CO_2 激光照射头部着色期的柞蚕卵，选择早熟个体，经 8 年 15 代的连续选择、培育，育成了早熟多丝量新品种 C66。辽宁省蚕业科学研究所（1977）以青黄 1 号为材料，采用氮分子等 4 种激光、31 种能量密度，分别照射柞蚕蛹、成虫和卵，选择高茧层率变异个体，经 12 年 24 代的连续选择、培育，育成了二化性多丝量品种多丝 3 号。采用同样方法还育成了 789 和烟 6 等新品种。

4. 柞蚕抗病育种

柞蚕对病原的感染抵抗性与诱发抵抗性在不同的品种、蛾区与个体间，存在着可以垂直传递的显著性差异；柞蚕的某些生物学性状与抗病性之间存在明显的相关性。这是柞蚕抗病育种的两个基本依据。

柞蚕不同品种及蛾区对柞蚕核型多角体病毒（$ApNPV$）、病毒性软化病（$ApFV$）和柞蚕链球菌（$Streptococcus\ pernvi$）的抗性不同，柞蚕诱发抵抗性与感染抵抗性呈正相关关系，大蚕消化液与中肠围食膜物质活力及小蚕感染抵抗性品种间差异明显，小蚕抗病力强的品种，其诱导抗菌物质活性高；同品种不同蛾区间差异较小，同蛾区的小蚕抗毒力与蛹期诱导抗菌物质的活性呈显著正相关。5 龄大蚕对 $ApNPV$ 感染抵抗性与 5 龄大蚕感

染 $ApNPV$ 后的虫蛹统一生命率呈显著下相关（朱有敏等，2010）。经过 20 多年的努力柞蚕育种工作者相继育成了抗 $ApNPV$ 的抗病 2 号，抗 $ApFV$ 的 $H8701$，兼抗 $ApNPV$ 和柞蚕软化病的辽双 1 号。

（二）柞蚕部分性状遗传研究

1. 柞蚕幼虫形态性状遗传研究

胡则旺（1962—1963）采用鲁红和 33，分同蛾区自交（红蚕♀×红蚕♂）和测交（红蚕×黄蚕）两种交配形式制种，由红蚕×黄蚕 F_1 体色分离比率，证实表现型红蚕体色是由 1 对相对基因——红色基因（R）和黄色基因（r）支配的。红蚕在 1～3 龄为黄色蚕，4～5 龄变为红色蚕，发生基因"显隐性之转换"。红蚕致死基因的作用时期是在卵期胚子发育到头壳变色至蚁蚕形成前阶段，后代的表现型红蚕是一个基因型为 Rr 的杂合体。因此，红蚕在各个世代均要发生体色分离，红色蚕：黄色蚕＝2：1。

2. 柞蚕数量性状遗传

柞蚕许多重要经济性状都是数量性状，这些性状也是育种工作的主要选择对象。如姜德富等（2003）以干量折合法进行了柞蚕饲料效率方面的研究，结果表明品种间饲料效率的差异达极显著水平，即遗传因素起决定性作用。推测饲料效率由主基因和微效基因控制，主基因无明显的显隐关系，微效基因的互补或显性作用则比较明显，累加作用即可固定的遗传方差所占份额较小；茧层生产率有偏父遗传特点。茧重转化率的广义遗传力为 93.39％，狭义遗传力为 88.18；茧层生产率的广义遗传力为 68.22％，狭义遗传力为 57.69。说明通过杂交、选择可以提高饲料效率，并以饲料效率为主要选择性状，培育出饲料效率高的新品种 8821、8822 及杂交种"大三元"。

3. 柞蚕化性遗传

柞蚕化性具有遗传性，同时又受到环境的影响，同一个地区不同的饲养时期，柞蚕的化性表现不同。研究柞蚕化性遗传规律，选育不受环境条件影响的稳定的一化性或二化性品种对于有效利用自然资源、发展柞蚕生产具有重要意义。姜德富等（1987—1992）采用 $h^2（\%）=\dfrac{V_{F2}-V_{F1}}{V_{F2}}\times$

$$100\% 和\ h^2（\%）=\frac{V_{F2}-\dfrac{1}{2}（V_{P1}-V_{P2}）}{V_{F2}}\times 100\% 计算出柞蚕化性广义遗传力$$

分别为 66.62% 和 82.93%，推算出控制化性的主基因为 2 对，同时还有相当于 0.5～1.0 对主基因作用的微效基因起作用。说明柞蚕化性具有相当程度的遗传稳定性。

四、柞蚕种质资源退化原因及其防治措施

在柞蚕生产过程中，影响种质资源繁育质量的因素有柞蚕品种、繁育技术和饲育环境等，一般情况下，柞蚕品种的优良品质经过几年都会表现出不同程度的退化，即种性变弱、易染病害和产量下降等，柞蚕种质资源保护单位应严格按照柞蚕良种繁育规程进行管理，提高蚕种生产质量，防止品质退化。

（一）柞蚕种质资源退化的原因

1. 自然退化

在一定生态环境条件下，由于长期繁育柞蚕种，会使柞蚕品种的性细胞趋向相近，近缘交配会使品种内性细胞趋向一致。在纯种繁育过程中，尤其是留根种或继代母种繁育不同程度的近亲交配，使得生命力下降，品种性状退化。

2. 品种化性

一化性品种比二化性品种退化较快而明显，由于一化性柞蚕生长发育变态周期中休眠期较长，需消耗体内大量的营养物质，其生活力也相应减弱；二化性柞蚕相对营养积累丰富，物质消耗较少，给下代胚子发育提供了一定的营养保证。

3. 管理粗放，淘汰不严

在柞蚕种繁育的 4 个变态过程中选择和淘汰不严格，操作管理粗放，品种间混杂造成品种原有特征特性的缺失，在一定程度上加快了品种的退化。

此外，柞蚕种质资源退化还与人员技术水平、环境条件、品种体色及饲料质量等诸多因素有关。

（二）柞蚕种质资源退化的预防措施

1. 科学选择

柞蚕品种之间具有不同的特征特性，必须严格掌握本品种固有的性状并加以选择提高，有计划地采取同品种异地复壮、改变饲料复壮及同品种异品系复壮等方法和措施，有效地提纯和复壮品种的固有优良性状。

（1）选卵。应选择卵色一致、饱满、整齐的种卵，留用制种过程中批发蛾产下的卵，淘汰卵数过少、卵色驳杂、卵粒大小悬殊的不良蛾卵。

（2）选蚕。应选留孵化整齐、蚁蚕发育均匀、5龄盛食期具有与本品种精神饱满、体色鲜洁一致、头胸昂起、刚毛硬直、体形端正、环节紧凑、发育整齐，具有本品种固有特征性状的壮蚕。淘汰孵化发育不齐的弱蚕、杂色蚕及体表有辉点蚕、病害蚕。

（3）选茧。要求茧形端正、茧衣整齐、色泽鲜明一致、茧形大（符合本品种具有的千粒重）、茧层厚而均匀。

（4）选蛾。应选用体形端正，蛾翅伸展硬实，鳞毛厚长鲜洁，捉蛾时四翅挣扎有力，活泼健壮，环节紧凑，蛾肚方圆，交配能力强，血液清晰，环节间膜内无黑褐色渣点，具有品种固有体色的蚕蛾。

2. 严格淘汰

柞蚕微粒子病由柞蚕微粒子孢子寄生蚕体而引起的慢性传染病，俗称"锈病""渣子病"，可通过胚种传染和食下传染给下一代，严重影响柞蚕种质资源安全和柞蚕业可持续发展。

（1）认真做好蚕种微粒子病镜检工作。镜检是检出微粒子病蛾，杜绝母体胚种传染的重要措施，经目选合格的种蛾要进行单蛾研磨对检。

（2）彻底销毁。经过目选和镜检查出的病蚕、病蛹、病蛾、病卵、排泄物及其他病原物要及时清理、烧毁和消毒，防止微粒子病的传播蔓延。

3. 合理放养

柞蚕幼虫期放养是柞蚕4个变态中唯一获得从野外摄取柞叶，维持本身和其他3个变态的营养积累过程，幼虫阶段的营养状况对柞蚕体质影响极大。

（1）场地选择。选择适宜的蚕场和饲料，直接关系到蚕体强健和抗病力，因此，要做好蚕期饲料选择和调节，确保蚕体强健。繁育柞蚕种质资源的柞坡及周围，不得放养种蚕以外的低级柞蚕种子，以防对柞蚕种质资源用柞坡及环境造成污染。

（2）蚕期管理。根据实际情况，合理安排场地，保证放养场地的整体营养配置，让各龄柞蚕吃到适熟柞叶，使蚕发育齐、发育快、体质强健，提高其抗病力。严格技术操作，做到精细化管理，及时匀蚕、剪移，移蚕时能剪小枝不剪大枝，能剪侧枝不剪主枝，能掰叶的不剪枝。每次移蚕后及时巡查蚕场，发现撒蚕过密或过稀柞墩要及时匀蚕保证良叶饱食。移蚕做到"三不移"，即雨天露水大不移、中午炎热不移、眠蚕不移。

此外，在放养过程中要淘汰杂色蚕、病弱蚕和发育不齐蚕等。当柞蚕移入窝茧场后要淘汰未作茧的弱蚕、晚蚕，不留作种用。

第五节　河南柞蚕现行优良品种介绍

河南自 20 世纪 50 年代开始收集、整理、培育和引进适合河南气候环境、饲料条件和满足不同时期生产需要的优良柞蚕品种 33 个，并投入大面积生产。现将河南省蚕业科学研究院现今保育的部分品种来源和基本性状介绍如下。

一、豫大 1 号

1. 品种来源

河南省蚕业科学研究院于 1993 年冬季以本院保育品种 33（雌茧不小于9.0 g，雄茧不小于 7.0 g）为材料，经 12 年 12 代系统选育，于 2005 年育成。

2. 主要特征、特性

黄蚕系统，一化性、四眠。卵：卵壳乳白色，椭圆形略扁，卵长2.63mm，卵幅 2.3mm，卵厚 1.72mm。幼虫（蚕）：蚁蚕头壳红褐色，体黑色间有个别黄褐色，一眠蚕蜕皮后头淡褐色，体黄色，5 龄期蚕体背香蕉黄色，体侧新禾绿色，气门上线淡可可棕色。雌蚕体长 83.03mm，体幅18.96mm，体重 26.70g；雄蚕体长 77.94mm，体幅 17.48mm，体重

21.40g。茧：淡黄褐色，长椭圆形，雌茧长 48.6mm，茧幅 26mm，雄茧长 43.5mm，茧幅 23.1mm。蛹：黑褐色，有些年份黄褐色，雌蛹体长 41.4mm，体幅 19.5mm，体重 8.8g，雄蛹体长 33.5mm，体幅 16.8mm，体重 7.0g。成虫（蛾）：雌蛾咖啡色，体长 49.7mm，体幅 16.5mm，前翅长 68.7mm；雄蛾淡咖啡色，单蛾产卵数 250～270 粒，产卵量 2.5g 左右。

克卵数 118 粒，卵期发育有效积温为 132℃。实用孵化率 94.11％，普通孵化率 95.62％，不受精卵率 3.19％。克蚁蚕数 153 头，蚁蚕群集性和趋光性强，行动活泼，上树快，幼虫体质强健，生命力强，抗逆性强，有较强的抗病能力，食叶旺盛，喜食适熟叶，眠起整齐，5 龄期经过 15 日，全龄经过在日平均气温 20℃、相对湿度 68％时为 48d，幼虫生命率 95％，虫蛹统一生命率 81.85％，千粒茧重 8.8kg，全茧量 8.8g，茧层量 1.02g，茧层率 11.62％，茧丝长 933m，解舒率 34.6％，回收率 64.85％，鲜茧出丝率 7.2％，生丝公量 51.49g，蛹期发育有效积温 260℃，蛾存放期雄蛾 12d，雌蛾 10d，蛾羽化齐，交配性能好，产卵快，杂交优势强。

3. 应用情况

豫大 1 号品种适应于我国柞蚕一化性地区的大部分区域放养。

4. 技术要点

暖茧时预留 5％左右的雄茧晚加温 2～3d，防止制种后期雄蛾不足。暖茧时因该品种发育有效积温较多，配制杂交种时应注意调节温度。小蚕期食欲旺盛，注意稀放、勤匀，平时严格淘汰弱小蚕；大蚕期特别是 5 龄盛食期应选择适熟叶，备足饲料，良叶饱食，注意适当稀放。

二、豫杂 5 号

1. 品种来源

河南省蚕业科学研究院于 2007—2009 年采用河南省推广新品种豫大 1 号与贵州省的 101 配制的杂交种。

2. 主要特征、特性

黄蚕系统，一化性、四眠，卵壳乳白色，椭圆略扁。幼虫（蚕）：蚁蚕头壳红褐色，体黑色，5 龄期蚕体背香蕉黄色，体侧新禾绿色，气门上线淡可可棕色，有个别青黄蚕出现。雌蚕体长 84.02mm，体幅 19.52mm，体重 27.65g；雄蚕体长 78.86mm，体幅 18.36mm，体重 21.81g。单蛾产卵数 258 粒，产卵量 2.37g。

克卵数 109 粒，卵期发育有效积温为 132℃。实用孵化率 95.08%，普通孵化率 96.98%，不受精卵率 2.03%。全龄期经过 54d，虫蛹统一生命率 82.32%，千粒茧重 8.38kg，全茧量 8.41g，茧层量 0.956g，茧层率 11.37%，茧丝长 1056.15m，解舒率 39.94%，解舒丝长 421.45m，生丝公量 64.63g，回收率 69.19%，百粒茧纤维公量 93.41g，鲜茧出丝率 7.61%，茧丝纤度 6.89D。

3. 应用情况

豫杂 5 号适于河南省柞蚕区和湖北随州、四川巴中一带放养。

4. 技术要点

为使其高产好养食叶快的优良性状能充分发挥，选择饲料时，大蚕期，特别是 5 龄盛食期，一定要留有足够的适熟叶。放养蚕过程中要勤匀和剪移。制种时贵州 101 种茧应比豫大 1 号晚加温 2～3d。

5. 保存单位

河南省蚕业科学研究院。

三、贵州 101

1. 品种来源

贵州省遵义蚕业试验站以遵义县海龙乡征集的湄潭县农家种（曾用名遵义黄一化）为材料，从 1953 年起，经 9 年 9 代连续选择培育，于 1961 年育成。

2. 主要特征、特性

黄蚕系统，一化性、四眠。卵为赤褐色，卵壳乳白色，扁圆形，卵长 2.39mm，卵厚 1.95mm。幼虫（蚕）：蚁蚕头壳红褐色，体黑色间有少数黄褐色。2 龄起蚕淡黄色，间有个别绿蚕发生。5 龄期蚕体背油菜花黄色，体侧新禾绿色，气门上线淡红套黄白色，疣状突起紫色。雌蚕体长 86mm，体幅 21mm，体重 21g；雄蚕体长 79mm，体幅 20mm，体重 17g。茧：长椭圆形、偏小，黄褐色，雌茧长 45mm，茧幅 25.4mm，茧柄长 30mm；雄茧长 42.8mm，茧幅 23.1mm，茧柄长 45mm。蛹：黄色间有少数褐色，雌蛹体长 36.2mm，体幅 18.2mm，体重 6.5g；雄蛹体长 34mm，体幅 15.8mm，体重 4.9g。成虫（蛾）：雌蛾浅可可棕色，体长 46.2mm，体幅 27mm，翅展 140mm；雄蛾浅槟榔棕色，体长 34mm，体幅 12.5mm，翅展 113mm。雌蛾腹呈盘珠状，单蛾产卵 160 粒，产卵量 1.55g，造卵数为 186 粒，产出卵率 86%。

克卵数 106 粒，卵期发育有效积温为 145℃。实用孵化率 98.8%，普通孵化率 99%，不受精卵率 2.5%。克蚁蚕数 135 头，蚁蚕自散力强，向上性强，小蚕细长，食叶慢，小蚕期发育欠齐；大蚕期发育快，把握力强，抗逆性强，食性强，不择食。5 龄最高体重增长 2568 倍。5 龄期经过 16d，全龄期经过 49d。营茧集中，易发生同宫茧。幼虫生命率 95.5%，虫蛹统一生命率 93.7%，收蚁结茧率 68%。千粒茧重 6.6kg，全茧量 6.66g，茧层量 0.74g，茧层率 11.62%。蛹期发育有效积温为 233℃±15℃。交配性能好，杂交优势强。

3. 应用情况

贵州 101 是贵州省柞蚕生产中的主要品种。适于黄河流域以南一化性蚕区放养。与 33、39 两品种组配成 101×33、101×39 正反交组合，具有明显的增产效果。

4. 技术要点

小蚕期宜密放、勤移，3 龄后稀放，加强匀蚕；雌蛾早羽化，欠齐，雄蛾羽化集中，制种期间应注意调节雄蛾。

5. 保存单位

贵州省蚕业科学研究所。

四、33

1. 品种来源

河南省农业厅柞蚕改良所，1953 年以河南省一化性地方品种为材料，经 6 年 6 代系统选育而成。

2. 主要特征、特性

黄蚕系统，一化性、四眠。卵：卵壳乳白色，椭圆形略扁，卵长2.66mm，卵幅2.33mm，卵厚1.74mm。幼虫（蚕）：蚁蚕头壳红褐色，体黑色，5龄期蚕体背香蕉黄色，体侧新禾绿色，气门上线槟榔色。雌蚕体长76.3mm，体幅17.9mm，体重20.8g；雄蚕体长71.1mm，体幅16.1mm，体重16.9g。茧：淡黄褐色，有少数淡褐稍白色，长椭圆形，雌茧长47.4mm，茧幅24mm；雄茧长42.9mm，茧幅22.1mm。蛹：深褐色，有少数黄褐色，雌蛹体长40.9mm，体幅18.3mm，体重8.9g；雄蛹体长32.3mm，体幅15.8mm，体重6.8g。成虫（蛾）：雌蛾咖啡色，体长48.8mm，体幅15.7mm，前翅长67.7mm；雄蛾淡咖啡色。单蛾产卵数245粒，产卵量2.23g，造卵数315粒，产出卵率77.9%。

克卵数110粒，卵期发育有效积温为132℃。实用孵化率97.2%，普通孵化率98.3%，不受精卵率4%。克蚁蚕数146头，蚁蚕群集性和趋光性较强，行动活泼，上树快；幼虫体质强健，生命力强，抗逆性强，有较强的抗病能力，食欲旺盛，喜食适熟饲料，眠起整齐，5龄最高体重增长2745倍。5龄期经过12d，全龄期经过在日平均温19.9℃、相对湿度67%时为45d。幼虫生命率99.5%，虫蛹统一生命率90.3%，死笼率10.1%。千粒茧重8.4kg，全茧量8.4g，茧层量1.04g，茧层率12.38%。茧丝长968m，解舒率40%，回收率66.5%，鲜茧出丝率6.7%，茧丝纤度5.92D。蛹期发育有效积温为246℃。蛾存活期11日10时，蛾羽化较齐，交配性能良好，杂交优势强。

3. 应用情况

33是河南省柞蚕生产中的主要品种，适于黄河流域以南的一化性蚕区放养。与101组配成杂交种豫杂1号，增产效果显著。

4. 技术要点

小蚕食欲旺盛，注意稀放勤匀；大蚕饲料应选择适熟偏老叶，良叶饱食。

5. 保存单位

河南省蚕业科学研究院。

五、39

1. 品种来源

河南省农业厅柞蚕改良所，1953年以河南一化性地方品种为材料，经6年6代系统选育而成。

2. 主要特征、特性

黄蚕系统，一化性、四眠。卵：卵壳乳白色，椭圆形略扁，卵长2.68mm，卵幅2.34mm，卵厚1.76mm。幼虫（蚕）：蚁蚕头壳红褐色，体黑色，一眠蚕蜕皮后头壳淡褐色，体黄色，5龄期蚕体背草黄色，个别黄白色，体侧淡灰绿色，气门上线赭色。雌蚕体长74.6mm，体幅18mm，体重20.3g；雄蚕体长65.1mm，体幅16.9mm，体重16.4g。茧：淡肉色，有少数白色，长椭圆形，雌茧长47.9mm，茧幅25.2mm；雄茧长43.2mm；茧幅22.5mm。蛹：黄褐色，有少数深褐色，雌蛹体长42.2mm，体幅18.7mm，体重9.6g；雄蛹体长35.3mm，体幅15.8mm，体重6.3g。成虫（蛾）：雌蛾淡岩石棕色，体长35.3mm，体幅10.1mm，前翅长68.3mm。单蛾产卵数253粒，产卵量2.3g，造卵数331粒，产出卵率76.4%。

克卵数110粒，卵期发育有效积温132℃。实用孵化率95.6%，普通孵化率97.1%，不受精卵率4.2%。克蚁蚕数141头，蚁蚕群集性强，趋光性强，上树快，发育整齐，幼虫生命力强，食欲旺盛，喜食适熟叶，对偏硬叶有厌食现象，对脓病病毒有较强的抵抗力。5龄最高体重增长2652倍。5龄期经过12d，全龄期经过在日平均温19.9℃、相对湿度67%时为45d。幼虫生命率98.5%，虫蛹统一生命率89.4%，死笼率12%。全茧量8.92g，茧层量1.06g，茧层率11.88%。茧丝长935m，解舒率44.5%，回收率69.1%，鲜茧出丝率6.8%，茧丝纤度6.04D。蛹期发育有效积温为247℃。蛾存活期雌雄分别为10日20时和11日。蛾羽化较齐，杂交优势强。

3. 应用情况

39是河南省柞蚕生产中的主要品种。适应地区较广，在一化性的高山蚕区放养，产量比其他品种高。与101组配成39×101后，子代具有体质强健、好养、高产的特性。

4. 技术要点

暖茧时，将 5％的雄茧晚加温 2～3d，防止制种后期雄蛾不足；小蚕食欲旺盛，应稀放勤匀，选用适熟叶，良叶饱食。

5. 保存单位

河南省蚕业科学研究院。

六、731

1. 品种来源

河南省南召试验场，1973 年在 101 品种成虫期群体中发现一头雄性黑蛾，用正常色雌蛾与其交配，经分离选择培育而成。

2. 主要特征、特性

黄蚕系统，一化性、四眠。卵：卵壳乳白色，椭圆形略扁，卵长2.67mm，卵幅 2.38mm，卵厚 1.71mm。幼虫（蚕）：蚁蚕头壳赤红色，体黑色，一眠起后黄色，5 龄期蚕体背金瓜黄色，体侧向日葵黄色，气门上线淡可可棕色。雌蚕体长 77mm，体幅 18.5mm，体重 18g；雄蚕体长72.7mm，体幅 16.2mm，体重 16.2g。茧：炒米黄色，长椭圆形，雌茧长49.4mm，茧幅 24.5mm；雄茧长 44.2mm，茧幅 24mm。蛹：黄褐色，雌蛹体长 41.3mm，体幅 20.3mm，体重 8.6g；雄蛹体长 36.4mm，体幅17.9mm，体重 5.9g。成虫（蛾）：雌蛾豆沙色，体长 41.4mm，体幅13.9mm，前翅长 64.6mm；雄蛾落叶棕色，体长 33.9mm，体幅 8.9mm，前翅长 61.9mm。单蛾产卵数 202 粒，产卵量 1.79g。

克卵数 113 粒，卵期发育有效积温为 132℃。实用孵化率 91.8％，普通孵化率 97.7％，不受精卵率 1.6％。克蚁蚕数 122 头，食性中等，幼虫发育欠齐，体质较差，5 龄最高体重增长 2098 倍。全龄期经过在日平均温17.8℃、相对湿度 73％时为 49d。幼虫生命率 97.2％，虫蛹统一生命率78.9％，死笼率 18.8％。千粒茧重 8.5kg，全茧量 8.5g，茧层量 0.96g，茧层率 11.29％。蛹期发育有效积温为 258℃。其黑色蛾对正常蛾为隐性遗传。

3. 应用情况

731 作为品种资源保存。

4. 技术要点

放养中选用适熟柞叶，适当稀放，及时匀移，良叶饱食。

5. 保存单位

河南省蚕业科学研究院。

七、小翅

1. 品种来源

河南省南召蚕业试验场，1974 年以豫早 1 号前身中的小翅蛾突变体为材料，经 8 年 8 代系统选择育成。

2. 主要特征、特性

黄蚕系统，一化性、四眠。卵：卵壳乳白色，椭圆形稍扁，卵长 2.72mm，卵幅 2.44mm，卵厚 1.95mm。幼虫（蚕）：蚁蚕头壳赤红色，体黑色，一眠起后头壳淡褐色，蚕体淡黄色，5 龄期蚕体背佛手黄色，体侧藤黄色，气门上线淡可可棕色。雌蚕体长 68.3mm，体幅 16.4mm，体重 17.2g；雄蚕体长 64.3mm，体幅 14.9mm，体重 15.2g。茧：炒米黄色，长椭圆形，雌茧长 47.6mm，茧幅 26.7mm；雄茧长 43.7mm，茧幅 24.4mm。蛹：褐色，有少数黄褐色，雌蛹体长 42.1mm，体幅 26.7mm，体重 8.1g；雄蛹体长 37.8mm，体幅 18.4mm，体重 6.2g。成虫（蛾）：雌蛾深桂皮棕色，体长 42.6mm，体幅 13mm，前翅长 52.2mm；雄蛾淡桂皮棕色，体长 36.8mm，体幅 8.2mm，前翅长 49.2mm。单蛾产卵数 224 粒，产卵量 2.11g，造卵数 304 粒，产出卵率 73.7%。

克卵数 106 粒，卵期发育有效积温为 151℃。实用孵化率 91.8%，普通孵化率 96.6%，不受精卵率 8.6%。克蚁蚕数 139 头，蚁蚕发育不齐，体质差，弱小蚕多，难放养，5 龄最高体重增长 2252 倍。全龄期经过在日平均温 19℃、相对湿度 70% 时为 47～50d。幼虫生命率 98.1%，虫蛹统一生命率 87.7%，死笼率 10.6%。全茧量 8.6g，茧层量 0.95g，茧层率 11.05%。蛹期发育有效积温为 192℃。

3. 应用情况

小翅作为品种资源保存。

4. 技术要点

因蛹的有效积温少，暖茧时应适当推迟加温；蚕期应选用适熟饲料，并及时剔除小蚕，调节饲料分批放养。

5. 保存单位

河南省蚕业科学研究院。

八、豫短 1 号

1. 品种来源

河南省南召蚕业试验场，1979 年以吉林省延边朝鲜族自治州蚕业科学研究所的二化性青蚕短毛品种为材料，通过杂交分离选留一化性黄蚕短毛，连续选择培育而成。

2. 主要特征、特性

黄蚕系统，一化性、四眠。卵：卵壳乳白色，椭圆形略扁，卵长 2.65mm，卵幅 2.34mm，卵厚 1.75mm。幼虫（蚕）：蚁蚕头壳红褐色，体黑色，一眠起后黄色，刚毛短，约为正常刚毛长度的 1/3。5 龄期蚕体背佛手黄色，体侧向日葵黄色，气门上线淡可可棕色。雌蚕体长 68.9mm，体幅 17.8mm，体重 18.8mm；雄蚕体长 64.3mm，体幅 16.4mm，体重 14g。茧：炒米黄色，长椭圆形，雌茧长 51.5mm，茧幅 26.5mm；雄茧长 45.3mm，茧幅 24.2mm。蛹：黄褐色，雌蛹体长 42.9mm，体幅 21.4mm，体重 9.3g；雄蛹体长 37.4mm，体幅 18.9mm，体重 6.4g。成虫（蛾）：蛾体槟榔棕色，雌蛾体长 45.6mm，体幅 14.7mm，前翅长 69.3mm；雄蛾体长 35.2mm，体幅 8.6mm，前翅长 65.4mm。单蛾产卵 282 粒，产卵量 2.79g。

克卵数 101 粒，卵期发育有效积温为 132℃。实用孵化率 92.5%，普通孵化率 97.8%，不受精卵率 17.3%。克蚁蚕数 134 头，幼虫发育欠齐，食性中等，体质一般，其短刚毛对长刚毛呈完全显性。5 龄最高体重增长 2198 倍，全龄期经过在日平均温 19℃、相对湿度 70% 时为 48d。幼虫生命率 99.6%。虫蛹统一生命率 88.9%，死笼率 10.7%。千粒茧重 9.5kg，全茧量 9.5g，茧层量 1.11g，茧层率 11.68%。蛹期发育有效积温为 238℃。

3. 应用情况

豫短 1 号作为品种资源保存。

4. 技术要点

小蚕适当密放，及时剪移；大蚕适当稀放，良叶饱食。

5. 保存单位

河南省蚕业科学研究院。

九、豫早 1 号

1. 品种来源

河南省南召蚕业试验场，1969 年以河南省方城县拐河乡蚕农吴春方的农家品种为材料，经 8 年 8 代系统整理育成。

2. 主要特征、特性

黄蚕系统，一化性、四眠。卵：卵壳乳白色，椭圆形略扁，卵长 2.56mm，卵幅 2.39mm，卵厚 1.74mm。幼虫（蚕）：蚁蚕头壳红褐色，体黑色，5 龄期蚕体背香蕉黄色，体侧新禾绿色，气门上线槟榔棕色。雌蚕体长 73.9mm，体幅 18.1mm，体重 19.8g；雄蚕体长 64mm，体幅 16.6mm，体重 14g。茧：淡肉色，长椭圆形，雌茧长 45.8mm，茧幅 23.8mm；雄茧长 42mm，茧幅 22.2mm。蛹：黄褐色间有少数浅褐色，雌蛹体长 39.7mm，体幅 18.3mm，体重 8.5g；雄蛹体长 35.2mm，体幅 15.6mm，体重 5.9g。成虫（蛾）：雌蛾赭石色，体长 44.1mm，体幅 15.6mm，前翅长 71.4mm，雄蛾火岩棕色，体长 34.2mm，体幅 8.6mm，前翅长 67.6mm。单蛾产卵数 250 粒，产卵量 2.29g，造卵数 336 粒，产出卵率 74.4％。

克卵数 109 粒，卵期发育有效积温 122℃。实用孵化率 90.6％，普通孵化率 93.8％，不受精卵率 3.3％。克蚁蚕数 138 头，幼虫食欲旺盛，大蚕发育齐，营茧齐速，抗脓病性一般，5 龄最高体重增长 2332 倍。全龄期经过在日平均温 19.9℃、相对湿度 67％时为 45d12h。幼虫生命率 99.8％，虫蛹统一生命率 82.5％，死笼率 17.5％。全茧量 8.53g，茧层量 0.91g，茧层率 10.67％。茧丝长 956m，解舒率 41.4％，回收率 66.1％，鲜茧出丝率

6.2%，茧丝纤度5.71D。蛹期发育有效积温为192℃。蛾羽化齐，雄蛾活泼有力，交配性能强，蛾存活期雌雄分别为16d12h和13d8h。

3. 应用情况

豫早1号是河南省南召、鲁山、方城、南阳等县柞蚕生产中的主要品种。与豫6号配成杂交种豫杂2号，具有明显的增产效果。

4. 技术要点

由于蛹期发育有效积温少，故暖茧期配制杂交种时应注意调节温度；为使蚕孵化整齐，蚕卵应薄放及时收蚁；不用晚批茧留种，以保持其早熟性。

5. 保存单位

河南省蚕业科学研究院。

十、豫早2号

1. 品种来源

河南省南召蚕业试验场，1971年以四川柞蚕品种川2号为材料，以早熟为目标，经8年8代选择培育而成。

2. 主要特征、特性

黄蚕系统，一化性、四眠。卵：浅褐色，卵壳乳白色，椭圆形稍扁。幼虫（蚕）：蚁蚕头壳红褐色，体黑色，2龄蜕皮后头壳淡褐色，体黄色稍淡，5龄期蚕体背香蕉黄色，体侧新禾绿色，气门上线槟榔棕色。茧：炒米黄色，长椭圆形，茧型较大。蛹：黄褐色，蛹体饱满，蛹体重7.57g。成虫（蛾）：蛾体芒果棕色。

克卵数105粒，卵期发育有效积温为120℃。实用孵化率90%，普通孵化率92.3%，不受精卵率3%～5%。蚁蚕有较强的群集性和趋光性，发育快、好养，幼虫食欲旺盛，生命力强，营茧集中，全龄期经过在日平均温19.9℃、相对湿度67%时为14d，比33品种短2～3d。全茧量8.6g，茧层量0.93g，茧层率10.81%。茧丝长945m，蛹期发育有效积温为180℃。蛾羽化齐，交配性能好。

3. 应用情况

豫早 2 号适于河南省各蚕区放养。

4. 技术要点

由于蛹期发育有效积温少，在暖茧时可根据出蚕时间或制种形式比常规一般品种晚加温 2～3d，尤其是与多丝量品种配制杂交种时更应注意；在选留种茧时应选留早中批茧，严格淘汰晚批茧，以防品种退化。

5. 保存单位

河南省蚕业科学研究院。

十一、豫早 3 号

1. 品种来源

湖北省随州市蚕种场，1969 年用黄蚕蛾与野柞蚕蛾杂交选出二化性品种材料，河南省云阳蚕业试验场 1985 年引进该材料并分离出一化性个体，经 6 年 6 代系统选择培育而成。

2. 主要特征、特性

黄蚕系统，一化性、四眠。卵：卵壳乳白色，椭圆形略扁，卵长 2.56mm，卵幅 2.39mm，卵厚 1.74mm。幼虫（蚕）：蚁蚕头壳红褐色，体黑色，5 龄期蚕体背佛手黄色，体侧香蕉黄色，气门上线淡可可棕色。雌蚕体长 73.5mm，体幅 19mm，体重 19.2g；雄蚕体长 63.4mm，体幅 16.1mm，体重 15.8g。茧：淡茧黄色，长椭圆形，雌茧长 50.3mm，茧幅 27.1mm；；雄茧长 45.1mm，茧幅 25mm。蛹：黄褐色，少数淡褐色，雌蛹体长 42.4mm，体幅 20.2mm，体重 8.6g；雄蛹体长 37.5mm，体幅 18.1mm，体重 6g。成虫（蛾）：雌蛾槟榔棕色，体长 42.6mm，体幅 14.4mm，前翅长 66.8mm；雄蛾淡槟榔棕色，体长 36.2mm，体幅 10.5mm，前翅长 64.8mm。单蛾产卵数 204 粒，产卵量 1.94g，造卵数 269 粒，产出卵率 75.8%。

克卵数 105 粒，卵期发育有效积温为 132℃。实用孵化率 91.2%，普通孵化率 96%，不受精卵率 4.6%。克蚁蚕数 138 头，小蚕体质健壮、发育快、好养、高产，5 龄最高体重增长 2414 倍。全龄期经过在日平均温

19.9℃、相对湿度 67％时为 44d12h。幼虫生命率 97.6％，虫蛹统一生命率 83.1％，死笼率 14.8％。全茧量 8.4g，茧层量 0.92g，茧层率 10.95％。茧丝长 861m，解舒率 59.3％，回收率 74.2％，鲜茧出丝率 6.8％，茧丝纤度 5.72D。蛹期发育有效积温为 210℃。蛾羽化齐，交配性能好。

3. 应用情况

豫早 3 号适于河南省南召、方城、南阳等县及湖北省随州市蚕区放养。

4. 技术要点

制种期注意调节雌雄羽化期，防止后期雄蛾不足；蚕期选用适熟饲料，分批放养，及时移蚕，充分发挥发育齐、快、龄期短的特性。

5. 保存单位

河南省蚕业科学研究院。

十二、河 41

1. 品种来源

河南省农业厅柞蚕改良所，1950 年以河南省南召县南河店搜集的农家品种为材料，1954 年开始整理，经 5 年 5 代系统选育而成。

2. 主要特征、特性

黄蚕系统，一化性、四眠。卵：卵壳乳白色，椭圆形略扁，卵长 2.71mm，卵幅 2.39mm，卵厚 1.82mm。幼虫（蚕）：蚁蚕头壳褐色，体黑色，5 龄期蚕体背香蕉黄色，体侧新禾绿色，气门上线槟榔棕色。雌蚕体长 81.3mm，体幅 18.8mm，体重 22.2g；雄蚕体长 73.4mm，体幅 17mm，体重 17g。茧：淡茧黄色，长椭圆形，雌茧长 47.7mm，茧幅 24.2mm；雄茧长 42.9mm，茧幅 22.3mm。蛹：深褐色，间有少数浅褐色，雌蛹体长 40.1mm，体幅 17.5mm，体重 9g；雄蛹体长 34.4mm，体幅 15.6mm，体重 6.1g。成虫（蛾）：雌蛾可可棕色，体长 42.4mm，体幅 16.1mm，前翅长 70.1mm；雄蛾淡可可棕色，体长 33.3mm，体幅 9.6mm，前翅长 66mm。单蛾产卵数 245 粒，产卵量 2.31g，造卵数 338 粒，产出卵率 72.5％。

克卵数 106 粒，卵期发育有效积温 132℃。实用孵化率 94.3％，普通孵化率 96.7%，不受精卵率 5.6%。克蚁蚕数 135 头，小蚕发育整齐，大蚕稍差，幼虫食欲旺盛，食叶量较大，抗病力较差，5 龄最高体重增长 2713 倍。全龄期经过在日平均温 19.2℃、相对湿度 70% 时为 48d12h。幼虫生命率 97.2%，虫蛹统一生命率 81.9%，死笼率 19.1%。全茧量 8.72g，茧层量 1.23g，茧层率 14.11%。茧丝长 1126m，解舒率 36%，回收率 68.3%，鲜茧出丝率 7.6%，茧丝纤度 6.36D。蛹期发育有效积温 224℃。蛾羽化齐，雄蛾活泼，交配快，蛾存活期雌雄分别为 14d 和 12d16h。杂交优势强。

3. 应用情况

河 41 是河南省柞蚕生产中的主要品种。适于雨量充沛、麻栎较多的大别山区放养。与豫 6 号、33 等品种配成杂交种，具有明显的增产效果。

4. 技术要点

暖茧时，将部分雄茧分批晚挂 2～3d，防止制种后期雄蛾不足；防止偏早收蚁，柞叶力求适熟，适当稀放，严格淘汰弱小蚕。

5. 保存单位

河南省蚕业科学研究院。

十三、741

1. 品种来源

河南省南召蚕业试验场，1974 年以河 41 品种中高茧层率个体为材料，经 8 年 8 代系统选择培育而成。

2. 主要特征、特性

黄蚕系统，一化性、四眠。卵：卵壳乳白色，椭圆形略扁，卵长 2.75mm，卵幅 2.25mm，卵厚 1.68mm。幼虫（蚕）：蚁蚕头壳褐色，体黑色，5 龄期蚕体背佛手黄色，体侧金盏黄色，气门上线淡可可棕色。雌蚕体长 81.2mm，体幅 19.7mm，体重 21.6g；雄蚕体长 73.1mm，体幅 18.4mm，体重 16g。茧：淡茧黄色，长椭圆形，雌茧长 46.7mm，茧幅 25.1mm；雄茧长 43.1mm，茧幅 23.1mm。蛹：褐色，有少数黄褐色，雌蛹体长 39.8mm，体幅 20.2mm，体重 8.7g；雄蛹体长 25.3mm，体幅 18.3mm，体重 6.1g。成虫（蛾）：雌蛾山鸡褐色，体长 38.3mm，体幅

12.8mm，前翅长 61.6mm，单蛾产卵数 231 粒，产卵量 2.18g，造卵数 365 粒，产出卵率 63.3％。

克卵数 106 粒，卵期发育有效积温为 132℃。实用孵化率 94.7％，普通孵化率 96.1％，不受精卵率 2.5％。克蚁蚕数 131 头，蚁蚕有较强的群集性和趋光性，发育快、好养，五龄最高体重增长 2486 倍。全龄期经过在日平均温 17.8℃、相对湿度 73％时为 50d。虫蛹统一生命率 92.9％，死笼率 7.1％。千粒茧重 8.9kg，全茧量 8.9g，茧层量 1.28g，茧层率 14.38％。蛹期发育有效积温为 226℃。蛾羽化齐，雄蛾活泼，交配快。

3. 应用情况

741 作为品种资源保存。

4. 技术要点

小蚕期选用适熟柞叶，及时匀移；大蚕用适熟偏老柞叶，并备足饲料，良叶饱食，充分发挥多丝量品种性状。

5. 保存单位

河南省蚕业科学研究院。

十四、豫 6 号

1. 品种来源

河南省南召蚕业试验场，1969 年以辽宁省蚕业科学研究所育成小混（辽柞 1 号的前身）为母本，33、39 为父本进行混精杂交，经 11 年 11 代系统选择培育而成。

2. 主要特征、特性

黄蚕系统，一化性、四眠。卵：卵壳乳白色，椭圆形略扁，卵长 2.69mm，卵幅 2.32mm，卵厚 1.75mm。幼虫（蚕）：蚁蚕头壳红褐色，体黑色，5 龄期蚕体背香蕉黄色，体侧新禾绿色，气门上线槟榔棕色，雌蚕体长 78.6mm，体幅 16.9mm，体重 21.2g；雄蚕体长 72.6mm，体幅 16.5mm，体重 17.4g。茧：淡炒米黄色，长椭圆形，雌茧长 48.6mm，茧幅 26mm；雄茧长 43.6mm，茧幅 20.3mm。蛹：深褐色，有少数黄褐色，雌蛹体长 40.8mm，体幅 18.7mm，体重 9.6g；雄蛹体长 34.8mm，体幅

16mm，体重 6.2g。成虫（蛾）：雌蛾芒果棕色，体长 43.2mm，体幅 15mm，前翅长 73.5mm；雄蛾岩石棕色，体长 33.6mm，体幅 9.1mm，前翅长 68.6mm。单蛾产卵数 263 粒，产卵量 2.37g，造卵数 335 粒，产出卵率 78.5%。

克卵数 111 粒，卵期发育有效积温为 132℃。实用孵化率 94.4%，普通孵化率 97.6%，不受精卵率 9.2%。克蚁蚕数 139 头，蚁蚕群集性强，上树快，发育欠齐，幼虫体质一般，抗病性略低，大蚕食叶多，喜食适熟期较长的饲料，5 龄最高体重增长 2684 倍。全龄期经过在日平均温 17.8℃、相对湿度 73% 时为 47d5h。幼虫生命率 98.6%，虫蛹统一生命率 80%，死笼率 18.8%。千粒茧重 9.3kg，全茧量 9.29g，茧层量 1.3g，茧层率 14%。茧丝长 1292m，解舒率 37.6%，回收率 69.5%，鲜茧出丝率 8%，茧丝纤度 5.91D。蛹期发育有效积温为 252℃。蛾羽化齐，雌蛾比雄蛾早羽化 1～2d，雄蛾活泼，交配性能好，杂交优势强。

3. 应用情况

豫 6 号是河南省柞蚕生产中的主要品种。与豫早 1 号、河 41 配成杂交种，比豫杂 2 号、豫杂 3 号具有明显的增产效果。

4. 技术要点

暖茧时，将部分雌茧分批晚挂 2～3d；小蚕选择蚕场肥力适中、适熟柞叶放养，4 龄忌用偏嫩或老叶放养，宜稀放勤匀，良叶饱食，以发挥多丝量特性。

5. 保存单位

河南省蚕业科学研究院。

十五、豫 7 号

1. 品种来源

河南省南召蚕业试验场，1975 年以豫 6 号品种不同品系中的高茧层率个体为材料，进行系统选择培育，并采用回交方法育成。

2. 主要特征、特性

黄蚕系统，一化性、四眠。卵：卵壳乳白色，椭圆形稍扁，卵长

2.65mm，卵幅2.25mm，卵厚1.72mm。幼虫（蚕）：蚁蚕头壳红褐色，体黑色，5龄期蚕体背佛手黄色，体侧向日葵黄色，气门上线淡可可棕色，雌蚕体长79.1mm，体幅17.9mm，体重18.2mm；雄蚕体长70.6mm，体幅16mm，体重16.4mm。茧：淡茧黄色间有白色，长椭圆形，雌茧长48.6mm，茧幅26.4mm；雄茧长45mm，茧幅24.1mm。蛹：黄褐色，个别黄色，雌蛹体长41.5mm，体幅20.6mm，体重8.4g；雄蛹体长37.2mm，体幅18.3mm，体重6.4g。成虫（蛾）：雌蛾芒果棕色，体长42.3mm，体幅14mm，前翅长65.8mm；雄蛾淡芒果棕色，体长37.2mm，体幅10.3mm，前翅长61.2mm。单蛾产卵数288粒，产卵量2.38g，造卵数347粒，产出卵率83.1%。

克卵数121粒，卵期发育有效积温为135℃。实用孵化率84.1%，普通孵化率93.3%，不受精卵率5.1%。克蚁蚕数127头，幼虫发育整齐，食叶量大，5龄最高体重增长2198倍。全龄期经过在日平均温17.8℃、相对湿度73%时为49d。幼虫生命率95%，虫蛹统一生命率90%，死笼率3.8%。优茧率93%以上。千粒茧重8.48kg，全茧量8g，茧层量1.3g，茧层率16.2%。茧丝长1336，解舒率52.6%，回收率78.5%，鲜茧出丝率11.3%，茧丝纤度5.83D。蛹期发育有效积温为252℃。蛾存活期雌雄分别为12d9h和6d14h。杂交优势强。

3. 应用情况

豫7号适于河南省各蚕区放养。与豫6号、河41、741等品种配制的多元一代杂交种，子代表现孵化齐，幼虫发育迅速、整齐，营茧集中，增产效果明显。

4. 技术要点

由于雄蛾羽化集中，有效积温少，暖种时雄茧应晚挂2～3d；1～2龄蚕宜用2年生麻栎放养，4～5龄蚕宜用栓皮栎放养，5龄宜稀放，及时剪移，良叶饱食。

5. 保存单位

河南省蚕业科学研究院。

十六、白一化

1. 品种来源

河南省南召蚕业试验场，1959 年以 39 为母本，胶蓝为父本杂交，以后代分离出的白蚕为材料，经 14 年 14 代系统选择而成。

2. 主要特征、特性

白蚕系统，一化性、四眠。卵：卵壳乳白色，椭圆形略扁，卵长 2.77mm，卵幅 2.51mm，卵厚 1.9mm。幼虫（蚕）：蚁蚕头壳赤褐色，体黑色，5 龄期蚕体背麦秆黄色，体侧柠檬黄色，气门上线淡可可棕色。雌蚕体长 68.8mm，体幅 16.7mm，体重 16.2g；雄蚕体长 60.4mm，体幅 15.8mm，体重 13g。茧：淡茧黄色，长椭圆形，雌茧长 50.6mm，茧幅 23.7mm；雄茧长 46.1mm，茧幅 20.3mm。蛹：黑褐色，有少数黄褐色，雌蛹体长 43.4mm，体幅 26.2mm，体重 9.7g；雄蛹体长 37.9mm，体幅 18.5mm，体重 6.5g。成虫（蛾）：雌蛾槟榔棕色，体长 43.5mm，体幅 14.8mm，前翅长 70.2mm；雄蛾淡槟榔棕色，体长 36.7mm，体幅 8.7mm，前翅长 64mm。单蛾产卵数 199 粒，产卵量 1.95g。

克卵数 102 粒，卵期发育有效积温为 132℃。实用孵化率 86.3%，普通孵化率 88.1%，不受精卵率 8.3%。克蚁蚕数 138 头，幼虫抗热性较强，幼虫发育欠齐，食性中等，5 龄最高体重增长 2014 倍。全龄期经过在日平均温 17.8℃、相对湿度 73% 时为 49d。幼虫生命率 98.4%，虫蛹统一生命率 82.6%，死笼率 15.8%。茧质较差，千粒茧重 9.3kg，全茧量 9.3g，茧层量 1.02g，茧层率 10.97%。蛹期发育有效积温为 238℃。

3. 应用情况

白一化作为品种资源保存。近年用于观赏。

4. 技术要点

小蚕适当密放，及时剪移；大蚕稀放，良叶饱食。

5. 保存单位

河南省蚕业科学研究院。

十七、云白

1. 品种来源

河南省云阳蚕业试验场，1986年以豫6号为母本，39为父本进行杂交，经6年6代选育，1991年育成中国第一个一化性柞蚕白茧品种。

2. 主要特征、特性

黄蚕系统，一化性、四眠。卵：卵壳乳白色，椭圆形略扁，卵长2.54mm，卵幅2.26mm，卵厚1.66mm。幼虫（蚕）：蚁蚕头壳红色，体黑色，5龄期蚕体背金瓜黄色，体侧金盏黄色，气门上线淡可可棕色，雌蚕体长73.5mm，体幅18.9mm，体重19.8g；雄蚕体长62.1mm，体幅16.7mm，体重15.1g。茧：白色，有少数淡褐色，长椭圆形，雌茧长48.7mm，茧幅25.5mm；雌茧长43.4mm，茧幅22.9mm。蛹：深褐色，少数黄褐色，雌蛹体长41.9mm，体幅20.7mm，体重9.2g；雄蛹体长37.3mm，体幅18mm，体重6.8g。成虫（蛾）：雌蛾槟榔棕色，体长46.7mm，体幅13.6mm，前翅长67.3mm；雄蛾淡槟榔棕色，体长39.6mm，体幅10.4mm，前翅长63.2mm。单蛾产卵数214粒，产卵量2.04g，造卵数294粒，产出卵率72.8%。

克卵数105粒，卵期发育有效积温为132℃。实用孵化率89%，普通孵化率96.5%，不受精卵率6.1%。克蚁蚕数125头，蚁蚕有趋光性，食叶性强，全龄喜食适熟偏嫩叶，幼虫发育较齐，抗病力较低，5龄最高体重增长2181倍。全龄期经过在日平均温19.9℃、相对湿度67%时为46d。幼虫生命率90%，虫蛹统一生命率81.2%，死笼率9.8%。千粒茧重7.5kg，全茧量8.67g，茧层量1.03g，茧层率11.99%。茧丝长1135m，解舒率51.8%，回收率73%，鲜茧出丝率6.5%，茧丝纤度5.43D，生丝白度68°，脱胶后白度70.9°，上染率82%。蛹期发育有效积温为246℃。雄蛾活泼，交配快。

3. 应用情况

云白适于黄河流域以南一化性蚕区放养。

4. 技术要点

全龄用适熟叶放养，防止食叶质差及过老柞叶；放养时适当稀放，及时匀移，良叶饱食；要及时采茧，剥茧，及时摊晾，防止堆积和污染，以保持白度。

5. 保存单位

河南省蚕业科学研究院。

十八、胶蓝

1. 品种来源

山东省胶东蚕种场所属牟平屯车夼蚕种场，1949 年在客青和银白两品种的蚕群中发现 17 头靛蓝色个体，以此为材料留种继代，1952 年移至山东省蚕业改进所胶东分所，进行系统整理；1953 年由方山柞蚕原种场继续选育，至 1958 年建立 24、28 两品系。

2. 主要特征、特性

蓝蚕系统，二化性、四眠。卵：褐色，卵壳乳白色，卵长 2.66mm，卵幅 2.33mm，卵厚 1.77mm。幼虫（蚕）：蚁蚕头壳红褐色，体黑色，5 龄期体背瀑布蓝色，体侧甸子蓝色，气门上线麦秆黄色，体背疣状突起靠灰色，气门下线疣状突起蝶翅蓝色，臀板驼色，边线菊蕾白色。雌蚕体长 75.2mm，体幅 21mm，体重 20g；雄蚕体长 68.7mm，体幅 16.6mm，体重 12.5g。茧：鹿角棕色，雌茧长 49.7mm，茧幅 24.6mm，茧柄长 51.9mm；雄茧长 44.9mm，茧幅 24.8mm，茧柄长 65.3mm。蛹：栗紫色和金鱼紫色，体色比例约 8：2；雌蛹体长 41.1mm，体幅 20.2mm；雄蛹体长 35.5mm，体幅 16.7mm。成虫（蛾）：桂皮淡棕色，蛾体型细长，雌蛾体长 41mm，体幅 16.1mm，翅展 160.3mm；雄蛾体长 26mm，体幅 9.2mm，翅展 132mm。单蛾产卵 220 粒。

克卵数 98 粒，卵期发育有效积温为 147℃。普通孵化率 90.4%，不受精卵率 3%～5%。克蚁蚕数 130 头，蚁蚕把握力较弱，遗失蚕偏多，幼虫体质一般，易罹脓病。在气候干燥，柞叶老硬条件下易发生小蚕。化性稳定。幼虫 5 龄期偏长，春蚕在日平均温 20.7℃、相对湿度 61.6% 时全龄期经过 51d；秋蚕在日平均温 25.8℃、相对湿度 67.1% 时，全龄期经过为 40d。虫蛹统一生命率 96%，死笼率 1.3%。千粒茧重 7.1kg，全茧量

7.75g，茧层量 0.84g，茧层率 10.84％。茧丝长 795m，解舒率 46.43％，解舒丝长 369m，鲜茧出丝率 5.6％，茧丝纤度 5.47D。蛹期发育有效积温为 211～222℃。杂交优势强。

3. 应用情况

胶蓝适于山东省胶东蚕区放养。20 世纪 70 年代初曾占全省用种量的 25％，以后常年在 10％左右。与青黄、杏黄、方山黄、烟 6 等品种组配成杂交组合用于柞蚕生产，都表现出产量高、茧质优、增产效果显著的特性。一代杂交种春蚕期产量提高 14％～20％，茧质提高 10％；秋蚕期产量提高 21％，茧质提高 5％～7％；三元杂交种增产 15％以上；四元杂交种增产 20％。

河南省于 20 世纪 50 年代引进，作为品种资源保存，近年用于观赏。

4. 技术要点

收蚁要用偏嫩饲料，不宜过密；大蚕应用适熟饲料，适当稀放；由于不抗脓病，必须加强各阶段的消毒防病工作。

5. 保存单位

山东省方山柞蚕原种场。

十九、鲁红

1. 品种来源

原辽东省五龙背蚕业试验场，1949 年冬以山东省海滨蚕种场引进的河南省鲁山县地方品种鲁黄 1 号为材料，1950 年春蚕 5 龄期分离出黄色红节蚕，采用系统选择，选二化性红节蚕继代，1954 年至今，红节蚕比例稳定在 60％左右。

2. 主要特征、特性

黄蚕系统，二化性、四眠。卵：巧克力棕色，卵壳乳白色，卵长 2.95mm，卵幅 2.54mm，卵厚 1.92mm。幼虫（蚕）：蚁蚕头壳红褐色，体黑色，幼虫 2～4 龄佛手黄色，四眠起后约 63％的个体呈淡红色，随 5 龄期日数增加，红色逐渐加深，个体之间亦有深浅之别，5 龄后期蚕体背枇杷黄色，体侧深蟹螯红色的，气门上线金瓜黄色，体背疣状突起淡青莲色，气门下线疣状突起青蛤壳紫色，臀板淡土黄色，体躯各环节间带呈桔橙色环状；每个世代均分离出 35％左右的蚕体背佛手黄色个体，体侧向日葵黄色，气门上线为金瓜黄色；两种体色的蚕体大小相似，雌蚕体长 74.5mm，体幅 23.1mm，体重 20.5g；雄蚕体长 66mm，体幅 22.2mm，体重 16.2g。茧：象牙黄色，雌茧长 47.3mm，茧幅 25.9mm；雄茧长 43.4mm，茧幅 24.1mm。蛹：黄褐色有少数黑褐色和黄色，雌蛹体长 42.1mm，体幅 19.8mm，体重 8.2g；雄蛹体长 37.1mm，体幅 17.8mm，体重 5.7g。成虫（蛾）：雌蛾芒果棕色，在雌蛾腹部气门上线靠后翅基部环节的鳞毛为粉红色，是区别于其他品种的明显特征。体长 43.6mm，体幅 22.9mm，翅展 150mm；雄蛾近似山鸡褐色，体长 36mm，体幅 14.1mm，翅展 135.5mm。单蛾产卵 259 粒，造卵数 280 粒，产出卵率 91％。

克卵数 110 粒，卵期发育有效积温为 120℃。实用孵化率 75.3％，普通孵化率 79.4％，品种因致死因子的作用约有 25％蚕卵胚子发育至头壳变色至蚁蚕形成期间死亡。克蚁蚕数 156 头，蚁蚕行动活泼，幼虫体质中等，5 龄最高体重增长 2753 倍。全龄期经过春蚕期在日平均温 17.4℃时为 58d6h；秋蚕期在日平均温 22.3℃时为 46d8h，5 龄期经过 21d4h。幼虫生命率 96.5％，虫蛹统一生命率 95％，死笼率 1.2％。千粒茧重 8kg，全茧量 8.3g，茧层量 0.96g，茧层率 11.79％。茧丝长 896m，解舒率 49％，回收率 70％，鲜茧出丝率 7.4％，茧丝纤度 5.77D。蛹期发育有效积温为 230℃。蛾存活期雌雄分别为 10 日 3 时和 9 日 14 时。

3. 应用情况

其茧层率较高，与其他品种杂交后，一化孵化率恢复正常，是一个较好的遗传研究材料，作为品种资源保存，近年用于观赏。

4. 技术要点

蚕期要适时剪移，避免用老硬叶放养；小蚕有条件的地方应采用室内育或其他保护育。

5. 保存单位

辽宁省蚕业科学研究所。

第四章

河南柞蚕放养技术

河南地处中原，自然条件优越，柞林资源丰富，境内有太行山、伏牛山、桐柏山和大别山四大山系。气候处于亚热带向暖温带过渡地带，年平均气温 12～15℃，无霜期 190～230d，年降雨量 600～1200mm，全年日照时数 2000～2600h，海拔高度 200～2000m。地理环境及气候条件均能满足柞蚕生长发育的需要，适于开展柞蚕生产。河南大部分区域属于一化性柞蚕区。

第一节 春 蚕 放 养

一、春蚕放养时期与准备

（一）春蚕放养的适期

柞蚕放养适期，应以柞芽发育和当年气象变化情况为主，结合历年收蚁时期来确定。河南蚕区有"春蚕难得早""惊蛰蛾子，清明蚕"的蚕谚，但从历年气象资料看，清明节在每年 4 月 6 日前后，此时正值冬夏气候转换的过渡阶段，气候多变，冷空气活动频繁，经常有强度不等的寒流入侵，风、雨伴随低温，有时还有霜冻出现。最适的收蚁时间为 4 月初或清明节后，偏北山区在 4 月中旬。

河南从近些年的生产实际看，以蚁场大部分柞墩枝条的中、上部叶片开展 3cm 左右，叶色变绿时出蚕比较适当。而各蚕区具体情况有所不同，在掌握上也应有所区别，一般深山、壮坡、多雨之年可以适当偏晚；浅山、薄坡、干旱之年可以适当偏早。

（二）放养准备

柞蚕放养，自孵卵开始到采茧下坡，历时 50 多天，需要提前做好蚕坡规划、劳力组合、孵卵准备、物资购置等工作。

1. 物资准备

养蚕所用的物资有收蚁盆、收蚁筷、鹅毛、蚕剪、蚕筐、雨伞、布块、竹筢子、捕鸟网、鞭炮等。所有用具都必须在使用前进行彻底消毒。

2. 蚕场准备

为了满足蚕儿生长发育需要，获得好的收成，必须备有足够的蚕坡。放养 0.5kg 卵量的蚕籽，可准备 30～40 亩蚕坡。坡质好、柞树生长旺盛的蚕坡，面积可以小一些；而浅山薄坡，柞树长势较差，蚕坡面积就需要大一些。同时各地可根据养蚕的目的（如种茧育或丝茧育）、坡质、柞树长势等情况，并参考历年养蚕经验，留足备用蚕坡。

不同柞蚕龄期的用坡量有差异，不同树龄、不同树型养成的养蚕量也不相同。小蚕（1～3 龄蚕）期利用老梢（2 年或 3 年生柞）养蚕，所需蚕坡面积约占全龄用坡量的 13％～18％，壮蚕（4～5 龄蚕）期利用火芽（1 年生柞）养蚕，所需蚕坡面积约占全龄总面积的 70％。茧场选用 2～3 年生老柞，所用蚕坡面积约占全龄总面积的 12％。

二、孵卵（暖卵）

柞蚕卵的胚子在春季自然环境中发育缓慢，蚁蚕孵化不齐，容易造成蚕体虚弱，产茧量不稳；同时，又不能及时掌握胚子的发育进程。生产中采用人工加温补湿的方法，促进胚子顺利发育，以期达到适时出蚕的目的，这一过程称为"孵卵"或"催青"，俗称"小蛾房"。生产实践证明，人工孵卵，蚁蚕可以适时孵化，孵化率高，出蚕齐一，蚁体强健，蚕儿能够吃到适熟柞叶，生长发育正常，结茧多，品质优。

（一）孵卵前的准备

1. 孵卵室及用具的准备

孵卵室一般选择远离制种场所、地基干燥、空气流通、光线均匀、环境清洁、防寒保温的房屋。室内应搭建有加温设备（铁管烟囱、煤炉或电加热器），沿房屋四周搭设放置孵卵盒的蚕架，蚕架高低以距地面 0.5～0.7m 为宜。另外，还要配备有补湿锅、水桶、干湿温度计、踏步、火钳、灰斗等用品，干湿温度计要分别悬挂于蚕架不同部位。

2. 孵卵室及用具的消毒

孵卵室和用具应于使用前 10d 进行彻底洗刷消毒。房屋、用具经充分洗刷后，再用毒消散、1%漂白粉溶液或 3%福尔马林溶液等药物消毒，以杜绝病原再感染。

（二）孵卵适期的确定

孵卵开始日期，因地区不同而有差异。一个地区要确定适宜于本地孵卵的适期，必须根据当年柞叶发育情况、气象预报和胚子发育程度来决定。具体确定方法：先确定出蚕日期，然后根据胚子发育程度和孵卵方法推算孵卵经过的日数，再推算孵卵开始适期。河南省春季天气偏旱，如果出蚕偏晚，蚁蚕食下老硬柞叶，生长发育不良，自然遗失率较多，同时养蚕后期容易遭受干热风和病虫害的危害；如果出蚕偏早，蚁场柞叶幼嫩，而且气温偏低，蚁蚕食叶缓慢，体质偏差，后期易发蚕病，造成严重减产。一般浅山薄坡，孵卵时间宜偏早，深山壮坡宜偏迟。当蚁场柞树冬芽部分开始脱苞、顶芽微露时开始孵卵，待柞树大部分叶片展开 3cm 左右，叶色发绿时出蚕比较适宜。但在高寒山区的壮坡或多雨年份，出蚕时间应待柞叶长得偏大一些；浅山薄坡或干旱年份，柞叶可适当偏小一些。总之，要根据不同地区、不同年份灵活掌握孵卵时间。

（三）孵卵升温表的制订

受精的柞蚕卵没有滞育期，接触发育有效温度（通常按 10℃以上为发育有效温，河南习惯按 7.5℃以上计算）就开始发育。制订升温表时，将每日胚子所感受的日平均温减去对发育无效温（10℃），剩余的数值即是促使胚子发育的有效温度。每天有效温度的总和为"有效积温"（简称积温）。柞蚕胚子，感受有效积温满 120～130℃，即可出蚕（河南习惯用 7.5℃为胚子发育起点温度，所计算出来的有效积温为 165℃）。

柞蚕孵卵经过天数及孵卵开始日期确定以后，即可制定孵卵升温表。

119

首先解剖胚子并根据胚子发育进程推算出从加温到出蚕这段时间所需要感受的有效积温数，然后按照孵卵经过日数计算孵卵期每天平均温度。其公式为

$$日平均温度 = \frac{需要感受的有效积温}{孵卵经过天数} + 10℃$$

如果孵卵经过日数为奇数，可以把日平均温度作为中间一天的目的温度；孵卵经过日数如为偶数，则把日平均温度作为中间两天的目的温度。在此基础上，每天向前递减1℃，向后递增1℃。如果后两天温度高于22℃，就把超过的数值加到开始孵卵的几天内。如果开始几天的温度还低于当时自然温，这就说明开始孵卵日期尚早，应当推迟孵卵时间。孵卵后期和出蚕温度一般应稳定在18～20℃范围内，最高不能超过22℃，相对湿度保持70%～75%。

（四）柞蚕胚子发育的观察方法

在孵卵前和孵卵期，必须随时掌握蚕卵胚子的发育程度和已感受的有效积温，以便制订和修订孵卵升温表。柞蚕胚子发育的观察方法，分简易观察法和显微镜观察法两种。生产上常使用简易观察法。

1. 简易观察法

用细针在卵壳上划开一条缝，从卵内挑出内容物，观察内容物的色泽、黏稠度和胚子形态的变化，并结合观察卵面形状来综合判定胚子发育进度。蚕卵从产出到孵化的有效积温为130℃左右（发育起点温度为10℃），为了便于掌握和记忆，将整个胚子发育过程分为10个相等阶段（每阶段有效积温依次递增13℃），各阶段胚子的形态特征与有效积温的关系见表4-1。

表4-1　　　　　柞蚕卵胚子发育特征与有效积温的关系

发育阶段	已感受的有效积温/℃	卵面形态	内容物形态	主要特征	尚需感受的有效积温/℃
1	13 (16.5)	饱满	粉绿色，有粘性	粘	117 (148.5)
2	26 (33.0)	饱满	挑出1.5cm长的粘丝	丝	104 (132.0)
3	39 (49.5)	饱满	挑出较长较粗的粘线	线	91 (115.5)
4	52 (66.0)	稍有陷坑	挑出粘线，带有颗粒	坑	78 (99.0)

续表

发育阶段	已感受的有效积温/℃	卵面形态	内容物形态	主要特征	尚需感受的有效积温/℃
5	65（82.5）	陷坑明显	挑出粉白糊状粘条	条	65（82.5）
6	78（99.0）	炸籽、陷坑鼓起	挑出白色粘条，略具蚕形	炸籽	52（66.0）
7	91（115.5）	饱满或残留小坑	挑出白蚕，单眼红色	红眼	39（49.5）
8	104（132.0）	饱满或残留小坑	蚕皮淡黄，头壳和钩爪黄色	黄	26（33.0）
9	117（148.5）	饱满或残留小坑	体色青灰，头壳红色	青	13（16.5）
10	130（165.0）			出蚕	0（0）

注 孵卵试验的日平均温为22℃。括号内的数值是按7.5℃为起点温度而计算出来的。

根据各阶段胚子形态变化的特征，简单概括成四句话："一粘二丝三成线，四坑五条走一半，六炸籽七红眼，八黄九青十出蚕。"

2. 显微镜观察法

取有代表性的蚕卵，放入煮沸的10％NaOH溶液中浸煮，待卵色变青后，移入清水中，使用吸管喷射卵壳，打出胚子，然后再把胚子置于50倍显微镜下观察，从胚子形态上判定其发育进程。

（五）柞蚕胚子的形态特征

取同日产下的蚕卵为材料，放在温度22℃、相对湿度75％的温室里孵卵，每日定时解剖蚕卵，观察胚子发育的进度。各阶段胚子的形态特征如下所述。

1. 胚子形成期

产卵后24～30h，卵粒饱满，有效积温13℃左右。开始胚子呈梯形，中部现出原沟。进而胚子伸长，头褶膨大，呈钝锥形，原沟尚显。继而胚体又伸长，头褶两侧突出，开始显现环节（图4-1）。此期约为整个发育过程的1/10。

2. 最长期

产卵后36h，卵粒饱满，胚体细长，显出18环节，头褶有凹陷（图4-2）。

3. 附属肢发生期

产卵后42～48h，卵粒饱满。胚体稍短，前部环节发达，第2节特别突出，环节明显，口腔开始凹陷（图4-3）。

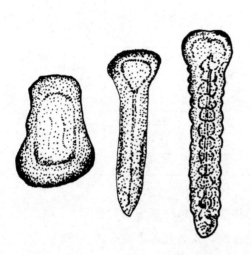

图4-1 胚子形成期

图4-2 最长期

4. 附属肢发达期

产卵后54～60h，卵粒饱满，有效积温26℃左右。胚子前部环节的突出部分伸长，形成口器与胸足雏形，腹足稍显痕迹，肛门开始陷入，进而头褶宽大，腹足明显（图4-4）。此期约为整个发育过程的2/10。

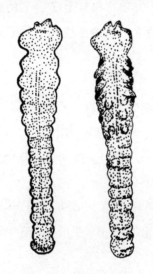

图4-3 附属肢发生期

图4-4 附属肢发达期

5. 缩短期

产卵后 60～90h，卵粒饱满，有效积温 39℃左右。胚子第二节附属肢开始向头褶靠拢，继而第 2 和第 3 附属肢与头褶合拢，第 4 节上移，胚体现出 16 环节。尾端第 17、18 两节接近靠拢。进一步发育，第 1 至 4 环节合成头部，围绕口腔。胸足伸长，腹足明显，气门陷入，中、后胃初步形成。尾端三环节合成尾部，胚体为 13 环节（图 4-5）。此期约为整个发育过程的 3/10。

图 4-5　缩短期

6. 反转期

产卵后 96～108h，卵面水引稍陷。反转初期，胚体较短，腹面突出，胸足外伸，腹足突出，尾部向腹面弯曲，作反转准备。气门及中后胃明显，并可见到贲门与幽门部分。进一步发育，胚体略有伸长，呈"S"形，可以见到脑与各环节之神经球。此时为反转中期（图 4-6）。

7. 反转终了期

产卵后 114～126h，卵面凹陷稍深，有效积温 52℃左右。胚体呈弓形，腹面向内弯曲（图 4-7）。此期约为整个发育过程的 4/10。

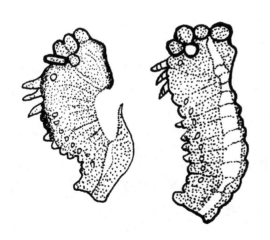

图 4-6　反转期

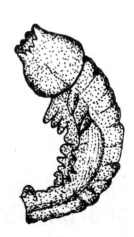

图 4-7　反转终了期

8. 外形形成期

产卵后 132～156h，卵面水引凹陷又深，有效积温 65℃左右。胚体显著肥大，隐约可见初生刚毛，前胃较前发达（图 4-8）。此期约为整个发育过程的 5/10。

9. 气管形成期

产卵后 162～192h，气管发达。当产卵后 162～174h，有效积温 78℃，卵面凹陷突然鼓起，发出响声，俗称"炸籽"。此时约为发育过程的 6/10（图 4-9）。继而单眼着红色，气管枝遍布全身，刚毛较发达，口器开始着色，腹足钩爪趋于明显，胚体染色困难。此时约为整个发育过程的 7/10。

图 4-8　外形形成期　　　　　　　图 4-9　气管形成期

10. 头壳变色期

产卵后 198～222h，有效积温 104℃。内部气管透视困难，不易染色。继而头壳由淡黄到赤黄。钩爪变黄，爪尖及口器尖端呈暗赤色（图 4-10）。此期约为整个发育过程的 8/10。

11. 体色变青期

产卵后 228～252h，有效积温 117℃。胚子胃管呈青绿色，继而体皮几丁质形成，染色逐渐困难，体色变青，而后呈青黑色；体躯半透明，刚毛完整（图 4-11）。此期约为整个发育过程的 9/10。

12. 蚁蚕形成期

产卵后 258～270h，有效积温 130℃。胚体呈黑色，瘤状突起显现白斑，头壳赤褐色，具有蚁蚕形状（图4-12）。

图4-10 头壳变色期

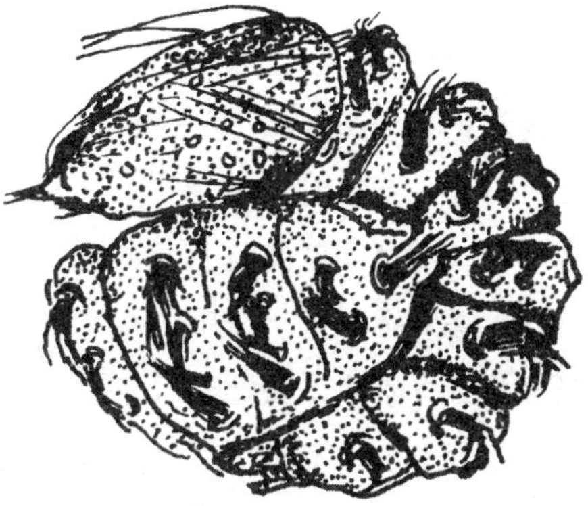

图4-11 体色变青期

（六）孵卵方法及胚子发育调节

1. 孵卵方法

河南暖卵温度标准为20～22℃，相对湿度70％～75％。开始暖卵的温度从自然温起，以后每日升温1～2℃，达到22℃时平温。实践证明，孵卵温度以21℃、相对湿度以75％左右最为适宜。

图4-12 蚁蚕形成期

孵卵日期确定后，将蚕卵放置于孵卵室内。蚕卵均匀摊放在孵卵盒中，不宜过厚，一般不超过0.6cm。蚕卵摆放位置，胚子发育快的蚕卵应低放，发育慢的蚕卵应高放。同时根据孵卵盒离加热源的远近和解剖蚕卵所掌握的胚子发育进度，定时对孵卵盒前后、左右、上下进行位置对调，使蚕卵感温均匀，发育一致。

孵卵升温时，应按照升温计划认真掌握好目的温湿度。同时定时开窗换气，保持室内空气新鲜，让胚子在适宜的环境中正常生长发育。

孵卵室应由工作积极认真、有一定技术经验的人员负责管理，定时检查记录温湿度，经常解剖胚子，随时了解胚子的发育进度，并根据外界气候变化，及时调节孵卵温湿度，掌握适时出蚕时间。为了准确地掌握胚子发育进度，解剖用蚕卵的抽取必须要有代表性，同时孵卵后期应适当增加抽取量和解剖次数。如果外界气温降低收蚁日期延后，需要降低孵卵温度，但此时正在"炸籽"，为了保证蚕卵孵化齐一，应在"炸籽"结束后再行降温。另外，蚕卵发育后期，呼吸旺盛，应结合中午前后室内外温差小，在不影响目的温湿度的情况下，充分进行换气，以保证胚子发育需要。

出蚕后蚕卵的补催青，每天收蚁结束前，要吹去孵卵盒内的卵壳、死蚕和捡去个别晚出蚕放回柞墩，整理好孵卵盒后最迟于下午 6 时放回催青室，催青室下午 5 时开始升温，6 时要达到 22℃，同时注意补湿，待晚上 24 时要停止加温，以防第二天出蚕过早，发生"打更蚕"。

2. 孵卵期胚子发育调节

孵卵的目的是采取人为控制温湿度的办法，促使蚕卵的发育与柞芽的发育保持平衡，以便适时出蚕。为此，在孵卵期要做好胚子发育的调节工作。

（1）对同批卵的不同出蚕时间的胚子发育调节。根据不同出蚕时间，计算出有效积温的差数，然后再根据每天蚕卵应感受有效积温的多少，把蚕卵分批放入孵卵室。早出蚕的早放，晚出蚕的依次晚放。或者把早出蚕的适当放高一些，晚出蚕的适当放低一些。

（2）对不同批蚕卵同批出蚕时间的胚子发育调节。首先调查各批蚕卵胚子的发育进度及已经感受的有效积温，按照各批蚕卵有效积温的差数，把蚕卵分批放入孵卵室，把已感受有效积温少的晚批蚕卵早放入孵卵室，感受有效积温多的早批蚕卵晚放入孵卵室，也可把晚批蚕卵的位置放高一些，早批蚕卵的位置放低一些。

（3）对柞芽发育慢而蚕卵发育快的胚子调节。可采取以下两种方法：

1）如果外界气温较低，可采取降温的办法将孵卵室的温度逐渐降低到 15℃ 左右（最低不少于 10℃），抑制蚕卵发育 2～3d。

2）如果外界气温较高，可把蚕卵移至 7～8℃ 的温度中冷藏 3～5d，不影响孵化率。但低温抑制蚕卵的时间不宜过长，长期低温保护蚕卵会导致胚子虚弱，增加死卵率，蚕儿抗病力也差，影响蚕茧生产。

（4）对柞芽发育快而蚕卵发育慢的胚子调节。可适当提高孵卵温度，但需要做好补湿、通风换气和增加蚕卵解剖次数。最高目的温度不得超过25℃。

（七）发生孵化不齐和死胚的原因及预防

生产上，由于死胚、不受精卵的发生，而使孵化率降低，再加上蚕卵孵化不齐，会严重影响柞蚕生产的开展。虽然导致此类现象发生的原因很多，但了解并掌握其发生的原因，对于采取相应的技术措施减少和预防其发生，对提高蚕卵孵化率具有重要意义。

1. 死胚发生原因

（1）蚕卵低温保护时间过长，超过15d以上；或冷藏温度过低，造成胚胎生命力降低，容易发生胚胎死亡。因此，生产中要严格控制低温保卵时间、温度。

（2）卵面消毒操作不当引起胚胎死亡。浴种时温度或时间超过耐受程度，或消毒后未及时脱去卵面水分造成窒息死亡。因此，卵面消毒应严格按标准进行并及时晾干。

（3）由于春季制种任务繁重，疏于管理，剥卵动作震动过大（如大批制种时剥卵用卡片刮卵），造成早期胚胎死亡。所以要加强管理，剥卵动作要轻。

（4）孵卵期间蚕卵摊放过厚、闷气伤热或大批远程运输蚕卵堆积造成死卵。

（5）卵内蚁蚕已经形成而未孵出，多因孵卵后期过于干燥或收蚁时孵卵盒拿到蚁场收蚁而没有采取补湿或遮阳措施；蚁蚕孵化后不能上枝，此种情况多因孵卵盒内蚕卵堆积过厚或收蚁不及时，蚁蚕伤热造成。

（6）蚁蚕孵化后头顶卵壳，通常认为是补催青时室内湿度小所致。

2. 不受精卵及蚕卵孵化不齐

（1）交配时间过短而不能正常受精，由于捉蛾不及时在串上早交配或产卵室管理不当等造成早开对，从而未达到有效交配时间，影响正常受精。制种中应加强管理及时提出开交蛾并使其重新交配。

（2）雄蛾低温控制时间长、雄蛾重复使用或控制温度过低，造成雄蛾不活泼而影响正常受精。因此严格掌握雄蛾控制温度和时间，做好雌雄比例平衡或蛾期发育调节，减少使用多次交配雄蛾。

（3）蚕卵产下后的48h合子期，室温保卵时间短或温度低，卵核和精核不能结合形成合子而成为不受精卵。因此，雌蛾产卵镜检后，蚕卵要产卵室温下保护24h后，再放进毛卵室。

（4）产卵室温度过高或过低，影响受精和孵化。雌蛾产卵时温度过高（25℃以上），产卵速度加快而造成不受精卵；温度过低（低于18℃），雌蛾产卵速度缓慢，产卵时间延长，造成胚胎发育不齐，从而导致孵化不齐。产卵室白天的温度过低（15℃以下），使前一天晚上产下的蚕卵不能正常受精而产生不受精卵。因此，雌蛾产卵时要保持标准温湿度，产卵室白天温度不低于15℃左右。

（5）拆对动作粗放，造成雌蛾生殖器官受伤而发生不受精卵。拆对时要细致，动作要温柔。

三、收蚁

柞蚕卵在适宜的温湿度中发育成幼虫，幼虫咬破卵壳，从卵壳内爬出，这个过程称为孵化，也称出蚕。刚孵化出来的幼虫为黑色，酷似蚂蚁，故称为蚁蚕。将孵化出来的蚁蚕引放于饲养场所的过程，称为收蚁。

（一）收蚁前的准备

收蚁前要认真清理蚁场。清场时，要把易藏匿害虫的茂密杂草、落叶和妨碍行走的丛生植物清理干净。而稀疏的低矮草要适当保留，不要"一扫光"，以便刮风下雨天被甩掉的蚁蚕爬上藏身，减少被雨水冲走和泥沙掩埋的损失。对柞树叶芽未完全展开的柞墩，要适当捆扎紧些便于搭蚕，捆墩绳适当预留，以便柞叶长大后松墩；对柞树叶芽完全展开的柞墩，捆墩要松紧适度，以便于搭蚕为好，不可过紧。绑墩松紧适中，过紧，有碍通风透光；过松，则失去防风护蚕作用（图4-13）。为减少刮风下雨天气对蚁场的伤害，在易招风的蚁场，要捆好倾斜式顺风把，同时剪去高的枝条，以减小风的阻力和柞墩的摆动。同时捆好墩后要把柞树没有止芯的枝条顶端掐去，以促使嫩芽成熟。收蚁时，先用发育早的，发育晚的留作匀蚕用。绑墩的时间，宜在出蚕前 1～2d。过早，墩中中部叶芽不能进行正常的光合作用，逐渐黄化。

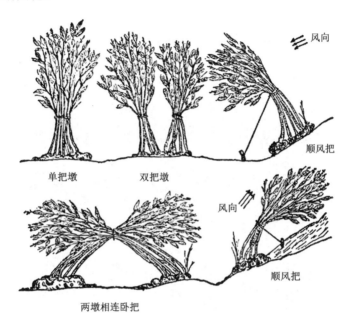

图 4-13　捆墩防风

（二）收蚁时间

在正常情况下，蚕卵一般于早上 4 时左右开始孵化，6 时出蚁最盛，于 9 时大批蚁蚕孵出时，即可进行收蚁工作。为了保证蚕体健康，应当即时收蚁。若延迟收蚁时间，蚁蚕过于密集，就会造成互相抓伤。

（三）收蚁方法

柞蚕收蚁即采用柞树枝条外的其他有气味的引物或器物把蚁蚕引起，转移到饲养场所的过程。根据蚁蚕引物的类别不同，又可把收蚁方法分为引枝收蚁法、网收法和纸袋收蚁法。

1. 引枝收蚁法

引枝收蚁法是采用引枝（柳枝、柏枝或艾蒿等）将蚁蚕引放于饲养场所的方法。收蚁时，将孵卵盒打开，均匀放入一层引枝（图 4-14）。为了

129

不让引枝直接压在卵面上，可以先放几根细小木条，然后再放引枝，让小木条支撑着引枝。待蚁蚕爬上引枝后，使用蚕筷取出引枝，放入收蚁盆（或收蚁筐）中，然后再把收蚁盆送到饲育场所。在收蚁场较远时，如果天气晴朗，也可以将孵卵盒直接带到山上，边出蚕边收蚁，但必须注意对蚕卵进行补湿和遮阳保护，不能让其在阳光下暴晒。

图 4-14　引枝收蚁

2. 网收法

网收法是用收蚁网和引枝将蚁蚕引放于饲养场所的方法。收蚁时，将孵卵盒打开，先铺两张收蚁网，再放入引枝，待蚁蚕上枝后，将上层网和引枝一并提放在收蚁盆（或收蚁筐）中，再送到饲育场所。在蚕卵的上方再铺一层收蚁网，放入引枝。如此连续进行，直至收蚁结束。

3. 纸袋收蚁法

纸袋收蚁法是采用纸袋将蚁蚕引放于饲养场所的方法。一般适用于蛾区育或分区饲育。纸袋收蚁法有三种形式：

（1）挂袋法。把 16 开牛皮纸对折粘制成卵袋，每袋装母种卵一区（5 蛾卵量育），折叠袋口，使蛾袋呈菱形，就袋孵卵。收蚁时将袋口打开，袋口向上，直接放在捆好的柞墩中央枝杈间，并用细绳连接牢固，袋口周缘与枝叶相接，以便蚁蚕陆续上墩。

（2）换袋法。纸袋制作方法和孵卵方法，均与挂袋法相同。收蚁工作在室（或庵）内进行。将蚕卵换装新袋，折好袋口，袋口朝下，留在孵卵室继续孵化。把换下来的附有蚁蚕的纸袋送至蚁场，撕开纸袋，反向折叠，放于柞墩中央枝杈间，并用书夹或大头针固定。纸袋应与枝叶相接，以便蚁蚕自行上墩。蚁蚕孵化盛期，一天需换袋3～4次（上午换2～3次，下午换1次）。此法所用的卵袋，可用廉价的薄纸或消过毒的报纸制作。在运输蚁蚕时，应随手叠封袋口，防止蚁蚕逃逸（图4-15）。

（3）袋引法。于孵化前1d，将蚕卵倒进卵筒（或直接用卵筒孵卵），并用橡皮筋束紧卵筒上的纸袋。蚁蚕孵出后自行向筒壁上爬，附着于袋壁。收蚁时，将附满蚁蚕的纸袋取下，送往蚁场（方法与换袋法相同），另取一个纸袋套在卵筒上，继续引蚕。一区母种卵只用一个卵筒。卵筒的制作方法是：取直径6～7cm、高5cm左右的竹筒，筒底用纱布包裹（或罗底纱），并用细绳扎紧即成。

图4-15　换袋收蚁

纸袋收蚁法具有避免蚁蚕相互挤压、防止蚁蚕逸散、减少机械创伤等优点，同时蚁蚕上枝快，得叶早。在天气温暖、温湿度适宜的条件下，应用挂袋法收蚁为最好，但在天气过干或气温过低过高时，此法会影响蚁蚕孵化，可改用换袋法和袋引法。

（四）收蚁注意事项

（1）每日6时盛出蚁，应即时开窗，把室温降至18℃左右，防止闷热。下午4—5时开始补温，将温度升到目的温度，至24时停止加温。刚孵化出来的蚁蚕体小柔嫩，容易创伤，要做到及时收蚁。收蚁时技术处理必须细致合理。当日孵出的蚁蚕，应于当日收完，并严格淘汰苗末蚁和白毛瘦弱蚕。

（2）收蚁工作应在消毒过的房屋、蚕庵或临时搭设的棚子内进行，严防蚕卵受雨淋、风吹或日晒。把蚕卵放置在野外，不加任何护理，会影响蚁蚕的健康和蚕卵的发育。

（3）把蚁蚕送至蚁场，撒在捆好的柞墩上放养，这一工作称之为搭蚕或撒蚕。收蚁搭蚕工作，最好于日出露干、气温转暖时进行，一般掌握随收随搭，使蚁蚕及时得叶。搭蚕操作方法：用手轻摇柞树，使芽苞脱落（可减少落地蚕），然后把引枝放于柞墩中上部枝杈间，以便蚁蚕上墩后分布均匀，减少偏枝过密，引枝要安放稳妥。发现没有止芯枝条，要掐去顶端嫩心。若枝条过稀不便搭蚕，可用枝条搭窝再放引枝。搭蚕位置要求通风透光，以便蚁蚕迅速上枝。收蚁后要及时匀蚕，防止过密。

（4）掌握量叶搭蚕，稀密适当。搭蚕时应根据柞墩发育好坏和叶量多少，掌握搭蚕数量，做到心中有数，防止搭蚕过密或过稀。搭蚕以后，再检查调整蚁蚕的密度，及时捡拾落地的引枝和蚁蚕。

（5）当大部分蚁蚕上墩时，可逐墩抽去引枝（俗称退敖把），把没有上墩的弱小蚕，集中选墩另放，同时捡拾落地蚕。

（6）分区饲养的种子蚕（如母种、原种），在换袋收蚁时，要在新袋上注明区号，按区号分别撒蚕。

（7）为了防止病害发生，不宜用上一年发病严重的蚕场作蚁场。

四、养蚁与保苗

柞蚕在野外放养，经常受风雨、低温和昆虫、鸟的侵袭，损失很大。据统计，一般年份全龄减蚕率达50％以上，其中稚蚕（1～3龄）减蚕率为全龄的80％，一龄蚕的损失率又占稚蚕期的60％。俗话说："小蚕保苗，大蚕壮膘。"由此看来，蚁场保苗对蚕茧生产具有重要意义。

（一）养蚁

1. 自然蚁场养蚁

自然蚁场养蚁是在自然柞墩上饲养蚁蚕。在雨水少年份，自然蚁场应选择背风向阳地势低，坡质肥瘠适中，柞树品种优良，柞芽发育较早的蚕坡，让蚕多喝露水，以满足蚕儿生长发育对水分的需要；在雨水多年份，应选择地势高、向阳通风的蚕坡，避免蚕多吃水叶，捆墩时略微捆紧些。在收蚁之前，应认真清理蚁场，剔除场内杂草、枯枝、落叶和害虫，剪除过高枝，适当保留掠地枝，然后用细绳捆墩。捆墩松紧要适宜，并根据坡势和风向，将柞墩捆成顺风式，以减少落地蚕；也可将低矮枝条压伏于地面（这种枝条俗称救命枝），以利救起落地蚕。

清场时，要把易藏匿害虫的茂密杂草、树叶和妨碍行走的丛生植物清理干净，适当保留柞墩底部低矮枝条和小草，而不要"一扫光"。这样在刮风下雨天被甩掉的蚁蚕便于藏身，可减少被雨水冲走和泥沙掩埋的损失。撒蚕时将引物轻轻放在柞墩的中部，这样蚁蚕能够均匀地分散到四周树枝上。收蚁后要及时匀蚕，防止过密。

2. 专用蚁场养蚁

利用专用蚁场养蚁，因植株较密，枝叶相连，可以减少落地蚕，保苗效果好；通风透光，环境适宜，柞叶发育齐一，稚蚕发育健壮整齐；坡地集中连片，饲育省工，便于防除敌害和管理。用固定蚁场、小蚕保苗场养蚁和大棚土坑育的增产效果比自然蚁场养蚁提高30%～50%。使用塑料薄膜覆盖催芽，可以提早养蚕，减轻壮蚕期敌害、病害、天热叶老及干热风等危害，降低了减蚕率，提高了保苗率。同时使大眠场柞蚕能吃老梢饲料，缩小饲养面积，从而提高蚕坡利用率；可以提前采茧，错开农时，减少农蚕矛盾。现介绍专用蚁场的使用方法如下：

（1）塑料薄膜覆盖催芽法。

1）塑料罩的制作和使用。塑料薄膜覆盖催芽（图4-16）时间一般掌握在正常出蚕前30d左右。此时柞芽开始萌动，覆盖塑料后，气温增高，柞芽迅速增长，于收蚁时芽叶已经成熟。其方法是在固定蚁场畦地上搭设拱形棚架，棚架高于柞树10～15cm，然后在棚架上覆盖一层塑料薄膜，棚内悬挂温度计，棚架四周用土封实。专用蚁场覆盖后，要有专人负责，经常观察罩内温度，罩外用草绳捆紧。当温度超过35℃时，要掀开棚架两端的塑料膜，及时通风降温。中午前后罩内温度会迅速增高，应注意高温烧芽。

2）清场捆墩。收蚁前平整蚁场地面，剪去伏地枝，清除枯枝和落叶，以防害虫潜藏。然后使用细绳捆墩，捆墩的大小与松紧要适当，以便搭蚕。

图 4 - 16 薄膜覆盖催芽

3）收蚁放蚕。收蚁时掀开塑料罩，将引蚁的枝条搭放在柞墩中部，放蚕数量要适当，以食叶量不超过 50% 为宜。平时要加强蚁场的管理，种茧育应分清区别和种别。蚁蚕眠起后，适时移入二眠场。移蚕时不宜剪大枝。利用塑料薄膜覆盖催芽提前饲养，既要考虑到错开农时，又应考虑到 2、3 龄场地饲料的使用问题，因此以提前 5d 左右为宜。

（2）正常收蚁养蚕法。专用蚁场的正常收蚁方法与自然蚁场养蚁法相同。

3. 稚蚕室内蚕床育

小蚕室内饲养，使蚕能够在人为控制的环境条件下，按照小蚕所需环境要求进行饲育，不再受外界不良环境的影响，蚕儿生长发育快，易于消毒和管理。

（1）蚕室、蚕具准备。

1）蚕室准备。蚕室应选择未放过血茧的房屋。要求房屋通风透光、保温保湿。每 0.5kg 蚕卵，需备用 5m×3.3m 的房屋两间。

2）蚕具准备。每 0.5kg 蚕卵需备长 2m、宽 1m、高 0.25m 的蚕床 12 个，聚乙烯薄膜 2m×1m 24 张，并在薄膜上用针刺孔以利通气，收蚁前还应做好收蚁用具（如收蚁盆、蛾毛、蚕筷等）和养蚕用具（如剪子、顶筐等）的准备。

3）消毒。蚕室蚕具收蚁前必须进行彻底消毒。先用 1% 的漂白粉液消毒，再用5%的石灰浆喷洒室内外地面，密闭一昼夜，再用烟熏剂进行熏烟消毒，于收蚁前开窗换气，以备收蚁和饲养。

（2）饲料。饲养用叶，可以用发芽较早的零星柞叶，可从多年生老柞或从2～3年生柞墩的边缘剪取30cm长的枝条，不要在发过病的蚕场内采叶，忌用叶片尚未完全展开的红嫩芽。每日早晚各采1次，采下的柞叶送到贮叶室后，放到消过毒的蚕匾内用塑料薄膜或湿布覆盖，保鲜备用。

（3）饲养方法。收蚁时在蚕床上铺好薄膜，出蚕后把用引枝引集的蚁蚕放在薄膜上，用新鲜石灰粉或防病1号进行蚁体消毒后，然后用全芽叶饲育。给叶后用薄膜覆盖后放进蚕架。每天早上5时和晚上7时各给叶1次，在下次给叶前30min揭开薄膜，并匀蚕扩座。给叶时，将新鲜柞树枝剪成20cm长的枝条放入蚕座，头一次纵放，下一次横放，使之呈"井"字形，给叶后盖上薄膜，雨天叶湿时可以不盖，待叶晾干时再盖。

（4）环境调节。室内光线要求均匀，室内以22～26℃为适宜，低温时加温；白天保持24～26℃，晚上为自然温（15～18℃），干湿差1～2℃。室内保持空气新鲜，每天结合喂蚕换气1～2次。

（5）除沙。1龄期除沙1～2次，2～3龄期隔天除沙一次。除沙时揭去盖膜并给予新鲜枝叶，待大部分蚕爬上新枝叶后，将其轻轻拿起放在另一蚕床内，若大部分蚕儿上枝尚有少量未上枝的小蚕时，可另行上新鲜好叶，待其上枝后与大批蚕分开饲养。然后将薄膜连同老蚕座一起揭去，倒去残枝和蚕沙。每次除沙后蚕座里的薄膜要清洗消毒后再用。

（6）眠期处理。见眠蚕给少量叶，眠至80%以上时停叶，未眠蚕用新鲜叶引出另给新叶。蚕就眠时，打开薄膜以利干燥，室内温度比饲育温度降1～2℃。起蚕达80%以上时可以饲食，饲食前用小蚕防病1号或新鲜石灰粉对起蚕进行蚕体消毒，给叶后盖上薄膜，以防柞叶萎凋。

（7）上山。一般在2眠起齐1～2d后将蚕移至山上。移蚕前掀去上盖薄膜，连枝拾起放入消过毒的顶筐内，运至柞坡撒在事先整理好的柞墩上，及时拣拾落地蚕，适时抽去敖枝，进行常规放养。

（8）注意事项。所用蚕室、蚕具必须做好彻底消毒，不留死角，蚕体蚕座蚕每2d消毒1次。所用蚕床必须大小一致，规格相同，层叠摆放，提高房屋的利用率。雨天采叶，要晾干后再喂，不饲喂水叶，保持蚕座干燥。

4. 稚蚕大棚土坑育

稚蚕大棚育是应用塑料薄膜大棚内挖土坑的一种饲养方法，是根据小蚕期自然气候复杂多变的实际情况，采取人为措施，控制小气候、小环境以满足幼蚕发育的需要；避免风害、低温冷害与鸟害侵袭，使蚕儿生长健壮和整齐，进而提高柞蚕保苗率，达到提高单产、蚕农增收之目的。

(1) 大棚的建造。

1) 材料准备。饲养 0.5kg 蚕籽，需用 8m 规格宽的塑料布 14m，弓形棚顶用 ϕ2cm 长 3.5m 的竹竿 10 根，支柱用 ϕ10cm 长 2.3m 的支干或木杆 8 根，横杆用 ϕ5cm 长 3m 的小竹竿或木杆 8 根，固定细铁丝或绳若干。每增加 0.5kg 卵，需增加塑料布 10m，其他材料相应增加。

2) 大棚建设。养 0.5kg 蚕籽需建宽 3m，长 10m，高 2.3m 的大棚一个，覆盖塑料布后，将三边塑料布埋入土中，背风的一边用木板或其他材料填压以便进棚操作。大棚宜选择在背风，地势高燥的树荫处。如若没有树荫，每放养 0.5kg 蚕籽需准备 5m 宽规格的遮阳网 12m，以备日中温度过高时遮阳（图 4-17）。

图 4-17　大棚、土坑建造

3) 土坑建造。为防止小蚕逃逸，确保蚕座温湿度适宜，在大棚中平行开挖两个土坑，两坑中间留 0.5m 的人行道，四周留 0.25m 畦埂，中间形成两个 1m×10m 的土坑，坑深度为 0.3m，两坑间 0.5m 留用通道，以便给叶操作，在大棚上面距大棚最高点 30cm 处搭棚架，固定上遮阳网或放草席树枝等以便外温高时遮阳用，确保大棚内温度最高不超过 28℃。

（2）消毒。养蚕前一星期左右，棚内地面用新鲜石灰粉撒一层，然后将收蚁、养蚕、采叶用具放入棚内，用毒消散或熏毒净等进行气体消毒密闭 1d，以待收蚁养蚕用。收蚁前 1d 将大棚没有固定的一边打开，以通风换气，消散药味（图 4-18）。

（3）收蚁。根据柞芽发育状况和结合气候条件，做到适时出蚕。出蚕后，用引枝（艾蒿、柳枝、柏枝均可）将蚁蚕引入坑内，土坑内可分若干个饲育区，同批蚕放入同一个饲育区内；在 20m² 的大棚内，每 0.5kg 蚕卵的蚁蚕，可占土坑面积的 2/3。蚕引入土坑后用新鲜石灰粉或小蚕防病 1 号进行蚁体消

图 4-18 土坑消毒

毒，然后给叶。柞叶要选用叶片开展，伸长 2.5～3cm，叶色浅绿色的成熟叶。采叶时连同枝条一同剪下，采枝条长 30cm，不宜太短太长，以便于操作和保持柞叶新鲜。收蚁时每日收的蚁要隔开饲育，不要混饲以确保发育齐一。

（4）饲育。每日给叶 2 次，给叶量应以下次给叶前稍留残叶为适。上下两次枝条呈"井"字形。每次给叶前要进行匀蚕和扩座。饲育 0.5kg 的蚕卵其蚕座面积，1 龄为 10～17m²，2 龄为 25m²，即 1m² 可养 1 龄蚕从 5000 头逐渐减到 3000 头，或养 2 龄蚕 2000 头。将眠时减少给叶量，眠齐时停止给叶，并拾迟眠蚕另行饲育。眠中晴天宜揭开覆盖的塑料薄膜使蚕座干燥，雨天或温度低时仍应覆盖。有个别起蚕引出饲育，起蚕达半数时，可稍给新鲜嫩叶。起齐后，给叶饲育。坑内温度应掌握在 27℃ 以内，注意及时进行调节。防止给叶过多造成蚕座厚、湿度大诱发蚕病；如果饲育环境干燥可在土坑上面覆盖上薄膜，以保湿，防止柞叶萎凋，做到良叶饱食；如果蚕座湿度大，外边多雨，可以不盖，并撒入干燥材料除湿或勤除沙，保持蚕座干燥，以利蚕儿生长发育（图 4-19）。

（5）采叶。采叶一般在上午 10 时前和下午 4 时后进行采摘。雨天采叶要将叶片晾干后喂蚕，不能喂水叶，以免造成蚕儿体质虚弱，导致后期

图4-19　小蚕土坑饲育

发病。

（6）匀蚕。每天给叶前对蚕座进行整理，使蚕座厚薄均匀。在整理的同时及时匀蚕，使蚕儿稀稠适当，均匀一致。匀蚕时要轻拿轻放，将稠密处蚕带枝匀至稀疏处即可。这样既可防止因蚕座过密而抓伤感染，又可促使蚕儿发育整齐。

（7）蚕体蚕座消毒。每2d对蚕体蚕座消毒1次，于给叶前进行。可将新鲜石灰粉或小蚕防病1号用纱网或纱袋在蚕座均匀地撒上一层，消毒10min后即可喂蚕。蚕座要经常保持干燥，若蚕座多湿，可撒新鲜石灰粉除湿。

（8）除沙。在1、2龄眠前各进行1次。2龄是否中除，可根据残枝叶和蚕沙多少决定。方法：给叶后待大部分蚕爬上新枝叶，轻拿带蚕新枝放于坑边洁净处，清除残枝蚕粪拣出带蚕枝条，然后将带蚕新枝依次放回坑内。需扩座时可适当稀放，除沙后可根据食叶情况进行补叶，以确保蚕儿良叶饱食。

（9）眠期处理。全部就眠后，可将大棚半开，适当通风，保持蚕座干燥。若棚内有正食叶的迟眠蚕，为防柞叶萎凋，可用塑料薄膜覆盖。蚕起齐后（90％以上起蚕），待蚕头部大部转为褐色时，用新鲜石灰粉或小蚕防病1号消毒10min后即可给叶。2龄起蚕饲食叶应适熟偏嫩，避免损伤口器。待蚕爬上新枝后可扩大蚕座0.5～1倍，2龄以后根据食叶情况可在中午再给1次叶。

（10）环境调节。外温低时，封闭大棚，保持棚内温度。饲养时应注意棚内湿度大小，湿度大时不用盖棚内薄膜。天晴棚内温度过高（超过28℃）时要进行遮阳处理，并适当打开薄膜盖上内膜，以保持柞叶水分防止萎蔫。棚内温度始终控制在18～25℃的范围内，满足蚕儿正常发育。

（11）上山。坑内饲育到第2龄起或第3龄起时，从坑内把蚕移出放养在柞树上，选择晴天的上午或下午5时以后进行。把蚕运送到蚕坡后，连同柞枝一起放进柞墩中上部稳妥处，待蚕爬上柞墩后抽去敖枝。

（12）注意事项。在养蚕前和饲育过程中，要按药物使用标准及时进行环境和蚕体蚕座消毒。正确选择饲育用叶，以保证蚕儿正常发育。棚内温度超过28℃，一定要遮阳降温，并视实际情况打开外膜，适时盖上内膜，保证蚕座适宜温度。及时扩座和匀蚕，防止蚕头过密，引起抓伤。

5. 室内应急收蚁

生产上常常会遇到蚕卵催青时天气晴好，收蚁时突然下雨或外界气温下降且连续多日，为了避免不良天气收蚁对蚁蚕的影响，可采用室内应急收蚁法。

（1）蚕室、蚕具准备。

1）蚕室准备。蚕室应选择未放过血茧的房屋。要求房屋通风透光、保温保湿。

2）蚕具准备。市售3m宽的农用透明塑料薄膜若干，建筑用砖若干。收蚁前还应做好收蚁用具（如收蚁盆、蛾毛、蚕筷等）和养蚕用具（如剪子、顶筐等）的准备。

3）收蚁用砖坑垒砌。根据房屋的大小用卧砖2层垒成长方形的坑状，然后把筒状塑料布剪开摊于砖坑中（留足覆盖用的部分且所摊塑料薄膜的其他三边要高过坑沿），砖坑的宽可根据塑料薄膜的宽窄而定，长可根据房屋而定，每个砖坑之间预留0.5m人行道。

4）消毒。蚕室蚕具收蚁前必须进行彻底消毒。先用1%的漂白粉液消毒，再用5%的石灰浆喷洒室内外地面，密闭一昼夜，再用烟熏剂进行熏烟消毒，于收蚁前开窗换气，以备收蚁和饲养。塑料薄膜可在1%漂白粉或5%石灰浆中浸30min后捞出晾干备用。

（2）饲料。饲养用叶，可以用发芽较早的柞叶，也可从多年生老柞或从2～3年生柞墩的边缘剪取30cm长的枝条，不要在发过病的蚕场内采叶，忌用叶片尚未完全展开的红嫩芽。每日早晚各采1次，采下的柞叶放到消过毒的容器内用塑料薄膜或湿布覆盖，保鲜备用。

（3）收蚁及饲育可参照稚蚕大棚土坑育。

（4）上山。待天气转晴气温回升后从室内把蚕儿移入蚕坡中。

（二）保苗

稚蚕期（1～3龄）由于蚕儿幼弱，受天灾敌害影响较大，损失较多。

139

稚蚕放养的好坏是柞蚕稳产、高产的前提和条件，因此稚蚕放养应围绕防病、保苗这一中心，做好选坡、选芽工作。俗话说："有苗不愁长，无苗瞎慌张""小蚕保苗，大蚕壮膘"。实践证明，稚蚕保苗工作非常重要，只有蚕苗多、体质好，才能获得量丰、质佳的蚕茧。为此，生产中要以1龄为中心，大力做好稚蚕保苗，可为夺取蚕茧丰收打下坚实基础。具体操作如下：

（1）掌握适时出蚕，晴天收蚁。出蚕适期一般掌握在蚁场多数柞树枝条中上部的叶片开展 3cm 左右、叶色发绿时出蚕为适宜。在深山壮坡区，由于柞叶肥嫩，应掌握适时偏晚。在多雨年份下，柞叶含水量丰富，应选择地势高燥、向阳通风的柞坡作蚁场，此处发芽早快、叶质成熟，同时刮风能够甩掉柞叶叶面的水分减少蚁蚕饮水，捆墩可偏紧些且捆成顺风把；以后各龄选叶可适当偏老，减少水分摄入防止蚕体体质虚弱，过于肥大。在浅山薄坡，可选择背风向阳、树势低矮、叶质适熟的中下部柞坡作蚁场，此处柞树发芽较早，可以较早收蚁；干旱年份，在天气降雨后此处易形成雨露，可补充蚕儿水分不足。另外，捆墩时未"杀顶"（顶芽未停止生长）的枝条，要摘除顶芽后再用，以促进枝条上部叶片成熟。在孵卵期间，要根据当地天气变化、柞芽生长快慢和胚子发育程度，灵活调节孵卵温度，以期达到适时出蚕的目的。

在收蚁适期中，一般晴天收蚁的生产成绩比阴天为优。因为晴天气温较高，蚁蚕活泼，上枝快，得叶早，有利于小蚕的生长和发育。低温阴雨天气收蚁，蚁蚕不活泼，落地遗失蚕较多，蚕儿食下水分多，体质虚弱，技术处理不得当，后期易得病。为此养蚕人员应根据天气预报，尽量控制蚕卵在晴天出蚕，同时要做好蚁场位置选择和饲料调节工作，减少蚕儿饮水量。

（2）小蚕专用蚁场、稚蚕大棚土坑育和小蚕室内育等小蚕保护育技术，是当前提高保苗率的有效方法，各地应积极培植小蚕专用蚁场，大力推广稚蚕大棚土坑育、小蚕室内育技术。同时，推广树型养成等生态型柞坡建设。

（3）认真清场除害。冬春季节用毒饵药坡，药杀虫、鸟、鼠等敌害。用于饲养1～3龄蚕的场地，于养蚕前清除场内茂密杂草和枯枝落叶，以减少虫害潜藏的处所，适当保留低矮稀疏山草，养蚕期要经常坚持巡场捕虫，对危害柞蚕的步行甲，一旦发现应集中力量捕杀。

（4）防风保苗。适当的气流对柞蚕有利，如微风可以排风，降低柞蚕体温，以减轻热伤害，还可以摇落蚕粪，减少病原污染柞叶的机会。但过强的气流对柞蚕有害。4～5级大风对小蚕和眠蚕危害较大，落地蚕增多，体皮创伤也比较严重。为此，小蚕期要选择坐北向南、背风向阳的蚕坡。在养蚕前要根据坡势和风向捆墩。遇5级以上大风，要及时紧墩，按顺风方向，用绳拉弯蚕墩，并剪掉高墩上的招风枝，大风过后要及时捡拾落地蚕。

（5）防热抗旱保苗。5月下旬河南往往有干热风发生，此时正是柞蚕5龄后期，高温闷热天气对柞蚕有一定伤害。壮蚕期应选择"一沟两岸"地势，选用壮坡、壮芽，做好饲料调剂，创造适合蚕儿生长发育所需的"小环境"。或者可选择阴坡高墩饲养，增加翻场次数，必要时早晨或傍晚用洁净的清水喷洒柞墩，让柞蚕饮水。

（6）防病保苗。蚕病对柞蚕生产威胁很大，它是影响蚕茧丰收的重要因素之一。防病保苗的要点有：①选择良种，选用抗病品种和优质蚕种，以提高柞蚕的抗病力；②选用优质柞叶，选择适熟叶芽养蚕，以满足柞蚕正常生长发育的需要，增强抗病性；③淘汰落后小蚕，一般弱小蚕发育缓慢，容易感染蚕病，因而及早淘汰发育落后的弱小蚕，可以减少病蚕的发生量；④彻底消毒，防止病原传染。用于蚕种生产的房舍、工具及附近环境，均应严格消毒。1～2龄蚕场，在使用前可用1％有效氯漂白粉液或5％的新鲜石灰浆喷洒柞叶和蚕坡。

五、饲料调节和蚕场选择

饲料是维持柞蚕生命活动的物质基础，其质量好坏，直接关系着当代柞蚕幼虫的生长发育，而且还影响蚕蛹和成虫的生理，甚至影响下一代柞蚕的体质。好的饲料在碳水化合物、脂肪、蛋白质、水、无机盐和维生素等营养元素上，能够满足蚕儿生长发育的需要。这些营养元素的含量多少会因树种、树龄、柞叶的老嫩程度、土壤肥力而有所差异，在不同气候条件和柞蚕龄期，蚕儿对各种营养元素又有不同要求。如果柞蚕长期食下营养差的饲料，生长发育不良，体躯瘦小，体质差，抗病力弱，结茧小，茧质低劣。因此，做好饲料调节是一项细致而又十分重要的工作。

（一）饲料调节

1龄场（蚁场）饲料，选用土质比较贫瘠处所的柞树老梢所发嫩叶（嫩而不肥，俗称薄芽），且柞叶开绽3cm左右，忌用肥嫩叶，多选栓皮栎。2～3龄场饲料，选用适熟老柞，2龄用树种以栓皮栎或部分发芽早的麻栎为最好。1～3龄场的用叶量占全龄用叶量的13%左右。4龄柞蚕（大眠场），宜用早发芽的适熟火芽饲养。在深山壮坡养蚕或在多雨年份，由于1～3龄蚕食下水分过多，蚕儿个大体虚，4龄蚕也可用壮坡老梢（枝条顶端未停止发新叶，叶面油滑有光，手感柔软，折之不易粉碎），至蚕儿将眠前移入火芽，俗称"吃老梢眠火芽"。用芽柞饲养4龄蚕时，要选择芽柞叶质发育成熟发满墩的柞墩，避免使用芽柞过早，造成芽柞的浪费（担蚕量少）。用芽柞饲养5龄蚕，要求叶片肥厚适熟，不用过嫩或过老的饲料。茧场选用枝叶繁茂、梢部有部分软叶的老柞。但是各龄柞蚕饲料的选择，还要根据不同地区、不同气候和不同坡质的情况，灵活掌握。在深山壮坡上养蚕或蚕期多雨，选芽标准应相对偏老；在浅山薄坡上养蚕或蚕期干旱，选芽标准可偏肥、偏嫩。从不同饲育目的来说，肥嫩饲料蛋白质和水分的含量较多，可使茧大丝厚，有利于丝茧生产；适熟偏老柞树饲料，碳水化合物的含量丰富，蚕儿体质充实，茧个较小，有利于种茧生产。河南有"一墩芽子一墩蚕"之说法，撒蚕时要注意选墩。为了做好饲料调节工作，必须量叶养蚕，量蚕备叶，保持叶蚕平衡，留有余地，这样才能旱涝保丰收。生产上，也可根据柞蚕排泄粪便（蚕沙）的颜色判断食叶的老嫩，如果蚕儿食叶后排泄黑褐色粪便，说明叶质偏嫩；如果食叶后排泄淡黄绿色粪便，说明叶质偏老，蚕儿生理性缺水；如果食叶后排泄灰褐色粪便，说明叶质适熟。另外，在5龄后期蚕儿老熟时会排泄松软的黑褐色蚕粪。

（二）蚕场选择

根据蚕儿不同龄期的生长发育需要和自然环境的变化，依照柞树、柞蚕生长发育协调一致满足蚕儿生理需要的原则，对各龄用坡进行选择。一般情况下，柞坡上部温度较低，土质瘠薄，通风凉爽，多用于高温多湿时期和营茧期；柞坡中部温度较高，柞树发芽较早，土壤肥瘠适中，多用作稚蚕场；柞坡下部，多为邻山遮蔽，或因坡度过大，一般日照时间短，土质肥沃，温度较低，湿度较大，饲料肥嫩，多用于壮蚕期和高温干旱季节。群众有"小蚕转山腰，大蚕转山根，老蚕转山脊"之说法。

（1）1～2龄场。饲养1～2龄蚕的场地，应选择南向或东南向、土质肥瘠适中、避北风而温暖的山腰。此处能避寒风，温度较高，柞树发芽早，成熟快，叶质含水量较少。俗语说："雪下高山，霜打洼。"1～2龄场，不要用低洼的山脚，以避免晚霜危害。

（2）3龄场。柞蚕进入3龄期，气温逐渐升高，但有时还有寒流袭来，所以3龄场仍然选择背风向阳的中部蚕坡，用叶片肥厚的适熟老梢养蚕。此时蚕坡下部柞树的叶片发育成熟，可以用于3龄场。

（3）4龄场。4龄场也称大眠场。柞蚕进入大眠场，外界气候温和。在多雨年份养蚕或在壮坡上养蚕，4龄柞蚕应选择蚕坡下部的2～3年生老梢。一般年份应选用南向或东南向、土质肥瘠适中的蚕场。在干旱年份，应选择"一沟两岸"地势柞坡，这里往往由于地势较低，气温也低，柞叶适熟期稍有延迟，同时坡根土质水肥条件好，柞树叶质肥厚，营养丰富，含水量较高，产叶量也高，蚕儿生长发育所需的"小环境"较好，可达到良叶饱食，能够满足蚕儿生理需要。使用一年生火芽养蚕时，火芽饲料要成熟，不可过嫩。

（4）5龄场。5龄场也称"二八场"。蚕农根据蚕场出现1/5的柞蚕开始营茧，需要移入茧场这一情况，便把5龄场称之为"二八场"。五龄蚕期气候炎热，经常发生干热风，柞叶老硬较快。为避免高温危害，二八场应选用通风凉爽、土质肥沃的北向阴坡。

（5）茧场。茧场是柞蚕营茧的场所。柞蚕进入营茧期，天气比较炎热。为避免高温损害老熟蚕，要选择地势较高、通风凉爽的山顶或北向阴坡为茧场。忌用迎风口或闷风窝。

六、移蚕、匀蚕

（一）移蚕（剪移）

当蚕儿快要食尽蚕场柞叶或因叶质老硬蚕儿厌食，为保证蚕儿不受饥饿，有叶遮蔽，把蚕儿从原来的饲养场地移入新场地的过程称为移蚕，也称挪蚕。

1. 移蚕次数

剪移次数应根据当地、当年雨量的多少，坡质肥瘠和柞叶适熟期长短来决定。一般雨量较多，土质较肥，柞叶适熟期较长，可以少剪移，以减少蚕儿过食水分、体质虚弱，同时减少蚕儿的创伤和遗失。反之，可以适当增加剪移次数，以保证蚕儿正常生长发育。河南春季天气多干旱，柞叶硬化较快，含水量低，常采用六移法，即2～3龄起齐后各移1次，5龄蚕食叶5～6d再移1次，见茧时将柞蚕移入茧场。

2. 移蚕时期

移蚕时期有眠前移和眠后移两种。

（1）眠前移。在大部分柞蚕进入减食期，少数柞蚕将要就眠时进行。经眠前剪移进入新场的柞蚕，仅吃少量柞叶便就眠。但是眠前移蚕不能过早或过迟。剪移过早，则原场地柞墩的余叶尚多，形成浪费；剪移过迟，柞蚕临近眠期，进入新墩后却不行动，仍附于"敖枝"上，容易造成积压和创伤，致使柞蚕脱皮困难。眠前移的优点是：柞蚕在就眠前食下新鲜柞叶，就眠整齐而迅速。同时，柞蚕在枝叶茂密的新树上就眠，可以避免日晒和雨淋，蚕起后又可以及时获得新鲜柞叶，有利于柞蚕的生长和发育。但存在剪移时期不易掌握的缺点。

（2）眠后移。一般于柞蚕眠起后1～2d进行。移蚕过早，则柞蚕体壁细嫩（如白头起蚕），极易创伤；移蚕过晚，则墩残叶尽，柞蚕因缺食而窜墩，跑坡，影响蚕体健康。

（3）移蚕时间。一般于每天10时前和16时后气温较低的时候进行移蚕。此时柞蚕食欲不强，活动缓慢。阴天，整日均可移蚕。在长期生产实践中，蚕农积累了"四不移"的经验，即：温度过低的早晨和傍晚不移（因为柞蚕很少活动，不上新枝）；大风天不移（敖枝易被风吹落，遗失蚕多）；天热不移（柞蚕易伤热，壮蚕尤盛）；下雨天和露重时不移（柞蚕下"敖枝"慢，又容易饮食污水）。在野外自然环境中，不同方位的柞蚕接触到不同温度、湿度和饲料，于是就眠和眠起时间就有差异，因而移蚕工作可以分批进行。

（4）移蚕方法。移蚕方法可分为剪枝、握蚕、装蚕、运蚕和撒蚕五个步骤。

图 4-20 剪枝

1）剪枝（图 4-20）。剪枝原则，剪小枝留大枝，剪侧枝留主干。用左手抓住附着蚕儿的柞枝，右手持剪把枝条剪下。剪枝动作要轻，剪枝长度不宜超过 20cm。剪枝过长，一则影响柞树的生长，二则带蚕多，撒蚕密度不易掌握。剪移五龄柞蚕，要带小枝（7cm 左右）小叶，不要摘取净蚕，以免创伤。剪移后，及时巡视蚕场，寻找漏剪的茌子蚕，并清拾落地蚕，以减少损失。这项工作俗称"清茌子"。眠蚕枝不剪留在清茌或剪枝稍大，剪下放于筐的一边，撒蚕时另外撒于柞墩上面，以防掉地。

2）握蚕与装筐。把剪下来的枝条顺排于手中，枝条基部要整齐，手握枝条的松紧要适宜。待手中剪枝满把时就装筐。装筐枝条基部向下，依次直立于筐中。装筐松紧要适宜，装筐紧者易使蚕吐消化液，或损伤蚕体；松者剪枝来回摆动，容易脱落。装筐松紧以手插入筐内不感到挤压为合适。一般顶筐装蚕数：2～3 龄蚕为 1000 头左右，四龄蚕为 600 头左右，5 龄蚕为 400 头左右。

3）运蚕（图 4-21）。装满一筐柞蚕就迅速运至新场。要求速剪速移，少装勤运，避免柞蚕受闷热。运蚕要稳，轻拿轻放，少震动，以防损伤蚕体。

4）撒蚕（图 4-22）。将剪移下来的柞蚕分撒在新树上，这一过程称为撒蚕。撒蚕是一项技术性较强的工作，必须掌握好叶芽的选择、撒蚕部位、敖枝的安放和撒蚕的密度。同时，撒蚕前要做好稚蚕场的清理工作，清除杂草、落叶，剪掉柞墩的枯枝和病枝。火芽（芽柞）柞墩，可以把柞蚕直接撒在柞墩中部；中刘放拐柞树，可将柞蚕撒在柞树中上部分枝处；较高柞树，安放困难时可用清场修剪下来的柞树枝或杂草搭铺，而后将柞蚕撒在铺上。

图 4-21　运蚕

图 4-22　撒蚕

河南有"硬靠蚕""软靠蚕"的说法。大蚕后期，河南天气气温高、干热风危害严重，被蚕食过的柞叶缺口蒸腾量增加，柞叶老硬快。如果撒蚕过稀，蚕儿还没有把柞叶食完，柞叶就已经老化，移蚕造成柞叶浪费，不移蚕儿有叶不能食，这样就造成"软靠蚕"；如果撒蚕过密，蚕儿把柞墩柞叶食完，又不能及时移蚕，蚕儿无芽可食，而发生眠光枝、跑枝等现象，这样就造成"硬靠蚕"。因此，撒蚕应根据劳力情况稀密适当，使蚕儿在单位时间内食掉大部分叶芽，减少水分蒸发，让蚕儿吃到营养丰富的饲料，提高食下率，满足蚕儿生理需要，保证蚕儿正常的生长发育。

在撒蚕时采取"撒后回看"方法，也就是上一次撒蚕过后，进行下一次撒蚕时，回看上次撒过蚕的柞墩，如果能看到很多蚕，说明过密；看不到蚕，说明过稀；柞墩上下各部枝叶都有适量蚕时为适。发现过密或过稀时，要及时进行调整，尽量做到量叶撒蚕。生产上，以 1 龄期每片叶 2～3 头蚕，2 龄期 1～2 头蚕，3 龄期每片叶 1 头蚕，4 龄 1.5～2 片叶 1 头蚕，5 龄 4～5 片叶 1 头蚕为适宜。撒蚕量，一般掌握一二眠场柞蚕出场时，尚余叶 50％左右；三眠场和大眠场，尚余叶 40％左右；火芽大眠场和二八场，余叶 20％。撒蚕时要根据柞树种类、柞树长势、天气旱涝、土壤肥瘠、叶质好坏、不同龄期和移蚕早晚等情况，综合考虑，灵活掌握。在撒蚕过程中应随时留下 10％的偏嫩柞墩，以备匀蚕。撒蚕工作结束后，要及时巡视蚕场，发现柞蚕较密的柞墩，就把"敖枝"抽出来，另撒新墩。一般退"敖枝"时间为上午撒蚕下午退，下午撒蚕于次日退。并把退下来的"敖枝"放在未撒蚕的柞树基部，让迟弱蚕能够上树就食。

(二) 匀蚕

为了使蚕儿不受饥饿，能良叶饱食，并有枝叶遮蔽。生产上，把柞树枝条上过密的柞蚕剪移到无蚕柞墩上饲养的过程，称为匀蚕。匀蚕可以调整柞墩上柞蚕的密度，调节饲料的余缺，让每头柞蚕都能够良叶饱食。匀蚕工作在撒蚕后进行，也可随撒随匀。匀蚕宜掰叶或剪小枝，不能截顶梢、剪大枝，不能抓光蚕；匀小留大，匀弱留强；匀光枝，撒好枝。一般掌握在温度较高时匀蚕，此时柞蚕可以迅速爬上新枝。匀蚕方法：小蚕期，可剪下密集柞蚕的枝条和明显缺叶的枝条，转移到附近新墩上。大蚕期要连同小枝叶一起取下柞蚕，放入新墩饲养。匀蚕也可以采取拉枝搭桥的方法，把柞蚕引入新墩。总之，蚕期要经常巡视蚕场，发现光枝光墩及时匀移。

七、分批放养

柞蚕放养过程中，蚕儿发育不整齐是普遍现象。当发现蚕群发育不齐时，应当挑食（蚕）拔起（蚕）、强弱隔离、分批放养，以便催迟赶早，返弱为强，促使蚕群发育齐一，体质强健。

(一) 柞蚕发育不齐的主要原因

(1) 品种。柞蚕品种的体质有强有弱，对环境条件的适应性各不相同，当某些外界环境条件不能满足生长发育需要时就会出现发育不齐现象。

(2) 个体因素。同一品种内的不同个体间也存在差异，如母体有强弱，产卵有先后，卵粒有大小，胚胎发育有快慢，这些因素都直接会影响柞蚕生长发育的整齐度。

(3) 饲料因素。俗话说"一墩芽子一墩蚕"。柞坡上的柞树各株之间的生长状况很不一致，因而养蚕效果也肯定不一样。即使同一株柞树，各部位的柞叶叶质老嫩程度也不同，一般体质强健的柞蚕先上枝，多吃适熟叶，发育就快；而体质弱的柞蚕后上枝，多吃老硬叶，发育就慢。

(4) 气候因素。柞蚕属于变温动物，体温随着自然气温的升降而变化。处于不同环境（如蚕场部位、遮阴程度等）的柞蚕，感受温度不一致，生理代谢受到相应的影响，生长发育就有差异。另外，入眠前后，天气突变，本来是同批蚕儿，应该同日入眠或眠起，但因遇到低温或风雨，则中途停顿，造成发育不齐。

（5）体质因素。放养过程中，部分个体因感染外界病原而发病时消化能力减弱，发育速度放慢，迟眠迟起。

（二）促使柞蚕发育齐一的措施

为了使柞蚕发育齐一，除选用优良品种、精选饲料、掌握好放蚕密度和及时匀移外，在养蚕期间还要采用分批饲养、强弱隔离等技术措施，使柞蚕转迟为早，返弱为强。

（1）分批收蚁，分批放养。根据出蚕早晚，每日1批，严格分放。

（2）剔迟催育。1～3龄期将蚕群中发育迟的小蚕挑选出来，移到叶质营养丰富、粗蛋白质含量高的麻栎柞墩上饲养。4～5龄蚕体大，易于分别，可在眠中挑拣还在食叶的晚蚕放于新墩上让其继续食叶。

（3）挑食（蚕）拔起（蚕）。3～4龄期在80％的柞蚕就眠时，可将迟眠蚕剔出另放，并将早起蚕挑出，提前移入新场。

（4）淘汰病弱蚕。在养蚕过程中，发现某些因病引起的迟眠迟起蚕。要坚决予以淘汰，以防蚕病蔓延。

八、选蚕

选蚕是柞蚕进行"四选"（选茧、选蛾、选卵、选蚕）中的重要一环，是维持和保持原有品种性状，进行良种繁育、提高种子质量的重要技术措施。河南进行选蚕，一般于4龄开始，5龄结茧前结束，主要根据蚕的体色、刚毛、大小等进行选择。

（一）群体选择法

群体选择工作在柞蚕发育的各龄期均可进行。收蚁时淘汰苗蚁和末批蚁，选留中批蚁蚕饲养。柞蚕进入二三眠场时，选留早、中批眠起蚕，淘汰迟眠迟起蚕。柞蚕从三眠起进入大眠场时，按眠起时间早晚把柞蚕分别移入大眠场，选留早、中批蚕留种，随时淘汰弱小蚕和末批蚕。

（1）群体健蚕：①蚁蚕：体色鲜明，蚕体黑色，行动活泼，刚毛挺直；②2、3龄蚕：体形整齐、体色油润。食叶一致，眠起齐速，蚕眠在枝叶上如列队状，不跑坡，发育齐一，食叶整齐。小蚕期以齐为主。

（2）群体劣蚕：①蚁蚕：刚毛长而弯曲。蚕体细、瘦、小；体色灰黄、暗淡、无光泽，环节高起，黑灰相间；②2、3龄蚕，蚕体大小不齐，体色暗淡，肌肉松弛，有病死蚕。

根据良种繁育制度的规定，母种得迟弱蚕的累计淘汰率不得少于10％，原种不得少于5％。严格淘汰经迟眠蚕检查而判定有微粒子病的饲育区。同时在放养过程剔除不符合本品种体色、刚毛等杂色蚕。

（二）个体选择法

个体选择工作一般于5龄盛食期进行。在合格饲育区中，以中批蚕群为基础，趁早晨和上午天气凉爽时，通过手摸眼看，进行个体选留。

1. 个体强健蚕

（1）体色鲜洁，油润，有闪耀光泽；体壁光洁柔软，手触感觉似缎，辉点少，无针尖状渣点。血液颜色清晰，具本品种固有色泽，背脉管色泽清亮；气门线狭直、有光泽、鲜艳夺目。体壁突起强壮、粗大、充实，并略向前伸。

（2）蚕体胸大尾小，环节紧凑，精神饱满，手捏有弹性。静止时，前部昂举。触动柞枝，头部昂起，牙齿摩擦有声，警觉性强，不易吐消化液。刚毛硬直，不卷曲，不脱落，细长而密，尖端有疙瘩，向前斜伸，无半截毛和三色毛，毛色丰润。

（3）食叶连叶脉一起食下，尾端直肠内常有硬粪1～2粒，盛食期粪粒绿色、坚硬、周围有6条匀整深沟（6棱粪）。

2. 个体劣蚕

（1）体型、体色失去本品种固有的特征或蚕体畸形；蚕体辉点多，刚毛焦萎卷曲或脱落的蚕；从胸部背方可透视深色消化管的露青蚕。

（2）被细菌、病毒、微孢子虫、寄生蝇等寄生的蚕，突出的早熟蚕或迟熟蚕、体形较小或瘦弱的蚕。

（三）柞蚕辉点与感病性的关系

辉点是柞蚕疣状突起上出现的一种特殊构造物，在其他昆虫（如天蚕）中也有发生。柞蚕辉点由体皮衍生而来，具有反射光特性。辉点的发生，与蚕品种和遗传有关。通过纯系选择，经三个世代即可选成纯辉点蚕和纯正常蚕两个系统。柞蚕辉点的发生，也与自然环境有关，如用 25℃ 以上的高温饲养 1、2 龄蚕，可以提高辉点的发生率。一般秋蚕辉点发生多，而翌年春养时，又恢复原状。

经定量添毒测定，一般出现辉点多的品种抗病力也差，接种脓病病毒，极易感染；在同一品种中，辉点蚕的感病性最为明显，即使在自然条件下饲养，辉点蚕的发病率也比较高。鉴于柞蚕辉点与感病性有关，在育种工作中，应将辉点的多少作为群体选择和个体选择的指标之一，淘汰辉点多的蛾区和个体，有助于柞蚕种质的提高。

九、窝茧与采茧

（一）窝茧

柞蚕老熟时，需要大量柞叶作为营茧的苞叶。5 龄起蚕后，柞蚕食叶 13d 左右，开始结茧。为了缩小放养面积，便于管理和采摘，便将熟蚕移入墩高叶密的柞坡中，这一操作，称为窝茧，河南称入茧场。

1. 窝茧（入茧场）的适宜时期

以二八场同批蚕有 5% 左右蚕开始结茧时，为入茧场的适期。入茧场时间过早，则未成熟的柞蚕就在茧场中食下较多的老硬叶，影响发育，延迟结茧时间；且因茧场叶量减少，多结同宫茧，还需要更换新茧场，浪费劳力。入茧场时间过晚，则大部分柞蚕在 5 龄场（河南称二八场）营茧，场面大，蚕茧分散，易受鸟兽虫害危害，给蚕场管理和摘茧工作带来困难。

窝茧（入茧场）工作最好分批进行，先熟的先入，后熟的后入。如果窝茧不分批次，采茧也很困难。

2. 茧场饲料与撒蚕密度

茧场柞墩，河南多使用 2～3 年生、长势良好的老梢，除满足熟蚕营茧的需要外，还有梢部嫩叶供晚蚕食用催熟。放养种蚕或火芽宽余者，可以选用长势旺盛的火芽为茧场。柞蚕从五龄场转入茧场时，需掌握好撒蚕密度。茧场撒蚕不可过密，一般掌握入茧场 2～3d，食叶 20% 左右，大部结茧。

3. 齐茬子

在大批柞蚕营茧以后，可将未营茧的柞蚕移入新茧场，称为齐茬子。一般齐茬子要进行 2～3 次。将次熟蚕及时移入新茧场，可以促进柞蚕老熟，也有利于分批采茧和选种工作。

（二）采茧

1. 柞蚕营茧化蛹时期

柞蚕成熟时，首先排出胃肠中的内容物（俗称空沙），然后拉叶营茧（图 4-23）。晴天柞蚕营茧 3d 吐丝完毕，便从肛门排出乳状液（含有草酸钙和单宁等物质），涂于茧层上（俗称上浆），使茧壳变硬。柞蚕营茧后 6～7d 化蛹。阴天柞蚕营茧，4d 吐丝完毕，7～9d 化蛹。

图 4-23　营茧

2. 采茧时间

采茧工作可在化蛹前和化蛹后两个时期进行。

（1）化蛹前采茧。晴天可在开始营茧后 3～5d 采摘。阴天可在开始营茧后 4～6d 采摘。此时柞蚕吐丝完毕，茧壳硬实，尚未化蛹，体壁偏老，抗震抗压力较强。河南春蚕营茧时，正是第一代蛹寄生蜂发生时期，采用化蛹前采茧措施，也可以避免寄生蜂危害。

（2）化蛹后采茧。晴天营结的柞蚕茧，可在开始营茧的 9d 以后采摘；阴天，在 10d 以后采摘。此时蛹体完全形成，抗震抗压力强。化蛹后采茧，虽然有避免嫩蛹受伤的优点，但是蚕茧长期留在柞树上，易受虫、鼠为害，初夏的烈日、狂风和暴雨，也对蛹体不利。

雨天、露水天不要采茧，因茧壳湿软，容易挤压变形，伤害蚕蛹，要等茧壳干燥硬实后采摘。

3. 采茧方法

（1）采茧。采茧时一手拉柞枝，一手将蚕茧连同苞叶握于掌内，拇指和食指紧捏茧柄，向上猛提，扯断茧柄上缠绕柞枝的柄环，连苞叶一并采下，轻放于蚕筐内。采茧动作要轻快稳妥，避免过分震动。随后送到阴凉处暂时摊晾，避免挤压损伤。蚕茧外面有苞叶，不易发觉，摘茧后应反复清找，防止遗漏。摘茧工作掌握在气温较低时（如上午 10 时以前和下午 4 时以后）进行。早晨露水大和中午温度高时，均不宜摘茧。

（2）剥茧。摘茧后，在荫凉处摊晾时即可剥茧。操作方法是，自茧柄捏取叶柄，顺势向下剥去，苞叶即可顺利剥下，不会损伤茧衣；反之会拉断柞叶，降低剥茧速度。剥茧时，应随手剔除血茧、薄皮茧、外伤茧和同宫茧等。剥茧后要认真清理苞叶，防止遗漏蚕茧。剥好的应及时送保茧室摊晾保存，严防堆积过厚。不同品种和不同批次的蚕茧，要分别储存。

（三）柞蚕黄色蛹的形成

柞蚕黄色蛹的形成与品种无关，主要取决于化蛹期间的温度。在 28℃ 条件下化的蛹色呈橘黄色偏淡、色泽鲜艳，柞蚕蛹体色随着化蛹时温度的升高表现为由黑到淡黄色的变化，27℃ 是黄色蛹形成的临界温度，这个温度条件下化蛹的蛹色为橘黄色。湿度对黄色蛹形成没有影响，但影响柞蚕蛹的质量，表现为湿度过低会出现半脱皮蛹和畸形蛹，湿度过高利于细菌、霉菌生长容易导致出现茧皮发霉或蚕蛹腐烂等现象。因此，在黄色蛹生产过程中，为了使蚕儿顺利蜕皮化蛹，除了要保证一定的化蛹室温度外，还要注意观察湿度变化，随时进行补湿和排湿。

生产黄色蛹是将尚未化蛹的前蛹期蚕茧，进行人为加温处理，在适宜条件下，促使茧壳里的蚕蜕皮后变成黄色蛹。具体方法是摘茧时期要选择在蚕吐丝完毕茧壳灌浆定形后采茧下山，然后剥去树叶或毛茧放入搭好的茧箔上，厚度以 6～7 粒茧的高度为宜。室内温度控制在 28～30℃，环境湿度控制在 65％～75％；同时，根据室内温湿度变化情况，经常通风换气，加温调湿。

第二节 秋 蚕 放 养

在河南进行秋蚕放养，生产中需要克服制种技术、秋柞蚕饲养技术和病虫害防治技术等技术难点。通过秋蚕放养，可提高柞蚕复养指数和柞坡利用率，增加柞蚕茧的总产量和总体经济效益，增强柞蚕生产的市场竞争力。

一、秋蚕制种

秋蚕制种工作是在自然环境中进行，无须另外加温，拾蛾、晾蛾、交配、选蛾、镜检、消毒等操作与春季制种基本相同。

（一）蛹期处理

1. 蛹期人工感光解除滞育法

河南柞蚕一般在 6 月 10 日前后化蛹结束，6 月 20 日雄茧开始人工感光，25 日雌茧开始感光，感光时间 30d 左右。具体做法：以木盒或蚕匾排装蚕茧，茧柄端向上，感光强度以 40W 荧光灯，灯距 1m，灯离茧的高度 1m，每天感光 17～18h 为宜。此法存在发蛾不集中，制种时间长等缺点。感光制种如图 4-24 所示。

图 4-24　感光制种

2. 二化性品种低温处理解除滞育法

从东北购进二化种茧，春季制种养蚕，6 月 10 日前后把化蛹后的二化茧放入 5℃ 左右的冷库中，7 月 10 日从冷库取出，放置在制种室中正常制种。此法存在羽化率低，发蛾不集中，制种时间长等缺点。

3. 药物注射解除滞育法

（1）蚕蛹准备。选取优质柞蚕种茧，先把蚕蛹削出，然后把健康活蛹

153

用 75％食用酒精浸渍进行消毒。

（2）药物准备。把β-蜕皮激素用无菌水稀释成 1∶16～1∶18 的β-蜕皮激素稀释液。

（3）蛹体注射。用微量注射器吸取 1∶16～1∶18 的β-蜕皮激素稀释液，在每个蛹体的腹部进行注射。

（4）把注射过药物的蚕蛹再重新装进茧壳，将蚕茧并排摆放或用线串挂起来，在自然温度中保护。从解除滞育到羽化大约需要 15～20d 时间（时间长短随着保护温度而有所不同），此方法发蛾集中，死蛾率低，羽化率能达到 88.5％～95.5％，单蛾产卵量和蚕卵孵化率基本符合生产要求且不受季节限制。

（二）拾蛾、交配

秋季蚕蛾于每日 16—17 时开始羽化，17—19 时羽化最盛，20—21 时逐渐停止。制种时应及时拾蛾、晾蛾。雄蛾善飞，应及时拾蛾入筐。晾蛾要稀，待蛾翅晾好后，再将雌雄蛾放在一起交配。交配时间 8～10h。

二、秋蚕放养

（一）蚕坡夏伐日期的确定和方法

河南柞叶一般在 6 月初就已经老化，6—7 月的连续高温，使柞树进入"夏眠"状态，停止生长。为了饲养秋柞蚕的需要，给秋柞蚕小蚕期提供适熟叶，必须进行夏伐，使休眠柞树继续发芽。通常在 7 月 1 日前后 5d（结合当年土壤墒情）为最适宜时期，砍伐时离地面 30cm 处进行夏伐（相当于春蚕捎坡时的重剪梢），不提倡根刈。

（二）秋柞蚕收蚁日期的确定

生产中影响秋柞蚕收蚁日期最主要因素是温度。另外结合柞蚕生理要求，如果长时间接触 32℃以上高温，会使蚕体内酶加速反应或热变性而失去活性，导致生理障碍。因此确定秋柞蚕收蚁日期的主要依据：气温逐步下降到 30℃以下，不能有连续 5 天以上 32℃以上高温。河南省蚕业科学研究院科研人员通过调查分析 1996—2015 年 8—10 月气象数据，结合近年秋柞蚕生产情况和秋柞蚕生长特点，认为理想的秋柞蚕收蚁日期为 8 月 16 日前后。

(三) 秋柞蚕放养技术

1. 蚕卵催青

秋柞蚕催青在自然温下进行，催青过程中要注意补湿，防止蚕卵脱水。

2. 蚕场选择

秋蚕放养前期自然温度时常会高于稚蚕生长发育的适宜温度，稚蚕期应选用北向阴坡的上部柞林；壮蚕期外界温度常低于柞蚕生长发育的适宜温度，因此，应选择南向或东南向阳坡的坡跟柞林。特别是结茧期必须使用阳坡避风林，否则易受早霜、降温及秋风的影响，导致蚕不能适时结茧或结不了茧而影响产量。

3. 收蚁

由于秋季收蚁期气温高，因此蚁蚕孵化后行动活泼，爬行速度快。为避免蚁蚕集中爬行时相互抓伤，拥挤掉落，收蚁时间应比春季早，即在清晨4时蚁蚕未孵化时就准备好收蚁。蚁蚕一般在早上6—9时开始孵化，收蚁时要注意补湿。蚁场应选择地势高爽、通风良好的阴坡；敌害轻、叶质较好的柞坡作稚蚕专用场地，或选用具有新梢的柞林收蚁。

4. 蚕期管理

(1) 收蚁后管理。秋季多雨，为防止蚁蚕及1～2龄被雨淋，收蚁密度应比春蚕略稀，收蚁上山后需勤看护，防止天敌危害。

(2) 匀蚕。小蚕期以匀蚕为主，于早上气温较低时进行，使蚕儿能充分摄取养分，保证苗多、苗壮。匀蚕时间宜偏早，从收蚁开始至营茧前在放养管理中发现蚕头数密度不均时随时进行匀蚕。每墩柞树如能供100～200头稚蚕1～2d用叶，到壮蚕期可匀至每墩柞树40～80头蚕，茧场时每墩柞树80～100头蚕。

(3) 移蚕。秋柞蚕放养前期高温，一旦柞叶被取食成孔，由于蒸腾作用柞叶将迅速大量散失水分，营养价值也大幅度降低，因此必须采取密放多移放养法，以保证蚕儿能不断取食新鲜柞叶，确保养分供给。如遇地势低洼、通风不良的柞林环境，更需要密放多移，方能保证蚕儿营养需要同时预防蚕病的突发。2龄是蚕儿生长发育的关键时期，在2龄起蚕后必须及时剪移到新柞枝上，以确保2龄起蚕能吃上新鲜的柞叶。秋柞蚕进入五龄壮

155

蚕期后，蚕食叶速度加快，食叶量显著增加，为防止发生窜枝、爬毛坡现象，并减轻劳动强度，可将5龄蚕分为三部分放养，即以密、适中、稀三种放养密度分放三块柞林。由于放养密度不同，三块柞林中蚕食光叶所需时间也不同，放养越密，移蚕也越早。从密放蚕柞林移蚕至茧场开始，至最后稀放蚕柞林移蚕结束，一般刚好达到营茧时期，这既保证了蚕有叶取食，又减轻了劳动强度，是农村秋柞蚕放养中很好的一种移蚕方法。另外，根据河南秋季气温高、敌害多、叶老、天旱、蚕晚等因素的实际情况，河南秋柞蚕也可实行二移放养法或三移放养法。

（四）秋季柞树害虫防治

河南是一化性柞蚕区，春蚕收蚁早，一般不进行柞树害虫防治。而秋季柞树害虫多，危害严重，主要害虫有栎褐舟蛾、栎粉舟蛾、栎黄掌舟蛾、黄二星舟蛾、刺蛾类、金龟科和毒蛾科害虫。这些害虫不仅与蚕争食，而且刺蛾类、毒蛾类害虫对养蚕人员有一定危害。因此，可在7月20日前后，用DDV、辛硫磷等进行喷雾防治。

（五）秋柞蚕主要病虫害防治

1. 病害

由于河南秋季气温高、叶质差，细菌性病害是主要病害，在良叶饱食的基础上，可使用蚕得乐、克软畏等药物添食进行蚕病防治。另外，秋柞蚕放养中易受多化性寄生蝇的危害，导致蚕茧减产，可在5龄盛期和见茧时各喷叶添食40%灭蚕蝇1号（以稀释600～800倍为宜）杀蛆即可。施药后若2天之内遇到阴雨天，可在天气转晴后再喷1次，以提高防治效果。

2. 敌害

河南秋柞蚕主要敌害有黑广肩步甲、鸟类。黑广肩步甲可通过人工捕杀或在柞树下环施甲虫散等进行防治。危害秋柞蚕的鸟类小蚕期主要是白头翁，大蚕期主要是喜鹊、乌鸦。可通过人工驱赶、响声恫吓法、闪光带等进行防治。

（六）摘茧时期及保管

秋柞蚕结茧期受低温影响，为了减少损失，应早采茧，摘茧后放在28～30℃的环境中化蛹，蛹体多为黄色。

附件　河南柞蚕生产防鸟网应用技术

在自然条件下食蚕鸟对柞蚕的危害率通常在 30% 左右，受害重的造成绝收。20 世纪防治鸟类危害多采用枪杀、药杀、捣巢灭雏的办法，伤害了许多鸟类，尤其伤害了不少对柞蚕生产有益的鸟类，有碍鸟类资源保护，破坏了生态平衡。进入 21 世纪后，柞蚕科研工作者通过探索鸟害发生和危害规律，采取多种技术措施如闪光带、驱鸟器、驱鸟剂等控制其危害，但也没能从根本上解决养蚕防鸟和保护鸟类的矛盾。河南省蚕业科学研究院借鉴果园防鸟网的防鸟经验，把防鸟网引进到柞蚕生产实践中，根据河南柞坡坡度大、沟壑多，整个蚕期还要多次移蚕的特点，经过反复试验总结出了一套利用防鸟网防治柞蚕鸟害的有效办法，在柞蚕生产上做到了柞蚕生产和鸟类保护的有机统一，取得了良好的应用效果。

一、防鸟网的材质和种类

防鸟网多用尼龙网，其具有韧性高、弹性好、耐腐蚀、耐水、耐油、耐磨、耐高温、绝缘性好、润滑系数低等特点。防鸟网有锦纶网和聚乙烯网两种，其中锦纶网有耐高温抗氧化之功能，因此，为了降低经济成本，柞蚕生产上防鸟网多使用锦纶网，正常保管使用寿命可达 5 年以上。另外，根据防治食蚕鸟的大小和实用性，生产上多选用网孔 2.5cm×2.5cm、网宽 35m 的锦纶网。

二、防治时期和防治面积

（一）防治时期

通过在河南柞蚕主产区南召、鲁山、方城等地的实地调查：柞蚕 1～3 龄幼虫 5d 自然状态下鸟害危害率 30% 左右，危害鸟类主要为树麻雀、黄眉柳莺、白头鹎等。4 龄 5d 自然状态下鸟害危害率在 50% 左右，危害鸟类为白头鹎和喜鹊。5 龄和茧场 5d 自然状态下鸟害危害率在 70% 左右，危害鸟类主要为松鸦、小嘴乌鸦、黑卷尾、大杜鹃、黑尾蜡嘴雀、黑枕黄鹂等鸟类。随着柞蚕龄期增加，食蚕鸟的种类不断增加，危害程度越来越严重，因此，柞蚕从 1 龄到结茧都需要防治鸟害。

（二）防治面积

在河南柞蚕放养区，春季饲养500g柞蚕卵一般需要柞坡2hm²。根据生产实际和移蚕次数蚕场分为：1～2龄场，占10%左右，0.2hm²；3龄场占15%左右，约0.3hm²；4～5龄场占60%左右，约1.2hm²。茧场占15%左右，约0.3hm²。因此，在柞蚕生产上可以选用宽度为35m、网孔2.5cm×2.5cm、长度50m的锦纶网搭建防鸟网，这样一个防鸟网可覆盖0.13～0.17hm²。养500g柞蚕卵1～2龄搭建1个防鸟网，3龄搭建2个防鸟网，4～5龄要移3次蚕，每次搭建3个防鸟网，茧场搭建2个防鸟网就可以了。根据2.5cm×2.5cm网孔35m宽的锦纶网500g覆盖面积40～45m²来计算，500g柞蚕卵防治最大面积0.4hm²，需要防鸟网65kg左右，市场价28元/kg，共需要1820元。

（三）防鸟网的搭建方法

（1）固定支杆搭建法。此方法适合科研院所、蚕种场、柞蚕专业合作社等有固定蚁场或固定小蚕场的单位建设。根据固定小蚕场面积大小搭建固定支杆，杆与杆之间的行距为20m、间距为10m，支杆超树高1m，支杆底部要用水泥灌注，灌注水泥的深度为50～70cm。每行支杆上端架设钢丝绳，钢丝绳架好后，就可以铺架防鸟网了。此种方法搭建起来的防鸟网方方正正，美观大方，但成本较高。

（2）活动支杆搭建法。此种方法适合普通蚕农使用。在生产上用宽35m、网孔2.5cm×2.5cm的锦纶网50m长为单位，直接覆盖在柞树上，然后用支杆把防鸟网支撑起来，每个防鸟网配备20个活动支杆，活动支杆用直径2cm的不锈钢管加工而成，活动支杆高2.5m，下端焊接一个双头尖叉，用于固定在地面上。支杆上端扣上一个纯净水水瓶，以便支撑防鸟网，同时塑料水瓶光滑，可起到保护防鸟网的作用。此种方法机动灵活、操作简单、成本低、可反复使用，搭建这样一个防鸟网3～4人协作30min就可以完成。缺点是防鸟网不规整、不美观。

（3）搭建注意事项。

1）架网和收网最好3～4人协作，小心仔细，不要让树枝、杂草挂住防鸟网，如果有树枝缠绕，要轻轻取下，不能用力拉扯。防鸟网不用时，要及时收回，防止长时间暴晒，收回后放置在阴凉干燥处。

2）根据柞坡地形情况，灵活掌握搭建防鸟网面积大小，以便充分利用柞园。

3）有过高的柞树枝条顶着防鸟网时，要及时将柞树枝剪掉，避免防鸟网被顶破。

4）由于风吹日晒、冰雹雨水的袭击，防鸟网容易出现破洞，要及时进行修补。修补时可采用鱼丝线打结的方法。

5）因为鸟类对红色、黄色等颜色比较警觉，因此选用红色或黄色防鸟网，使鸟类不敢靠近，可起到更好的防鸟效果。

6）如果要搭建面积比较大的防鸟网，需要2块或多块防鸟网联结而成的，连接处要用细铁丝或细尼龙绳把防鸟网紧密连接在一起，不留空隙，以防鸟类钻入危害。

7）防鸟网搭建好后，要经常巡查，检查防鸟网四周固定情况，对钻入防鸟网内的食蚕鸟及时进行驱赶。

（四）防鸟网的经济效益、社会效益、生态效益分析

（1）经济效益。饲养500g柞蚕卵最大面积时需用3个0.13hm² 左右的防鸟网，防鸟网需1820元，60根活动支杆需800元，按使用5年计算成本，每500g柞蚕卵需投入524元。搭建防鸟网后，食蚕鸟无法危害柞蚕，保苗率和结茧率可提高30%以上，按春季柞蚕茧60元/kg计算，每500g柞蚕卵产茧量可提高75kg左右，增收4500元，同时由于搭建了防鸟网，不用天天上山防鸟，可节约劳动力20个左右，每个劳动力按100元/日计算，可间接增收2000元，还可以节约其他防鸟物资投入500元左右，以上共可增收7000元，投入产出比1∶14，增产增收效果明显。

（2）社会效益。搭建了防鸟网以后，免去了蚕农"起在鸟前，归在鸟后"的艰辛，劳动量大为减少，能调动起蚕农养蚕的积极性，可使柞蚕生产得到快速发展。同时可促进相关产业的发展，解决农村劳动力就业和山区农民脱贫致富的难题。

（3）生态效益。由于防鸟网把柞蚕和鸟类成功隔离开来，既保护了柞蚕不受食蚕鸟危害又不损害鸟类，有益于生态链的良性循环和生态平衡，具有保护和改善环境，合理利用自然资源，提高柞林生产率的重要作用，生态效益明显。

第五章

柞蚕病害及其防治

病害是威胁柞蚕生产的重要因素，病害的发生严重影响柞蚕茧产量和质量。目前生产上还没有治疗蚕病的有效药物，在柞蚕生产中必须贯彻"以防为主，综合防治"的方针，认真做好消毒防病工作。同时，根据各种蚕病的发病规律和特点，采取针对性的预防措施，提高柞蚕生命力和抗病力，减少或杜绝蚕病的发生。

柞蚕病害有脓病、微粒子原虫病、细菌性肠胃病、空胴病、败血病和白僵病等几种。目前，河南以脓病、微粒子病和细菌性肠胃病发生较为普遍。

第一节 柞蚕脓病

柞蚕脓病俗称老虎病、水眠子等，该病危害柞蚕由来已久。多于壮蚕期暴发，也有不少壮蚕期感染病毒在化蛹前后发病死亡，出现大批血茧，是危害我省柞蚕生产的主要病害之一。长期以来危害严重，传染性强。一般年份发病率为 5%～20%，发病重的年份高达 50%。

一、病症

柞蚕脓病主要发生在蚕期和蛹期，尤以 4、5 龄或结茧前发病最多。河南蚕区有"小蚕见一面，大蚕死一半"的蚕谚。发病前病蚕与健康蚕无显著差异，得病后经过潜伏期逐渐地表现出症状来。蚕期典型症状是蚕体肿胀，体壁变色，皮脆易破，化脓腐烂。蚕的不同龄期，病蚕表现出的症状也有明显差异。

（一）蚕期病症

（1）半脱皮蚕（图5-1）。病蚕眠中时间长，眠起时无力蜕去全部旧皮，体躯柔软，仅露出灰黑色的新头壳和前胸。该类病蚕各龄均有发生。

（2）脓眠蚕（图5-2）。多发生在2、3龄蚕的眠中或眠起时，病蚕体壁柔软，环节肿胀，背部呈乳白色，有光泽，俗称水眠子。尾部红褐发暗，俗称红眠。病重时因病毒粒子在病蚕组织细胞细胞核中增殖形成多角体，导致细胞破裂，使体内组织逐步液化。病蚕腹、尾足抱住柞枝，头胸下垂，体液流入前胸，倒挂柞枝而死。

（3）嫩起子（图5-3）。俗称瘫起儿，病蚕眠起蜕皮后，体皮柔嫩不硬化，多褶皱，体色变暗，环节肿胀而无弹力。有时尾部三角板变为黑褐色，排软粪或稀粪。随病势加重，体皮破裂，流出脓汁而死。

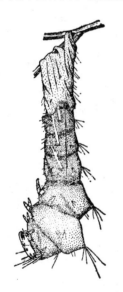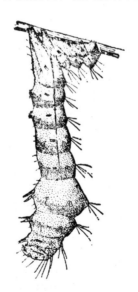

图5-1　半脱皮蚕　　　　图5-2　脓眠蚕　　　　图5-3　嫩起子

（4）不眠蚕（图5-4）。多发生在2～5龄盛食期，眠前发病。有的体躯柔软无弹力，有的环节肿胀有光泽，迟迟不能入眠，排泄软粪或稀粪；进而背部呈现灰白色，因病毒粒子在病蚕组织细胞细胞核中增殖形成多角体而导致细胞破裂，体壁只剩下一层没有韧性的表皮层，轻微触动，皮肤破裂，流出脓汁，俗称"白老虎"或"水老虎"。

（5）老虎斑蚕（图5-5）。多发生在5龄盛食期后至营茧前。初期病蚕环节肿胀，背部疣状突起或气门线下侧疣状突起的皮下组织出现灰褐色小渣点，随着病势发展，逐渐扩大变成黑色或褐色斑块，如虎皮状，俗称老虎蚕。病蚕神经敏感，稍有惊动，立即收缩体躯，脓汁便由体壁裂口喷射而出。病势进一步发展，柞蚕全身黑褐，倒挂柞枝而死。有的病蚕在营茧以后发病死亡体躯腐烂，脓汁流出，污染茧层。河南俗称血茧。

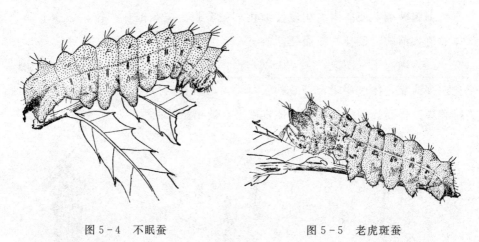

图5-4 不眠蚕　　　　　　　　　图5-5 老虎斑蚕

（二）蛹期的病症

4～5龄期感染病毒的柞蚕可以延迟至蛹期发病。病蛹体色浑暗，蛹皮脆弱，颅顶板黑褐色，一经触动即流出脓汁，脓汁污染茧层，阴干后成为空瓢茧。

（三）柞蚕脓病的病程

一般蚁蚕感染病毒，于1～2龄发病；2～3龄感染病毒，于3～4龄发病；4～5龄感染病毒，于当龄或次龄发病。潜伏期经历12～15d。潜伏期的长短与感染病毒毒力的强弱、感染病毒的存在形式、感染病毒的数量有直接关系。小蚕期感染弱病毒是大蚕期或营茧期暴发脓病的主要原因。

二、病原

柞蚕脓病的病原是柞蚕核型多角体病毒（图5-6），该病又称为柞蚕核

型多角体病毒病，该病毒有两种
存在形式：一种是多角体病毒，
包埋在多角体蛋白中；另一种是
游离态病毒，亦称杆状病毒粒子，
表面没有蛋白包被。多角体的主
要成分是蛋白质。多角体不溶于
水、乙醇、丙酮、氯仿、二甲苯、
甲酸、醋酸、柠檬酸等溶剂，也
不溶于蚕血液。能溶于浓酸或碱
性溶液，如硫酸、盐酸、氢氧化
钠、碳酸钠和蚕的消化液等。多
角体溶解的最适 pH 值为 $10\sim11$，

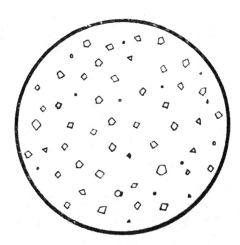

图 5 - 6　脓病多角体病毒

而柞蚕的消化液呈强碱性，多角体被蚕食下后，能够在碱性消化液作用下，
溶解释放出病毒粒子，引起蚕感染发病。柞蚕核型多角体病毒能感染天蚕、
蓖麻蚕、樟蚕、栗蚕、椿蚕，而对舞毒蛾、枯叶蛾、天幕毛虫和桑蚕则不
能感染，它对寄主有严格选择性。

三、病变

病毒侵入蚕体后，寄生在蚕体组织细胞的细胞核内，增殖形成多角体，
被寄生的部位不同，发生的病理变化也不同。

（1）血液病变。病毒侵入血细胞后，便在细胞核内增殖形成多角体，
由少到多，由小到大，最后把血细胞胀破，多角体和血细胞碎片一起流入
血液内，使血液变成混浊呈脓汁状。

（2）脂肪体病变。病毒在脂肪体细胞核增殖形成多角体，最后胀破脂
肪体细胞，脂肪体溃烂似豆腐脑状，多角体与脂肪体细胞碎片进入体液中，
致使血液更加浑浊。

（3）气管病变。病毒侵入气管被膜细胞后进行增殖，其病变过程与其
他组织一样，气管组织遭到破坏后，影响了蚕的吸收和排泄功能，致使体
内水分积累，导致环节肿胀。

（4）体壁病变。病毒寄生真皮细胞和毛原细胞后，在细胞核内增殖形成多角体，最后胀破寄生细胞，多角体随细胞碎片一起进入血液，增加了血液浑浊。体壁细胞被破坏后呈现溃烂状态，只剩一层没有韧性的表皮层，稍经触动就破裂流脓，称为烂皮。

蚕的真皮细胞和毛原细胞被病毒寄生以后，毛原细胞病程的进展比真皮细胞快。在小蚕期病程经过时间短，显不出差异，壮蚕期病程经过长，在毛原细胞多的地方，如疣状突起刚毛丛的基部会首先出现黑色病斑，形成老虎蚕。

四、传染规律

柞蚕脓病是由核型多角体病毒引起的一种烈性传染病。

（一）传染源

（1）脓病茧流出的脓汁及病蚕尸体。

（2）茧壳内病死的蚕、蛹尸体及溃烂后污染形成的血茧、空瓢茧。

（3）盛过病蚕的蚕筐及堆放过血茧、空瓢茧的蚕室、蚕具。

（4）发生过脓病的蚕坡成为来年养蚕的传染源。

（5）与柞蚕有交叉传染的患病昆虫的排泄物及死后尸体。

（二）传染途径

柞蚕脓病传染途径有食下传染和创伤传染 2 种。

（1）食下传染。柞蚕幼虫将病毒食下后而引起的传染：一是蚁蚕孵化时咬食被病毒污染的卵壳引起的传染，称卵面传染，分卵面消毒不彻底和卵面消毒后再污染；二是蚕取食被病毒污染的柞叶或因饮用被病毒污染的雨水而引起的传染，称叶面传染。

（2）创伤传染。创伤传染是游离态病毒通过蚕体壁伤口侵入蚕体内引起的传染，具有病程短、发病率高的特点。多因养蚕操作不当引起蚕体受伤，接触游离态病毒引起感染发病。

（三）脓病发生与内外因的关系

温度、湿度、光线、气流等物理化学因素及饲养因素对蚕的营养状态和健康状态及脓病的发生影响极大。

（1）蚕的生理因素。不同品种抗病毒能力也不同，一般二化性品种强于一化性品种，杂交种强于纯种，同一品种不同蛾区间、同一蛾区不同个体间也有差异。抗毒力强弱主要体现在消化液对病毒灭活能力的强弱，消化液对病毒灭活能力强弱随着蚕的生长发育而不断增强。

（2）环境条件。不良环境条件导致蚕体抗病力下降，降低消化液对病毒的灭活作用。在环境因素中起主导作用的因素有温度、湿度、饲料及养蚕密度等。

1）温度。种茧在越冬期间，若长期感受 5℃ 以上温度，则下代蚕的抗病力降低。春季制种时，蚕卵在低温下（2～5℃）控制时间过长（超过30d）或春蚕小蚕期长时间持续低温，也会使蚕体质下降，容易染病。夏季摘茧时，种茧堆积过厚，时间过长，茧堆发热或茧场窝茧闷热、通风不良、西朝阳也会使抵抗力下降，容易感染发病。

2）湿度。柞蚕有饮水的习惯，喝水过多，消化液浓度降低，对病毒的灭活能力也随之降低。雨水过多，污染柞叶几率加大，增加了病毒扩散，喝水增加蚕儿食下传染的机会。

3）饲料。叶质的好坏直接影响蚕的生长发育和体质，长期取食过老叶过嫩叶，蚕的体质下降，抗病力也下降。高山壮坡收蚁以柞芽生长 10～15cm 比较合适，是控制蚕期少发脓病的重要技术措施之一；高山壮坡壮蚕期不可选芽偏嫩，选择适熟偏老芽饲养有利于防止茧期脓病的危害。

4）养蚕密度。收蚁不及时或养蚕密度过大，容易引起抓伤传染；如有发病，易引起相互感染。也易引起蚕儿营养不良，体质下降。

五、防治

（一）严格消毒，切断传染途径

（1）蚕室、蚕具消毒。蚕室、蚕具是病原存在的主要场所，也是病毒容易扩散的地方。制种前后，先进行彻底洗刷后，再用 3％甲醛或 1％漂白粉液、毒消散对蚕室、蚕具及周围环境进行喷雾或熏烟消毒。

（2）卵面消毒。进行蚕卵浴消时，要严格按照药液浓度、温度、时间进行卵面消毒，同时防止净卵保护，防止二次污染。

（二）加强蚕期管理

合理选择收蚁适期，防御低温冻害对小蚕的影响。小蚕期每龄养蚕前用1‰石灰乳消毒蚕坡及叶面，防病效果可达40％～80％。及时收蚁，防止抓伤传染。及时匀蚕、移蚕，做到良叶饱食，增强蚕的体质，严防蚕食用过老过嫩叶。蚕期及时分批或淘汰病弱蚕，摘除被脓汁污染柞叶，深埋或烧毁病蚕尸体。选用上年没有发病的蚕场作蚁场，选择通风良好的阴坡做茧场。选择晴天早摘茧，边摘边剥，严防堆积闷热。加强种茧、种卵保护，防止受潮和过高、过低温的影响。

（三）选用抗病品种，推广杂交种

优良品种和杂交种对病毒感染有一定的抵抗力，选择抗病力强和上代发育健壮、发病轻的蚕种进行放养。推广杂交品种，如豫杂5号等，可减少发病、提高产量。

第二节 柞蚕微粒子病

柞蚕微粒子病是由微孢子虫寄生引起的慢性传染病，俗称锈病、渣子病等。在各柞蚕区都有发生，是危害河南省柞蚕生产的主要病害之一。

一、病症

柞蚕微粒子病是一种慢性传染病，患病蚕的各个变态都能表现出症状，尤以蚕、蛹、蛾期明显。

（一）蚕期病症

蚕染病初期，无明显症状。随病势的发展，蚕食欲减退，体躯瘦小，发育迟缓，龄期延长。发病严重的蚕群，不眠蚕、迟眠蚕、细小蚕增多，蚕群发育明显不齐。1、2龄病蚕，体色暗褐，刚毛卷曲，蚕体萎缩，陆续死亡或遗失。3龄以后的病蚕，病蚕体皮上逐渐出现不规则的褐色小渣点，以气门线和胸、腹脚附近渣点为最多。渣点可以随蚕的蜕皮而脱掉，数天后新皮上又能形成新的渣点。个别5龄蚕，在其背脉管两侧，出现淡红色线条。病蚕经常出现刚毛弯曲、脱落、半截毛、黑根毛等现象。胚种传染或

1、2龄感染的病蚕，多于蚕期死亡。后期感染的病蚕多死于蛹期，个别感病轻的病蚕能够化蛹化蛾，把蚕病传到子代。微粒子病蚕如图5-7所示。

（二）蛹期病症

患病轻的蛹，外形正常，肉眼不易识别；患病重的蛹，腹部环节收缩，无弹力，颅顶板和蛹皮变暗，失去原有光泽，蛹皮较薄。解剖检验时，可见脂肪粗松，混有黄褐色密集渣点。尤其以背部2～3环节以及背血管的两侧表现明显。蛹的中肠形状不正，肠壁失去原有光泽，变浑暗，蛹体血量减少，黏稠度降低。

（三）蛾期病症

轻病蛾与健蛾，外观上无明显症状。病蛾体形小，鳞毛稀薄不新鲜、易脱落，翅脉细而软，多为卷翅蛾，蛾尿为褐色或灰褐色，节间膜不清晰，失去光泽，有的有密集的褐色渣点，背血管两侧有隐约不清的黄褐色双线。柞蚕微粒子病蛾如图5-8所示。

图5-7　微粒子病蚕

图5-8　柞蚕微粒子病蛾

（四）卵的病症

患病轻的蛾产出的卵没明显症状，重病蛾产卵量少，迭卵多，黏着力差，不受精卵多。

二、病原

柞蚕微粒子病的病原是柞蚕微孢子原虫。在蚕体内寄生，可分为孢子、芽体、繁殖体、产孢体和孢子母细胞5个形态。

（一）孢子

孢子长椭圆形，前端稍细，后端稍粗。大小为（4.57±0.49）$\mu m \times$（1.88±0.26）μm。孢子无色，折光性强，比重大于水。孢子没有运动器官，自身不能运动。在光学显微镜下，可见孢子呈淡绿色，作布朗运动。柞蚕微粒子孢子如图5-9所示。

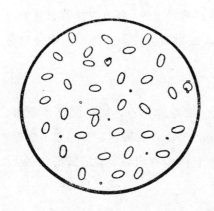

图5-9 柞蚕微粒子孢子

孢子由孢子壁、极囊及双核组成。孢子壁又称皮膜或被膜，表面光滑，厚约0.5μm。分为三层，依次为外膜、中层膜和内膜。外膜较薄，主要由蛋白质组成，具有抗原性。中层膜较厚，由几丁质组成。内膜即原生质膜。孢子的前端有极囊，包括极帽、极丝和极体。极帽似伞状，在孢子前端和孢子壁相连。极丝螺旋状，是一条中空的细长管，长40～80μm，一端由极帽伸出，一端绕过原生质而达到孢子后部，后部还有极泡。孢子具有双核。

（二）芽体

孢子进入蚕的消化道后，受碱性消化液的作用迅速吸水膨胀，产生压力将极丝弹出，进入组织细胞内，孢子原生质通过弹出的极丝而进入细胞内。孢子发芽后成为空壳，失去光泽，并稍凹陷。人工方法可刺激孢子发芽，如用碱性溶液、蚕的消化液、过氧化氢等处理孢子后再稍加压力，可诱导孢子发芽。发芽后的孢子成为芽体，芽体圆形或椭圆形，长0.5～1.5μm，具有单核。芽体在细胞内定位，并进行裂殖生殖。侵入体腔的芽体可寄生在血细胞中并随血液循环侵入其他组织。

（三）裂殖体

芽体在寄主细胞中定位，称为裂殖体。裂殖体卵圆形，大小为2～3μm，分裂前可达5～6μm，具2核、4核或8核。裂殖子分泌多种酶，分解寄主细胞的营养加以利用，同时以二体裂殖增殖，分裂后成为产孢体。

（四）产孢体

产孢体椭圆形、纺锤形、肾形，具有 2 核或 4 核。由产孢体产生孢子母细胞。

（五）孢子母细胞

孢子母细胞长椭圆形，孢壁较具有双核，核很大充满细胞腔，以后再分化成极囊、极丝等内部结构，至新孢子形成。

三、病变

微粒子原虫在蚕体各组织细胞内繁殖、分泌蛋白酶、液化细胞质，然后借渗透作用吸收营养，在细胞内不产生毒素，所以致病作用弱。对蚕体细胞组织的破坏是逐步的、缓慢的，表现为病程较长。若病死的细胞数量不多，组织机能没有严重衰退，这样的个体可以带病经过一生。

（一）蚕期病变

由于微粒子原虫侵入蚕体各种组织细胞进行寄生、增殖，患病的蚕儿多在消化管、体壁、丝腺、脂肪组织、肌肉组织等发生明显病变。柞蚕微粒子孢子的内部结构如图 5 - 10 所示。

（1）消化管病变。消化管被微粒子原虫寄生后，孢子在管内发芽，侵入消化管的上皮细胞在细胞内寄生、繁殖，使细胞膨大隆起，突出于消化管内，细胞核缩小，细胞质被溶解成空洞，不能分泌消化液，妨碍消化吸收，消化管出现斑点或黑色的病斑。有的被胀破，其回到肠腔后，因受消化液的作用继续繁殖，造成重复感染。有的被排出体外，潜伏于柞坡。由于肠壁细胞被破坏，轻者影

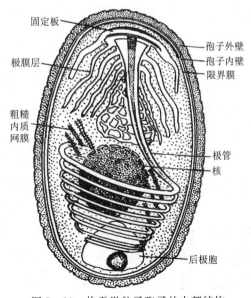

图 5 - 10　柞蚕微粒子孢子的内部结构

响消化和吸收，重者失去了功能。因此，蚕儿表现出食欲不振，蚕体瘦小，发育缓慢，群体开差大。

（2）体壁病变。真皮细胞被寄生后，细胞肿起膨大，最后破裂。被侵染的细胞相互连成大病斑，随着蚕的发育，新表皮将病斑包埋起来，被包的细胞逐渐变黑，外观皮下呈现灰黑色斑点。在蚕体侧面和气门上下，由于血液流动缓慢，微粒子孢子更易寄生，因此黑斑在此也多。

（3）丝腺病变。丝腺变化明显。因为丝腺各部细胞都能寄生，寄生后细胞膨大突出，形成乳白色脓包状斑块，有的病变细胞与正常细胞相互交杂，相间排列成鞭节状，肉眼很易观察。丝腺被寄生后失去了分泌绢丝物质的能力。因此，患重病的微粒子蚕不能结茧或仅结薄皮茧。

（4）肌肉组织病变。肌肉组织细胞被寄生后，细胞质被液化，肌肉纤维溶解，患病部位呈乳白色。裂殖体沿着肌肉纤维的方向增殖扩展，肌纤维排列不整齐，表面粗糙多皱无光泽，肌肉束边缘向外膨大突出。肌肉组织的结缔组织同样受到破坏，肌肉失去了原有的收缩性。因此，病蚕行动迟缓，表现呆滞，把握力弱易落地。病蚕体躯瘦小、萎缩。

（5）脂肪等组织病变。脂肪、马氏管、生殖细胞、神经、气管等组织细胞被微粒子原虫寄生后，细胞肿大隆起，呈乳白色或淡黄色，不透明，质脆易破，细胞质液化，细胞核缩小，生理机能受阻或失去机能，被破坏细胞分散到细胞和肠液中，致使血液呈浑浊状态。生殖细胞（卵巢外膜、卵母外膜、滋养细胞、睾丸外膜、精母细胞）被微粒子原虫寄生是造成胚卵传染的根源。马氏管被寄生细胞肿胀，并引起尿酸的排泄障碍。

（二）蛹期病变

微粒子病蛹的病变较为明显，蚕中肠细胞被微粒子原虫寄生，失去了消化和吸收机能。到化蛹时，被寄生细胞变形坏死，中肠内的内容物排泄不净，使蛹中肠收缩不紧，形状不正，乳白色的被膜变为黄白色，其上出现黄褐色小斑点。肌肉组织被寄生后，患病部位呈乳白色，稍隆起，细胞质液化，肌纤维被溶解，而失去原有的功能。病蛹腹部环节收缩对外界刺激不敏感。蛹体其他组织细胞被寄生后，细胞遭到最后破坏，被破坏的细胞残余物和微粒子孢子均散于血液中，使蛹的血液浑浊。血细胞被寄生后，最后使血细胞崩溃，孢子悬浮于血液中，黏度下降，血液变暗。

（三）蛾期病变

蛾的血细胞和脂肪细胞的病变与蛹的病变相同。背血管两侧的围心细胞能够吸收血液中的颗粒杂质，悬浮在血液中的孢子和崩溃组织被围心细胞吸收后积累在背血管的两侧，致使背血管两侧显现出隐约不清的黄褐色双线。

形成鳞毛的毛原细胞被微粒子原虫寄生后，裂殖体在毛原细胞中增殖，当细胞内体表突出、伸长形成鳞毛时，裂殖体与孢子随之转移到鳞毛基部，使鳞毛的营养供养受阻，导致病蛾鳞毛稀少短小、毛色不新鲜，容易脱落。

雌蛾卵巢内的卵原细胞被微粒子原虫寄生后，当卵原细胞分化成为卵母细胞和滋养细胞时，病原体也随之转移到卵母细胞和滋养细胞内寄生，影响卵粒形成。因此，病蛾腹部逐步缩小，卵粒少。雄蛾的精细胞被寄生后，不能发育成健全的精子。

四、传染规律

（一）传染源

被柞蚕微粒子原虫寄生的柞蚕4个变态在代谢过程的排泄物（如蚕粪、熟蚕尿、蛾尿、消化液等）、脱离物（如蚕蜕、蛹皮、茧壳、鳞毛、卵壳等）和尸体，以及制种过程中雌雄蛾翅、足。野外与柞蚕交叉感染的患微粒子病的昆虫。如桑蚕、桑尺蠖、天蚕、樗蚕、蓖麻蚕、桑螟、纹白毒蛾、野蚕、美州灯蛾、胡麻灯蛾、栎粉舟蛾、梨刺蛾尸体及排泄物、脱离物等，其中栎粉舟蛾传染柞蚕微粒子病尤为严重。另外还有潜伏大量微粒孢子的蚕坡、蚕室和蚕具。

（二）传染途径

微粒子病的主要传染途径有胚种传染和食下传染两种。食下传染是胚种传染的基础，胚种传染又为食下传染提供足够的病原。

（1）胚种传染。由雌蛾卵巢内发育中的卵感染到微粒子孢子而引起的传染，也称母体传染。胚种传染是该病的一种主要传染途径，微粒子孢子通过病蛾产下的病卵传染给下一代。胚种感染可分别在胚子发生期和胚子成长期发生。每粒卵都由一个卵细胞和多个营养细胞组成，在卵的发育过程中营养细胞为卵细胞提供营养，寄生在营养细胞内的微粒子孢子在营养细胞为卵细胞输送营养时随细胞质流出并靠近卵细胞，卵核和精核结合形成合子进行发育时，有部分孢子转移到胚子体内，形成感染，即胚子发生期感染。

胚子发育初期是通过体表的渗透作用吸收营养，卵黄粒中的孢子不能进入胚子体内。到胚子翻转期后，体内的组织器官已经形成，胚子吸收营养由胚子第 2 环节背部的脐孔吞食完成，卵黄中的微粒子孢子可被吞食到消食管时，这时候微粒子孢子借胃液的作用开始发芽，放出孢原质，寄生各组织细胞。这是微粒子孢子通过胚种传代留根的主要方式。这样的卵孵化出的蚁蚕成为经卵传染的个体。在同一病蛾所产的卵中，以迟产出的卵感染率高。

（2）食下传染。由于蚁蚕孵化后食下被微粒子孢子污染的卵壳或蚕期食下附有微粒子孢子的柞叶而引起的传染。

孢子污染到卵面的途径有：①患病雌蛾产卵时卵管膜上的孢子附着于卵面上；②雌蛾产卵时其体表携带的孢子附着于卵面上；③产卵室、保卵室或孵卵室残存的微粒子孢子借助尘埃落到卵面上；④装卵和收蚁用具上沾染上孢子可直接黏附在卵面上；⑤人为操作可将环境中的微粒子孢子带到卵面上。

微粒子孢子扩散到柞叶上的途径有：①柞坡中残留的病蚕或患病昆虫的尸体或粪便，其中有大量孢子可随风飘落到柞叶上；②病蚕或患病柞树害虫的蜕皮、消化液及粪便直接污染通过降雨柞叶；③某些捕食性昆虫或鸟类在取食感染微粒子病柞蚕或柞树害虫后的排泄物将孢子扩散到柞叶上；④遗留在蚕场中的柞蚕茧，或蚕期感染微粒子病，子代蜕皮、粪便、消化液中的孢子污染柞叶，由于是新鲜孢子，对蚕的传染力更强。

食下传染发病的幼虫，发育缓慢经过时间长，从感染到死亡的时间，因感染时期和感染剂量而不同。幼虫期感染的个体大多数能化蛹，羽化产卵传给下一代。

（3）柞蚕的微粒子病的发生与消长。

1）母蛾患病的轻重不同所产下的卵感染程度不同。患病重的蛾产下的卵，能全部被感染。患病轻的母蛾对蛾卵的感病程度不同，有部分感染而部分不会被感染。

2）不同的柞蚕品种对柞蚕微粒子病的抵抗力和对子代的传染程度也不同，如河三九比较抗病。多丝量品种如豫 7 号、宛黄 1 号、宛黄 2 号等抗病力较弱。

3）柞蚕的不同发育时期对柞蚕微粒子病的抵抗力不同。小蚕（1～3龄）起蚕、饥饿蚕抗病力差，感染后病程短，死亡率高。大蚕期抵抗力比小蚕期强，即使感染上微粒子孢子也可作茧。

4）在环境条件因子中，温湿度对微粒子病的影响较大。湿度过高、过低均会不同程度降低蚕体抵抗力，特别是小蚕期低温（5℃以下）、大蚕期高温（30℃以上）更为明显，过于潮湿也会使蚕抗病力下降，民间有"潮生锈"的说法。这与健康蚕饮用被孢子污染的雨水和食下被污染雨水污染柞叶而造成重复感染有关。总之，在温度高、湿度大的条件下发病情况严重。

5）昆虫与柞蚕的交叉感染。柞坡中与柞蚕有交叉感染的野外昆虫，其发生量和患病率与柞蚕微粒子病发病率呈正相关。柞坡中患微粒子病昆虫种类越多，发生量大，患病率越高，柞蚕微粒子病相应就越重，反之则轻。

五、防治

柞蚕微粒子病既可通过胚种传染又可食下传染，因此生产上只有采取综合防治措施才能有效控制该病的发生。

（一）加强雌蛾镜检，同时做好蚕期补正检查工作

杜绝胚种传染是防治柞蚕微粒子病的关键。可采取以下措施有效控制柞蚕微粒子病的发生。

（1）增加种卵投放量，严选蚕蛾。适当增加种茧数量，扩大淘汰病蛾范围，将病蛾及可疑蛾全部淘汰。

（2）单蛾制种，严格显微镜检查。经目选保留的雌蛾，实行单蛾产卵，产卵后用显微镜检查雌蛾，培训镜检人员，严防镜检误差，淘汰并销毁有微粒子孢子的蛾卵，这是目前生产中控制柞蚕微粒子病的主要方法。为了提高柞蚕微粒子病的检出率，可采取对检、复检等镜检方法。

（3）做好蚕期补正检查。补正检查主要用于蚕种生产，应于1~2龄蚕期，挑选弱小蚕、迟眠迟起蚕进行迟眠蚕检毒工作，发现有病蛾区，应立即整区淘汰并焚毁。

（4）严格进行蚕室、蚕具、保卵室、暖卵室及包括柞坡在内的养蚕环境消毒工作，可以有效减少蚕卵微粒子孢子的二次感染。

（5）建立柞蚕种茧专用繁育基地，严格控制接触被微粒子孢子污染过的物资，蚕期发现病、弱、小蚕及时剔出并销毁。严禁种茧和丝茧混养。

（6）消灭蚕场害虫，防止柞蚕与害虫间交叉感染微粒子病。在每年养蚕前、后，做好蚕场害虫虫口密度调查，及时根据调查结果做好蚕场害虫药物防治工作，减少野外昆虫与柞蚕的交叉感染和扩大传染。

（7）加强蚕期饲养管理，提高蚕体抗病能力。做到适时出蚕，选用适熟柞叶；适当稀放，及时匀移，不使缺食，不眠光枝，做到良叶饱食，增强蚕儿体质，提高抗病性。5龄营茧达80%时，剔除不结茧蚕。保种、制种期间防止过度潮湿，相对湿度保持在60%~70%，以防诱发微粒子病。

（二）高温处理柞蚕蛹防止微粒子病胚种传染

（1）按省良种繁育标准选择合格种茧。

（2）处理前做好室温调试，把温度控制在50℃左右；同时，做好种茧雌雄分离工作，分离后的雄茧要另外存放。高温处理前防止过量使用DDV。

（3）高温处理于10月进行，处理温度42℃，处理时间13h或处理温度44℃，处理时间10h。

（4）高温处理结束后，要给处理过的雌种茧加上标签。暖茧时，对于处理过的雌种茧，因对温度反应迟钝，应提前3d放进暖茧室。

（5）处理室内不能有异味，特别是化学药品之类。处理完毕后，要保持干燥，温度均匀，以免产生不良影响。

第三节　柞蚕细菌性病

柞蚕细菌性病有细菌性胃肠病、败血病、起缩病。其中蚕农俗称"屙烟油"的一种细菌病，近几年在河南1～3龄柞蚕小蚕期发生较多，特别是连续低温阴雨天气发生严重，危害程度仅次于微粒子病、脓病和败血病，小蚕期减蚕率可达5％～10％。我们暂称它为柞蚕细菌性胃肠病。

一、柞蚕细菌性胃肠病

（一）病症

每龄饲食期发病，食欲减退、精神不振、体躯逐渐收缩。病蚕胃液清白色，pH值近中性。病蚕排黑褐色稀粪，并污染肛门。病势再进一步发展，粪便呈灰白色。在眠中发现的病蚕，体躯略有收缩，尾部焦黑。病重的蚕皮多褶皱，不能脱去旧皮。有的病蚕由于体内营养物质消耗过多体躯干瘪呈松软状，蚕农称之为"皮条"。有的病蚕腹中空虚，胃容物发酵产生气体致使蚕腹膨状，蚕农称为"空腹"。病蚕一般经历5～6d才毙命，体色变化较慢，病死后由于细胞的繁殖，尸体逐渐变成褐色，有轻微臭气。

（二）病原

从病蚕肠胃中分离病原，可看到大部分病蚕被链球菌寄生。链球菌呈球形，一般两两相连，在分裂增殖期呈长链状，菌体直径1.2μm，不产生孢子。但通过添食，仅少数柞蚕发病。因此，河南柞蚕细菌性胃肠病的病原，目前尚无定论。一般认为本病的发生是蚕体机能生理性病变加不良环境因素共同作用造成的。与柞蚕空胴病略有不同。

（三）传染规律

柞蚕细菌性胃肠病的发生与环境条件的关系：①与气候的关系，低温、冷雨，持续时间长，或天气长期干旱，蚕儿发育不良，雨后发生严重，怀疑与大气污染有一定联系；②与放养技术的关系，稀放蚕体强壮，发病较轻；密放蚕体发育不良，发病较重。

二、柞蚕败血病

柞蚕败血病是因操作不当造成柞蚕体皮创伤或蚕、蛾相互抓伤后，细菌侵入蚕、蛾血液中大量繁殖，使蚕、蛾体内部组织器官逐渐液化分离，然后在受伤处或尸体上出现黄褐色、黑褐色或红色病斑，即为败血病。

（一）病症

柞蚕败血病常发生在幼虫期和蛾期。

（1）蚕期症状。败血病是一种急性病，随温度的高低病程有所变化。柞蚕感染病原后，在25℃温度中2d左右死亡。病蚕初期行动迟缓，食欲减退，多数病蚕吐消化液，排不正形链珠粪或稀粪。腹中空虚，体躯收缩而后膨胀，腹足、尾足失去把握力，落地死亡；有的病蚕头尾向背面弯曲呈"V"形悬挂在柞枝上，皮肤上显现不定位的褐色小点，同时发生痉挛现象，随着病势发展，柞蚕迅速死亡，内容物液化；有的病蚕食欲不振，体躯逐渐瘦弱，皮肤多皱，经常死于眠中或脱皮之际；死后尸体颜色，因病原菌种类不同而有所差别，蜡质芽孢杆菌致死病蚕呈有黑褐色或黄褐色；灵菌致死病蚕呈红褐色；短杆菌致死病蚕呈黑褐色；体内腐烂液化而生臭气。柞蚕败血病蚕如图5-11所示。

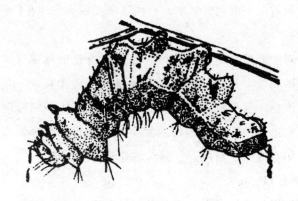

图5-11　柞蚕败血病蚕

（2）蛹期症状。感病的蚕蛹，从外观上看不出显著症状，只能从颅顶板看出病程变化，颅顶板逐渐由白变暗。蚕蛹被细菌大量繁殖后，血液混浊，内部组织全部腐烂液化，触破蛹腹部体壁后，流出体液，有难闻的恶臭味。体液颜色随菌种而有所差别。

（3）蛾期症状。蛾发病后，精神萎靡不活泼，腹部松软，静伏于蚕筐底部。早期发病蚕蛾不交尾或交尾慢，易开对，鳞毛、胸足及双翅等易脱落。尸体腐败有臭气。

（二）病原

引起柞蚕败血病的病原菌种类较多，常见有以下 3 种：蜡质芽孢杆菌、灵菌、短杆菌（图 5 - 12）。

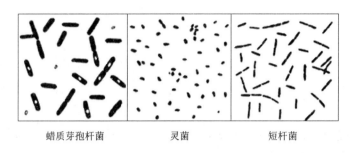

蜡质芽孢杆菌　　　　灵菌　　　　短杆菌

图 5 - 12　败血病病菌

（1）蜡质芽孢杆菌。蜡质芽孢杆菌是一种能形成芽孢的大杆状菌，在繁殖过程中芽孢阶段对外界的抵抗力最强，在自然界里常以芽孢状态存在。芽孢为椭圆形，在 23～30℃条件下，柞蚕血液中的芽孢逐渐膨大，此后膨大的芽孢渐渐伸长，从芽孢一端发芽，发芽的菌体呈杆状并生鞭毛，开始运动并分裂繁殖，并在菌体中央形成芽孢。

（2）灵菌。灵菌又称赛氏杆菌，是一种短杆菌。周生鞭毛，能运动，不形成芽孢，能产生红色的灵菌素，菌落玫瑰红色、半透明，病蚕尸体呈红色。

（3）短杆菌。短杆菌菌体为小杆状，有鞭毛，运动活泼，菌落呈灰白色。

（三）病变

引起柞蚕败血病的细菌都能分解淀粉、脂肪、蛋白质并发酵成糖类，能在中性和微碱环境中进行生长，因此在蚕的血液中生长繁殖很快。由于病菌分解和发酵蚕血液中的有机物，引起病蚕较快死亡并溃烂发臭。

（四）传染规律

柞蚕败血病病原菌被蚕儿食下后，一般不会致病。败血病大多由创伤感染细菌引起，细菌从伤口进入蚕（蛾）体后，便在血液中迅速繁殖，导致很快死亡。由此可知，创伤传染是其主要传染途径。生产中，发生创伤感染细菌的机会很多。收蚁不及时,小蚕群集,相互抓伤,易引起感染;蚕期因操作粗放引起创伤,病原菌通过伤口侵入蚕体引起败血病的发生;制种期挂茧过密发蛾拥挤,造成蚕蛾相互抓伤,造成病原菌感染引起发病。

三、防治

除进行蚕室蚕具(孵卵盒)彻底消毒防病外,应当做好以下工作:

(1)制种期,挂茧密度适中,及时捉蛾、晾蛾、提对,防止蚕蛾相互抓伤。

(2)及时收蚁,边出蚕边收蚁,防止相互抓伤感染病菌。

(3)蚕期做到良叶饱食,体质强健,及时剔除弱小、病蚕,分批饲养。

(4)移蚕、匀蚕、采茧操作细致,减免蚕儿创伤机会。

第四节 柞蚕硬化病

柞蚕硬化病由真菌侵染引起的,蚕死后尸体僵硬而得名。营茧期高温多雨的情况下发生严重,有白僵病、曲霉病两种。

一、病症

白僵病主要发生在大蚕期,特别是雨水多的年份,放养密度大的5龄期蚕场发病较重。采用小蚕保护育,若消毒不彻底,也易发生白僵病(图5-13)。

(一)蚕、蛹病症

感病初期,无明显症状。随着病势的发展,病蚕行动呆滞,食欲减退,在体壁上,尤其在气门周围,腹足末端呈现黑褐色的斑点;随着病势加重,停止进食,静止不动,伏于枝叶上,头胸抬起,向前伸出,慢慢死去。刚死时,肌肉松弛,尸体柔软,继而变硬,体微红,很快长出菌丝。5龄后期,被侵染的蚕,还可以结茧,多数在化蛹前死亡,少数化蛹后死亡,硬化干涸,尸体长出菌丝和孢子,形成坚硬的僵蛹,摇茧时发出清脆的响声,俗称"响茧"。

178

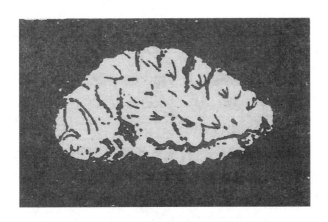

图 5-13 柞蚕白僵病蚕

（二）蛾期病症

没明显症状，拆对后产卵不活泼，腹部硬化死去。

二、病原

柞蚕白僵病的病原为白僵菌（图 5-14），是一种真菌，菌体呈丝状。菌体生长发育周期中有分生孢子、营养菌丝、短菌丝和气生菌丝等阶段。分生孢子多数呈球形，无色透明，孢子堆在一起，外观呈白色粉状。营养菌丝无色透明，有分枝，有隔膜，为多细胞菌丝。短菌丝分布在蚕体内，形状为短棒状或椭圆形。气生菌丝无色透明，有分枝、隔膜，其上着生瓶状分生孢子梗，顶端呈"之"字形弯曲，小梗着生在弯曲处，由此着生分生孢子。

三、病变

（1）体壁。僵菌孢子落到蚕体后，在适当的温湿度下，发出芽管，分泌几丁质酶溶解体壁，侵入寄生，致使体壁上出现黑褐色病斑，死后，周身布满菌丝和白粉状孢子。

（2）血液。孢子侵入蚕体后，首先在血液中生长繁殖，在生长过程中形成营养菌丝和短菌丝，由于它们的形成以及产生淡红色素和草酸钙结晶，致使血液变浑浊，改变了原有的理化性质，不能进行正常血液循环。

179

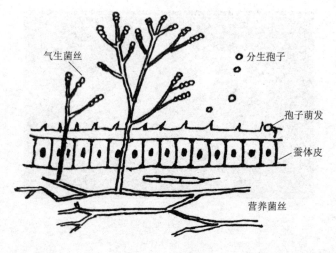

图 5-14 白僵菌

（3）其他组织。在血液中寄生初期，随着血液循环流动，侵染其他组织细胞，并吸收营养和水分，使它们萎缩失水，导致蚕体干涸硬化。

四、传染规律

柞蚕白僵病是由白僵菌的分生孢子通过体壁侵入蚕体而感染。白僵菌的分生孢子落在蚕体后，在25℃和90％以上的相对湿度下发出芽管，同时分泌几丁质酶（分解蚕的体壁）、蛋白酶、酯酶，并借助芽管的机械压力侵入蚕体内，在血液中形成分枝有隔膜的营养菌丝，不断吸收营养和水分，继而产生短菌丝，短菌丝脱落在血液中，发育成新的营养菌丝。在大量繁殖的同时，并分泌毒素。这些真菌毒素和钙、镁离子络合成结晶，改变血液理化性质。另外白僵菌还产生红色色素及草酸钙结晶等。

五、防治

白僵病在河南发生较少。在蚕区进行森林飞防时，要严格限制和使用白僵菌农药防治农林害虫，以防造成柞蚕受害。高温多雨天气，要选用通风良好的蚕场，及时剔除发病个体，隔离病原，防止侵染。

第五节　柞蚕农药中毒症

柞蚕农药中毒症，是由于蚕具沾染农药或蚕场周围施用农药随空气流动飘进蚕场，破坏了蚕体的正常生理机能，造成柞蚕死亡的一类非传染性病害。

一、引起柞蚕农药中毒的种类

农药中毒是柞蚕生产中比较常见的一种生产事故。引起柞蚕中毒的农药有：有机磷、有机氯、拟除虫菊酯和植物性杀虫剂。

二、柞蚕农药中毒后的几个时期

中毒后，一般表现的症状可分为以下几个时期：

(1) 潜伏期：接触农药后活动正常或接近正常。

(2) 兴奋期：蚕停止取食，乱爬并吐少量的丝。

(3) 痉挛期：蚕出现苦闷、痉挛、挣扎、吐液、昂头及排污液等症状。

(4) 麻痹期：失去抓着力，倒挂或胸足抓住柞树枝条，背血管搏动缓慢。

(5) 死亡：蚕体对外界刺激无反应，背血管停止搏动。

三、各类农药中毒症状

(1) 有机磷农药中毒。敌百虫、敌敌畏、对硫磷、1059 和 1605 等有机磷农药可引起柞蚕急性中毒。中毒蚕头部收缩昂起、胸部膨大、吐绿色消化液（遇空气氧化后呈黑褐色）、痉挛、排不整形粪，吐出的污液常常污染全身，腹足麻痹失去抓着力，体躯后半部的节间收缩，有脱肛现象，很快死亡。

(2) 有机氯农药中毒。杀虫脒、杀虫双等农药造成中毒，蚕乱爬、兴奋、吐乱丝，慢慢死去。轻微中毒的可营薄茧。杀虫双还可以引起蚕体瘫痪、不营茧，死后尸体干瘪不腐烂。

(3) 拟除虫菊脂类农药中毒。中毒蚕头胸昂起、乱爬、胸部膨大、尾部收缩、头胸及尾部向背部翘起，失去抓着力，有的胸部弯曲成螺旋状。

（4）植物性杀虫剂中毒。烟草、鱼藤精等可引起中毒。烟碱通过触杀、胃毒及熏蒸作用使蚕中毒，中毒后麻痹的时间长，胸部膨大，头及第一胸节紧缩，前半身昂起并向背部弯曲，吐胃液，排软粪，腹足失去抓着力。轻度中毒的蚕可复苏吐丝营茧。鱼藤精对蚕有触杀和胃毒作用，呈慢性中毒，潜伏期长，静伏不动，作假死状，呼吸受阻，背血管搏动微弱，全身无力，缓慢死去。

四、预防农药中毒的发生

（1）严禁蚕室蚕具接触农药，特别是拟除虫菊脂类残效期长的农药，蚕用喷雾器要固定专用，不能用其喷洒农药。

（2）严禁在蚕期进行森林飞防作业，若必须飞防作业，不得在有风天气作业且距离蚕场 20km 以上。

（3）防治柞蚕场害虫，喷洒农药时必须严格掌握农药残效期，以免蚕儿误食中毒。

第六节　柞蚕病害的综合防治

柞蚕病害的发生和蔓延是由病原的侵染、蚕体的生理状况及环境条件等多种因素共同作用的结果。因此，蚕病的防治必须在了解和掌握各种蚕病的发生规律的基础上，创造适合蚕体正常生长发育的环境条件和采取有效技术措施，增强和提高蚕儿生命力和抗病力，杜绝和减少病原微生物对蚕体的侵染。蚕体、环境和病原是统一整体，应根据不同地区、不同季节、不同情况采取有力措施，抓住诱发蚕病主要矛盾，采取预防为主、综合防治总方针，改善不利环境条件，使各种防治方法同蚕业技术紧密结合，将蚕病消灭于萌芽状态，实现柞蚕生产的优质、稳产和高效。

一、彻底消毒、消灭病原、预防侵染

危害柞蚕生产，导致蚕茧产量不稳定的重要因素是由各种病原微生物

引起的传染性蚕病。自然环境中，病原微生物分布广泛，存活能力强。因此，在蚕病的综合防治中，必须进行彻底消毒，消灭病原，杜绝传染。

（一）做好蚕室、蚕具、蚕坡消毒工作

蚕室、蚕具、蚕坡是病原微生物存在的场所，也是扩大传染的发源地，特别是通过连年的制种、养蚕积累了的大量病原，虽然经过日晒、雨淋、严寒等不利环境使病原微生物的致病力有所衰减，但还是有较强的致病力。所以在制种前要对保种室、暖茧室、保卵室、蚕具等进行严格消毒，用3%福尔马林液或毒消散（5g/m³）或1%有效氯漂白粉或2%石灰液进行密闭喷洒消毒，消灭病原。

（二）妥善处理病死蚕、蛾、蛹等遗留物，防止病原扩散

（1）蚕期发生的病蚕及尸体要做到及时收集深埋或焚烧。

（2）摘茧时好茧和血茧分别放置，血茧不要带回保种室。运回保种室的蚕茧要及时摇选，血茧要另外存放。

（3）制种时，淘汰的病弱蛾、剪掉的蛾翅及淘汰病蛾卵等废弃物要集中烧毁。同时，要严格按照良种繁育规程操作，加强微粒子病镜检检验管理工作，严防漏检、错检。

（4）做好卵面消毒工作。蚁蚕孵化后有咬食卵壳的习性，为防止卵面带毒，而使蚕儿染病。因此，要做好卵面消毒工作，预防蚕病发生。

二、选用良种，增强蚕体对病原的抵抗力

蚕种质量是关系蚕体强健与否的重要因素，选育和选用适应本地气候特点、抗病力强的蚕品种及推广杂交种是柞蚕生产获得稳产、高产的重要保障。研究显示，蚕体的抗病能力个体间、不同品种间存在差异，且受遗传基因控制。因此，在蚕种生产过程中严格进行四选（选茧、选蛾、选卵、选蚕），淘汰有病和体弱个体是提高蚕种质量的重要措施之一。

（一）选用抗病品种

柞蚕品种间或同一个品种的个体间，或不同发育阶段的柞蚕对疾病的抵抗力都存在着差异。谢秉泉等（1984）通过对柞蚕品种核型多角体病毒感染的抵抗力进行测定研究发现：河南省现行的柞蚕品种33、39抗病力强，

河 41 抗病力差。二化性品种比一化性品种的抵抗力强。不同发育阶段的柞蚕对微粒子病的抵抗力，以五龄期最强，三龄期最弱。因此，在柞蚕种茧饲养过程中，要严格选蚕、选茧、淘汰有病和体弱的个体，以提高蚕种质量。

（二）商品茧生产全面推广杂交种

杂交种比纯种抗病力强，适应性广，强健好养。杂交优势以杂种一代最大，因此，生产上要选用优良杂交组合，以防乱交混交；杂种优势的大小与两亲纯度有关，繁育单位应确保品种纯正，严防品种间混杂；认真做好雌雄分离，保证异品种交配，充分发挥杂种优势；调节蛹体发育进度，做到按时交配，提高种卵质量。在同等管理水平下，杂交种一般可增产15％～20％，应大力提倡推广柞蚕杂交种。河南现行的杂交组合有 33×101，豫 6 号×早以及豫杂 5 号（豫大 1 号×101）。

（三）认真做好蛹期、卵期的保护工作

蚕体强健性是由遗传、饲养管理水平、不同发育阶段保护和外界环境条件优胜劣汰自然选择的结果。只有在柞蚕不同发育阶段给予合理的保护，满足其正常生理需要，减少不良环境条件对其影响，才能保持体质强健。优良的蚕种在蛹期和卵期保护管理不当，也会影响蚕蛹和蚕卵的正常生理，导致体质虚弱，降低了对蚕病的抵抗力，一旦遇到不良环境条件就容易诱发蚕病。因此，加强蛹期、卵期的保护管理工作，也是预防蚕病的积极措施。

（1）蛹期保护。柞蚕蛹是蚕的幼虫期到成虫期的变态期，是幼虫体内组织器官离解和成虫器官形成的时期。一化性蚕蛹蛹期要经过 240 多 d，室内保茧温度在－2～30℃，相对湿度以 75％为适宜。夏秋以防高温、闷热为主。冬季经接触低温解除滞育后，对温度变化相当敏感，保种温度应控制在 0～6℃，相对湿度 50％～60％为宜。

保种期间种茧要平摊在茧床里，防止堆积过厚，厚度以 3～4 粒茧高为宜，并注意通风。

暖茧时种茧要及时穿挂，避免伤热。暖茧期蛹体内部变化剧烈，蚕蛹呼吸旺盛，因此，暖茧时除了注意调节温、湿度外，还要做好通风换气工作，防止室内空气污浊，影响蛹体发育。

（2）卵期保护。卵期是由胚胎发育形成蚁蚕的过程。胚胎发育代谢旺盛，呼吸作用强烈，对环境条件异常敏感。因此，要加强卵期保护工作，减少不良环境对蚕卵胚胎发育的影响。

春蚕孵卵温度 22℃，相对湿度 75％～80％ 为适。温度高、湿度大，胚胎发育加快，能量消耗增加，胚胎虚弱，对疾病抵抗力降低；温度低、湿度小，发育延缓，孵化不齐，蚁蚕瘦小体弱，易诱发蚕病。

（四）加强饲养管理，增强蚕儿体质

幼虫期是柞蚕获取能量完成一个世代四个变态的重要时期。蚕生命活动所需营养及能量，均来自柞蚕幼虫食用柞叶后的能量转换。因此，幼虫阶段的营养状况对柞蚕体质影响极大，选择适宜的蚕场和饲料，直接关系到蚕体强健和抗病力。生产中要严格进行蚕前蚕后的消毒防病工作，做好蚕期饲料选择和调节，确保蚕体强健。

（1）根据蚕儿不同发育阶段对饲料营养的需求，合理调配柞坡，满足蚕儿生长发育的需要。

蚕的不同发育时期对叶质及环境条件要求不同。小蚕期应选择背风向阳的东南或南向蚕坡，树龄 2～3 年柞树，富含蛋白质、碳水化合物和水分适量的适熟柞叶。大蚕期应选择东向或北向山上部通风良好的柞坡，因食叶旺盛，应选择碳水化合物、蛋白质和水分丰富的一年生火芽为宜。

（2）加强技术管理，适当稀放，及时匀蚕、移蚕。

为了保证蚕儿良叶饱食，体质强健，减少蚕儿因蚕饥饿而串坡、跑坡，减少因剪移不及时造成蚕眠光枝、晒眠子和灌眠子而诱发蚕病，要做到适当稀放，及时匀蚕、移蚕。

第七节　柞蚕消毒防病技术

在柞蚕生产过程中，消毒防病是夺取蚕茧优质高产的一项重要技术环节。必须贯彻"预防为主、综合防治"的方针，切实掌握发病的原因、规律及病症，因地制宜地采取防治措施，达到消毒病原的目的。

一、消毒的原理

消毒就是通过物理的（光线、高温、干燥等）、化学的（药物）和生物的方法，杀灭引起柞蚕发生疾病的病原微生物。实践证明，全面彻底地严格消毒，是减免柞蚕病害发生，提高蚕茧产量和质量的关键措施之一。

（一）消毒的方法分类

（1）物理消毒法。利用物理作用杀死病原体。包括蒸煮或沸水消毒、烧毁、日光消毒、臭氧消毒、紫外线消毒及加热消毒等方法。

（2）化学消毒法。利用消毒药物杀死病原体。有液体消毒药物、粉剂、气体消毒剂。

（3）物理化学消毒法。同时使用物理和化学方法杀死病原体。

（二）消毒的原理

（1）物理消毒法。利用热力等物理作用，使微生物的蛋白质及酶变性凝固，以达到消毒、灭菌目的。

（2）化学消毒灭菌法。利用化学药物渗透细菌体内，破坏其生理功能，抑制细菌代谢生长，从而起到消毒的作用。

（3）对消毒药的抵抗力。消毒药物对病原的杀灭能力强弱与病原体的体壁厚薄有关。体壁厚抗力强的病原体承受消毒药物粒子渗透能力强，因此，不易死亡；而体壁薄抗力弱的病原体承受消毒药物粒子渗透能力弱，一受粒子冲撞就会死亡。所以，消毒药物的杀灭效力因病原不同而有差异。

（4）阻碍消毒力的因素及消毒时应该注意的事项。

1）阻碍消毒力的因素。在实际消毒中，病原体常伴有有机物（生物的排泄物和尸体）。因此，对消毒有下面几种阻碍作用：①病原的隐蔽，在一小块排泄物或尸体中能隐藏着几万个至十几万个病原体，消毒药物粒子无法进入；②对消毒药粒子的吸附，大块的有机体吸附着大量消毒药物粒子，造成消毒液中自由活动的粒子数减少（浓度减稀）导致消毒力的降低；③由于 pH 值的变化致使消毒药剂活性化降低，从而导致效力下降。

2）消毒应注意的事项：①应选择杀菌力、杀毒力强及受有机物 pH 值影响而不降低活力的消毒药剂；②采用有效的方法进行彻底的消毒，首先除去污垢，再用消毒液洗涤，最后使用足量的消毒液和消毒浓度进行消毒。

二、蚕室蚕具的消毒程序

（一）打扫

将蚕室（暖茧、制种、保卵和孵卵）内的各种蚕具搬到室外，然后先室内，后室外，依次对蚕室内外进行一次大扫除，并把周围环境彻底打扫干净。

（二）清洗

将保茧、暖茧、制种、保卵、养蚕等各种用具，放在清水（最好是流水）中清洗干净，然后放在清洁的地方晒干。所有房屋的四壁内外、上下和周围环境，都要用清水冲洗干净，使潜藏的病原充分暴露，便于杀灭。使用池水洗刷蚕具时，池水一定是活水，不能用死水池洗刷蚕具。

（三）刮削

消毒前先对室内墙壁、地面用清水湿润后，用铁器将附着的柞蚕病蛹脓汁污染残留血块刮掉，然后再用清水刷洗干净。

（四）消毒

蚕室内外地面、四壁和房顶先用5％～10％的石灰乳喷刷一次，然后再选用其他化学药品消毒房屋和工具。

（五）消毒后的管理

消毒后的蚕室、蚕具，在使用前要严格封闭，不要随便进入和使用，以免外界病原的再次污染。

三、消毒药剂的配制和使用

化学消毒是应用某些化学药剂作用于病原微生物，造成病原微生物原生质变性，酶类失去活力而失去致病力，从而达到防病的效果。在柞蚕生产中已被广泛应用并有显著效果的药物主要有漂白粉、福尔马林、毒消散、石灰、盐酸、烟雾剂等。

（一）石灰浆消毒

（1）性质和消毒作用。生石灰块的主要成分是氧化钙（CaO），溶于水

变成 $Ca(OH)_2$，呈碱性。

（2）消毒对象。对柞蚕血液型脓病多角体有强烈的杀灭作用，生产上多用于柞蚕血液型脓病核型多角体病毒的杀灭。

（3）适用范围。在柞蚕生产中，用于浸泡蚕具消毒、粉刷蚕室的墙壁、喷洒地面消毒等。也可用 1‰～2‰ 的石灰浆喷洒蚕坡和柞墩叶面。

（4）配制方法。先将生石灰块加水粉化（约 5kg 块灰加水 2～2.5kg），然后取石灰粉加水配制成所需的浓度。

（5）消毒标准和方法。地面消毒，用石灰乳消毒液浸入地下深 0.5～1cm；水泥地面、四壁和房顶等，以全面喷湿为度。

（6）注意事项：

1）因新鲜石灰粉接触空气后，吸收空气中的水分和 CO_2，逐渐变成碳酸钙（$CaCO_3$）而失去消毒作用，生产上注意密闭保存或现配现用，且新鲜石灰块要防潮，防止分解。

2）喷雾消毒时，要不断搅拌，用其混浊液。

3）应随配随用，不可放置过久。

（二）福尔马林消毒

（1）性质和消毒作用。福尔马林是甲醛（HCHO）的饱和水溶液，甲醛在常温下是气体，有刺激气味。甲醛溶于水的含量一般是 35%～40%，呈弱酸性。甲醛具有强烈的还原作用，能使病原体的蛋白质凝固变性而失去致病能力。甲醛在高温、低温或强光的影响下，会发生聚合作用，生成白色沉淀物，杀菌力下降。遇此情况，可加入少量碱性物质使其解聚还原。

附甲醛还原方法，取沉淀变性的甲醛 1 份，加碱性溶液（0.4% 的 NaOH，或 0.8% 的 Na_2CO_3，或 0.3% 的石灰乳）1 份，等量混合摇匀，放在温暖的地方，待沉淀物完全溶解后，浓度按其半数（如 34% 的甲醛，还原后按 17% 计算）配成 3% 的消毒液，用以消毒房屋和工具。

（2）消毒对象。对血液型脓病、微粒子病、软化病和白僵病的病原体都有强烈的杀灭作用。

（3）适用范围。可用于蚕室蚕具和蚕卵消毒。

（4）配制方法。用量杯或天平等器具按比例称量原液和净水，混合摇匀即成。公式：

$$\frac{原液浓度（\%）－目的浓度（\%）}{目的浓度（\%）}=加水倍数$$

蚕室蚕具消毒的浓度是 3%。

（5）消毒标准和方法。蚕室消毒的喷洒量为 $180mL/m^2$，喷药要均匀细致，面面喷到，不留死角。使用喷雾器把药液喷洒于房屋的四壁、房顶和地面，蚕具内外也应全部喷湿。室内加温至 24℃ 以上，并保温 5h 以上。房屋喷药后，门窗缝隙要用纸条封闭 24h，打开门窗换气 1 周再使用。

（6）注意事项。发生沉淀聚合的甲醛，需经还原后再使用。

（三）漂白粉溶液消毒

（1）性质和消毒作用。漂白粉的主要成分为次氯酸钙 $[Ca(ClO)_2]$，呈强碱性，能溶于水。次氯酸钙在分解变化中的强烈氧化作用可以杀菌。漂白粉杀菌力的强弱，在于有效氯含量的高低。因此消毒液的浓度标准以含有效氯的百分比来表示。

（2）消毒对象。对血液型脓病、败血病、微粒子病、僵病等的病原体都有强烈的杀菌作用。

（3）适用范围。蚕室和蚕具。不宜消毒棉织品及金属用具。

（4）药液配制。先测定漂白粉的有效氯含量，然后按前述公式计算加水倍数，进行配制。如漂白粉含有效氯 25%，即 1kg 漂白粉加水 12kg。

$$漂白粉用量=\frac{消毒液目的浓度}{漂白粉有效氯含量}×消毒液用量$$

调配时，先用少量水将漂白粉调成糊状，再将全部清水加足，充分搅拌，加盖静止 1～2h 后，取澄清液消毒。

（5）消毒标准和方法：

1）浓度，含有效氯 1% 的漂白粉溶液。

2）药量，每间蚕室用 25～30kg 漂白粉溶液。

3）时间，在使用前 3～4d 消毒。喷药后保持湿润 30min 以上。

为确保湿润，提高消毒效果，消毒前蚕室蚕具用水全面喷湿或洗刷后即行喷药。蚕室蚕具一律用喷雾法全面喷雾消毒。若需浸渍消毒时，则要经常更换药液，以保持有效消毒浓度。

（6）注意事项：

1）药液要当天配制，当天使用。

2）不要在日光下和强风处消毒。

3）漂白粉有强烈的腐蚀性和褪色作用。因此，消毒前要将铁器、电器用塑料薄膜包好，棉织品不宜用漂白粉液消毒。

4）漂白粉的腐蚀作用，在消毒后很快消失。因此，消毒后的蚕具不要用水再洗，以免被水中的病菌污染。

5）室内放有蚕具，消毒时可按面积适当增加药液量。

（四）毒消散熏烟消毒

（1）性质和消毒作用。毒消散为白色晶体，加热后液化，再气化蒸腾。其气体主要成分是甲醛，对多种病原体都有强烈的杀灭作用。

（2）消毒对象。主要用于柞蚕血液型脓病、软化病、空胴病、僵病及微粒子病等多种病原体的杀灭。

（3）适用范围。凡是门窗齐全，可以密闭的蚕室、各种用具，都可使用毒消散消毒。

（4）消毒标准和方法：

1）用量，密封较好的蚕室，$4g/m^3$。蚕具放在蚕室内一起消毒时，不必另加药量，密闭性差的房屋，$5g/m^3$。

2）时间，消毒时室温升到24℃，并保持5h以上，而后再密闭24h。

3）消毒前，先用纸条糊封门窗缝隙，防止烟雾外散。蚕室蚕具要先用净水喷湿，以增强消毒效果。室内加温至24℃后，将毒消散药粉均匀薄摊在消毒锅内，放在火源上使其自行气化，经15～30min药剂发烟完毕。室温继续保持24℃以上5h，密闭24h，再打开门窗排除药味，待药味完全散发后方可使用。

（5）注意事项：

1）必须严格控制火源，即使药粉发烟充分，又不使药粉着火燃烧，以防药剂燃烧损失烟量，降低消毒效果。

2）消毒时，要有值班人员看守，注意安全，防止火灾发生。

3）房屋、用具一经消毒，不能再用水洗，以免污染。

第八节　柞蚕常用药物介绍

（一）蚕病灵

（1）作用机理。抗菌药，通过干扰 DNA 的复制使细菌死亡。

（2）适应症。防治柞蚕软化病。

（3）用法与用量：

1）蚕 1 龄眠起后用本品 100g 兑水 15kg 稀释后，均匀地喷洒于柞树叶上，以叶面布满雾滴为宜。见有软化病发生，需以 200g 药兑水 15kg 喷施防治。

2）秋季蚕卵消毒后，每瓶"蚕病灵"兑水 5kg 稀释，浸卵 5min，待卵面半干后，拿到山上收蚁，药剂现用现配。

（4）注意事项：

1）不要选择阴雨天用药。

2）禁止的用装过农药的喷雾器喷药，以防蚕儿中毒。

（二）蚕脓清

（1）药理作用。内含新型抗体病毒病、细菌病中药提取物，干扰病毒蛋白的合成。

（2）适应症。预防脓病的发生，减轻脓病的扩大传染。

（3）用法与用量：

1）蚕 1 龄眠起后取本品 10g 兑水 15kg 稀释，均匀喷在柞树叶上，以叶面布满雾滴为宜。见有脓病发生，需以 20g 兑水 15kg 喷施防治。

2）秋季蚕卵消毒后，每袋"蚕脓清"兑水 5kg 稀释，浸卵 5min，待卵面半干后，拿到山上收蚁，药剂现用现配。

（4）注意事项：

1）喷药不要选择阴雨天。

2）蚕场内发现脓病蚕应及时清理，以防扩散。

3）禁止用装守农药的喷雾器喷药，防止蚕儿中毒。

（三）金链素（多聚甲醛粉）

（1）作用与用途。消毒杀菌药，用于蚕体、柞树，预防柞蚕软化病和增强柞蚕体质。

（2）用法与用量。金链素15g（1袋）兑水15kg稀释后，均匀地喷在柞树叶上，以叶面布满雾滴为宜。保证蚕食叶4d以上。

（3）注意事项：

1）温水更容易溶解，药剂少许未溶解，只要搅拌均匀，不影响效果。

2）本品避免和农药一起存放，喷药器具要清洁不能用喷施过农药的喷雾器。

3）不要在阴雨天喷施。

4）可结合灭线灵片或灭蚕蝇溶液（乐果乳油）同时用药。

（四）灭蚕蝇溶液（40乐果）

（1）主要成分。灭蚕蝇。

（2）性状。本品为淡黄色到淡棕色的澄清溶液。

（3）适应症。杀虫药。用于杀灭柞蚕、家蚕体内寄生蝇蛆的药物。

（4）用法与用量：

1）使用方法1：春蚕3眠起90％，移蚕后喷药，每壶15kg水兑药75～85mL。与"渗宝"结合使用，效果更佳。为保证更佳，为保证更好的防效，可进行第三次用药。即蚕进窝茧场后立即以15kg水兑80～90mL，喷柞树从上至下2/3叶量。喷药要均匀（连同蚕体一起喷药）以叶面布满雾滴为宜。

2）使用方法2：与增效灵配合使用，使用方法详见增效灵产品说明。

（5）注意事项：

1）用药前应做小批量试验，确定无中毒症状方可大批用药，防蛆过程中蚕要适当密放，旱天时减少用药量。

2）如蚕场遇除草剂漂移产生药害，需推迟用药时间。

3）若发现蚕儿中毒，应立即移出换树，禁止用装过农药的喷雾器喷药。

4）喷完药后即下雨应在3d后重喷。

5）喷完药后蚕儿换树后立即喷药，并保证蚕食叶4d以上。

6）远离火源，避光保存，严禁与食物、饲料混放。如发生人、畜中毒，可用阿托品解毒。

（五）灭线灵

（1）主要成分：Carbendazim。

（2）性状：本品为浅褐色或灰白色圆片。

（3）作用机理：本品可抑制柞蚕寄生线虫的胆碱酯酶，从而达到杀灭线虫的作用。

（4）作用与用途：抗线虫药，用于柞蚕线虫病。

（5）用法与用量：

1）每 14 片药兑水 15kg。

2）先用少量水将药片研碎，然后加入所需水量稀释。

3）蚕儿上山后遇雨 7d 内喷药，该药能被柞叶吸收，在叶内保留一定时间，用药 20d 后如遇雨，无论换树与否，都需重新喷药。

4）将配好的药液用喷雾器均匀地喷在柞叶上，使叶面布满雾滴为止。

（6）储藏。保持通风、干燥，严防潮湿和日晒，不得与食物、种子、饲料混放。

（7）注意事项：

1）准确配药，随配随用，充分搅拌防止沉淀。

2）喷药用具要清洁，禁止和农药一起存放。

3）本品对人、畜、蚕类毒性很低，对植物安全，一般不易发生中毒事故，如误服，可用阿托品解毒或遵医嘱。

（六）蚕得乐

（1）作用与用途。用于防治各种柞蚕软化病，同时可增强蚕儿体质，促进生长发育。

（2）用法与用量：

1）卵期：卵面消毒后按 1∶10 的比例兑水，将卵浸泡于药液中，10min 后取出晾干即可，或将药液喷施于卵面上。

2）蚕期：按 1∶30 的比例兑水，将药液均匀喷洒在柞叶上和蚕体上，各个龄期均可用药，以小蚕期效果最佳。

（3）注意事项：

1）水剂先摇匀，再与粉剂充分混合。

2）保证蚕取食药叶 4d 以上。

3）喷雾器必须干净，防止传染蚕病和农药中毒。

4）一次没用完，密封后存放于冰箱中或凉爽干燥处。

5）选择晴天喷药。

（4）有效期 2 年。

（七）灭蚁粉

本品为柞蚕场新型保护剂，防控蚂蚁、蜘蛛对柞蚕的危害，由活性物、分散剂、白陶土组成。

（1）使用方法。蚕上山前用喷粉器或纱布袋装本品，振动布袋撒施，边撒边挖蚁穴，范围扩大到蚕场外至少 20m，以防场外蚂蚁侵入。

（2）储藏。在阴凉干燥处密封储存，禁止与食物、饲料一起存放。

（3）注意事项：

1）挖蚁穴要彻底，撒施要均匀。

2）必须在撒施 10d 后，柞树上才能放蚕，以免蚕儿中毒造成损失。蚕上山后如果仍发现有蚂蚁等害虫出现，应在早晨或无风天使用，以免污染树叶造成蚕儿中毒。

3）在靠近农户的蚕场应防止家禽、家畜进入蚕场。

4）人员应戴口罩、手套操作。然后要用肥皂水彻底清洗，一旦发现中毒，可口服或注射阿托品解毒。

（4）有效期 2 年。

（八）毒消散

（1）主要成分：聚甲醛、水杨酸、苯甲酸。

（2）功能与主治。消毒药，对柞蚕多种病原微生物均有杀灭作用，用于蚕室、蚕具消毒。

（3）用法与用量。按蚕室空间每立方米 3.75g，屋小 1 袋即可。蚕室蚕具经充分补湿室内温度升至 22℃ 以上时，将本品均匀平堆铁锅内，把铁锅置于火炉上加热发烟，密封熏蒸 24h 即可。

（4）注意事项：

1）本品易燃，远离火源。

2）使用时切勿直接点燃，一旦出现明火必须吹灭起烟。

3）使用时，发烟点周边不得有易燃物存在。

4）本品在使用过程中产生强烈的刺激性气味，注意防护。

（5）储藏。遮光，密封干燥处保存。

（6）有效期2年。

（九）甲虫散

甲虫散用于防控害蚕步甲（俗称琵琶斩、黑盖虫、土鳖虫）对柞蚕的危害，对蚕无熏蒸作用，有效期10d左右。因此，不宜过早使用，在辽宁地区以8月5日后开始为宜。本品由活性物、分散剂、白陶土组成。

1．使用方法

（1）使用前，先将柞树墩下的枯枝落叶、杂草及垂地枝条清理干净，防止步甲搭桥越过药环上树。然后用纱布装本品围绕柞树基部地面均匀地施成10cm宽的药带，使药带呈环状，每墩用量15～25g。

（2）也可用韭菜切成一寸长段，炒出香味，拌甲虫散撒入蚕场。

2．注意事项

（1）严防粉尘飞扬落到柞叶上，造成蚕儿中毒。

（2）药环要均匀，不要有空隙，防止步甲从空隙越过，影响效果。

（3）使用期间严防蚕儿下树，触药中毒。

（4）操作结束后要用肥皂水洗手，严禁家禽、牲畜进入蚕场，以防误食。

（5）施药人员如有不适感，应立即脱离有毒现场，重者送往医院口服或注射阿托品。

（以上药品说明由辽宁凤凰蚕药厂提供）

第六章

柞蚕的敌害及其防治

柞蚕在野外放养，经常遭受各种敌害的侵扰，它们不仅食害柞蚕，并能传播病原，严重危害柞蚕生产。因此，了解和掌握柞蚕敌害的形态特征、生活习性、发生和为害规律，采取针对性的防治措施，是保证柞蚕生产高产、稳产的关键。在危害柞蚕的害虫、害鸟、害兽等敌害中，以昆虫类危害最重，其次是鸟和兽类，蛇、蛙危害柞蚕一般较轻。

第一节　柞蚕的寄生性虫害

一、柞蚕寄生蝇

柞蚕寄生蝇是我国柞蚕业的一种毁灭性寄生虫害，在我国柞蚕区均有发生。20 世纪 60 年代初仅辽宁生产损失达 65％左右，灾情严重的地区损失高达 100％。作为一化性柞蚕放养地区的河南省，近年来随着气候变暖、柞蚕引种以及部分柞坡弃养成林寄主累计增加等原因，柞蚕寄生蝇的发生及危害呈逐年上升趋势，春季发病率在 30％以上，秋季发病率在 90％左右。鉴于此情，河南省蚕业科学研究院从 2008—2011 年，通过 4 年的调查研究，了解和掌握了河南柞蚕寄生蝇的种类、形态特征、生活习性、发生规律和防治方法，为河南省的柞蚕生产安全提供了保障。

2007—2008 年先后从河南柞蚕主产县南召、鲁山、方城等地采回蚕茧中收集柞蚕寄生蝇蛆，由我国蝇类专家沈阳师范大学张春田教授进行鉴定，河南省柞蚕的寄生蝇主要有蚕饰腹寄蝇（图 6-1）、家蚕追寄蝇、透翅追寄蝇和坎坦追寄蝇 4 种。

（一）河南柞蚕寄生蝇形态特征、生活习性、地理分布

1. 蚕饰腹寄蝇

蚕饰腹寄蝇属双翅目，寄蝇科，追寄蝇亚科，膝芒寄蝇族，饰腹寄蝇属。

（1）分布与为害。

1）分布。北京、黑龙江、吉林、辽宁、河北、河南、山西、山东、陕西、上海、江苏、浙江、安徽、江西、湖南、四川、福建、广东、广西、云南、西藏等省（自治区、直辖市）。

图 6-1　蚕饰腹寄蝇

蒙古，日本，印度，西伯利亚，非洲（马达加斯加），大洋洲。

2）为害。此虫在河南蚕区为害，春、秋蚕都能为害。除寄生柞蚕外，还能寄生桑蚕、赤松毛虫、西伯利亚毛虫、马尾松毛虫。

（2）寄主。柞蚕、家蚕、日本柞蚕（天蚕）、西伯利亚松毛虫、赤松毛虫（油松毛虫）、思茅松毛虫、榆毒蛾、松茸毒蛾、二点茶蚕、咖啡透翅天蛾（大透翅天蛾）、橘黄凤蝶、达摩凤蝶。

（3）形态特征。成虫体长 10～18mm，头部覆金黄色粉被，后头被黄毛。复眼裸，额宽相当于复眼宽的 1/3～2/5（雄）或 3/5（雌）。额鬃较短，下降至侧颜达第 2 节触角末端水平；单眼鬃细小，毛状（雄）或较发达（雌），触角第 1、2 节黄，第 3 节黑，第 3 节为第 2 节长度的 2.5 倍；颊密被黑色短毛，下颚须端部 1/3 黄褐，基部 2/3 黑褐；喙短粗，具肥大唇瓣。胸部黑色，覆稀薄的灰色粉被及浓密的细小黑毛，背面有 4 个狭窄的黑色纵条，小盾片暗黄，基部 1/3 黑褐，小盾侧鬃每侧变化在 2～4 根，下腋瓣杏黄，内缘凹陷。足黑色，后足胫节的前背鬃长短一致，排列紧密如栉状。腹部两侧及腹面暗黄，沿背中线及前、后端黑色（雄），有时整个腹部暗黑，仅两侧及腹面具不明显的暗黑色斑（雌），第 2、3 背板无中缘鬃，雄 4 背板腹面两侧各具一密毛小区；腹部粉被灰色，在雄虫极稀薄，仅沿各背板基缘较明显，在雌虫较浓厚，占各背板基部的 1/2。

卵：微卵型，灰黑色，椭圆形，一端较尖，背面隆起，腹面扁平。

幼虫：蛆型，老熟幼虫长约 15mm，黄白色，初孵化幼蛆乳白色，后气门裂弯曲。

蛹：围蛹，体长 10～12.5mm。长椭圆形，前端略细，黑褐色。

（4）生活史及习性。在河南一年发生 3～4 代，以蛹在土中越冬。翌年 4 月下旬成虫开始羽化，并交配开始产卵，5 月中下旬为产卵盛期，寄生春柞蚕。第 2 代成虫于 6 月下旬开始羽化，产卵寄生其他寄主。第 3 代成虫于 8 月上旬羽化，8 月下旬至 9 月中旬产卵寄生秋柞蚕或其他寄主，此代危害最重。第 4 代成虫 10 月中旬羽化，产卵寄生其他寄主。此代成虫羽化时间较长，化蛹早的可以完成世代发育，即化蛹越冬，晚羽化的都不能完成生活史。

成虫羽化一般从 6 时开始，8—11 时羽化最盛，占总数的 80%～85%。先期羽化雄多雌少。成虫羽化后，经相当时间补充营养（如许多蜜源植物分泌的花蜜及昆虫如蚜虫等分泌的糖类物质）后交尾，交尾以 10 时最多。产卵时雌蝇飞到柞叶上，在距柞蚕（多为 4、5 龄）口器 6～8mm 处产卵。每次产卵 1～6 粒，蝇卵很快被蚕食下，经肠液刺激，经 30～40min 即可孵化。第 1 龄幼虫穿过肠壁进入体腔后，随体液游走，2d 之内全部钻入柞蚕表皮下的毛原细胞，形成一次性寄生组织——包囊，包囊壁半透明，可透视幼蛆在其中的活动，第 1 龄幼蛆在包囊内生长较缓慢，等到柞蚕开始吐丝结茧时，才从包囊中钻出，第 2 次游走于柞蚕体腔中，以其身体的后端钻进柞蚕的气门丛中，形成二次性寄生组织——呼吸漏斗，呼吸漏斗呈黑褐色，躯体前部裸露于呼吸漏斗之外，可自由取食。呼吸漏斗的一端开口于柞蚕的气门或气管干上，另一端有蝇蛆的尾端与之相连，借此蝇蛆能直接与外界进行气体交换。幼蛆很快在呼吸漏斗上蜕皮进入第 2 龄，约再经 2d 左右，又在呼吸漏斗上第 2 次蜕皮进入第 3 龄，第 3 龄幼虫在呼吸漏斗上再生活 1d 左右，就脱离呼吸漏斗自由生活于柞蚕体腔中。这时，蝇蛆即将寄主杀死，大量取食其内部组织，再经 2d 左右，约在柞蚕吐丝结茧后的第 5～7d 发育成熟（幼蛆在体内的发育，于柞蚕吐丝时加快），钻出柞蚕体腔入土化蛹。一般在12h内于土中化蛹，在22℃下蛹期为22～30d。

雌蝇寿命较长，在人工饲养条件下可存活34d；一头雌蝇一生可产卵800～1200粒。

（5）蛆蚕症状。柞蚕被蝇蛆寄生初期，体表不易看出明显的症状，蚕体刚毛未见脱落。当幼蛆稍大后，从蚕体外面可透视到白色斑点。柞蚕到5龄时气门附近开始变暗，这时病症明显。

2. 家蚕追寄蝇

家蚕追寄蝇（图6-2）属双翅目，寄蝇科，追寄蝇亚科，追寄蝇族，追寄蝇属。

（1）分布与为害。

1）分布。北京、黑龙江、吉林、辽宁、河北、河南、山西、上海、江苏、浙江、安徽、江西、湖南、广东、广西、福建、四川、云南、台湾、内蒙古等省（自治区、直辖市）。

日本，印度，西伯利亚，非洲（马达加斯加），大洋洲。

2）为害。此虫在河南蚕区为害，春、秋蚕都能为害，以秋蚕受害最重。寄主除柞蚕外，还寄生松毛虫、

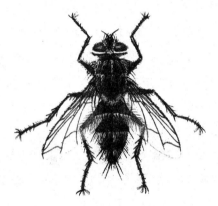

图6-2　家蚕追寄蝇

松尺蠖、舞毒蛾、美国白蛾、桑蟥、樟蚕、家蚕、油茶枯叶蛾、斜纹夜蛾、马尾松毛虫等。

（2）寄主。油松毛虫、马尾松毛虫、杨毒蛾、柳梢夜蛾、豆天蛾、柞蚕、家蚕、桑蟥、樟蚕、侧柏毒蛾、苎麻夜蛾、斜纹夜蛾、竹斑蛾、条毒蛾、竹织叶野螟、木麻毒蛾、油茶枯叶蛾。

（3）形态特征。成虫体长10～13mm。

1）雄性。复眼被密毛，额宽为复眼宽的3/5～2/3，间额前端较后端略宽，与侧额大致等宽，侧颜中部宽度为触角第3节宽的1.5倍，触角黑色，第3节长约为第2节的2.5～3倍，触角芒基部1/2加粗，口缘显著向前突

出，下颚须黄色，筒形向背面略弯曲，单眼鬃位于前单眼两侧，额鬃下降至侧颜中部或中部以下；侧额及侧颜覆灰黄或金黄色粉被，颜及颊覆灰白色粉被，颊被黑色短毛，后头被灰白色毛。胸部黑色，覆黄灰粉被，背面具 5 个黑纵条，中间 1 条在盾沟前不明显；中鬃 3+3，背中鬃 3+4，翅内鬃 1+3，腹侧片鬃 2+1，小盾端鬃短小，交叉排列，向后方伸展，中胫节具 2 根前背鬃，后胫节具 1 行前背鬃，排列紧密，长短大致相同，仅中部有 1 根较粗大，翅灰色透明，r_{4+5} 基部脉段 1/2 被小鬃，中脉心角大致位于翅后缘与中肘横脉的正中。腹部第 3~5 背板基部覆深厚的黄白色粉被，端半部黑色光亮，沿腹部背中线有 1 条黑纵条，第 2 和第 3 背板具 1 对中缘鬃，第 4 背板具 1 行（6 或 8 根）缘鬃，第 5 背板具 1 行心鬃和 1 行缘鬃；肛尾叶三角形，基部 1/3 背面向内深深凹陷如槽状，密被交叉排列的金黄色毛。

2）雌性。额与复眼等宽，每侧各具 2 根外侧额鬃，中脉心角距离翅后缘较远而距中肘横脉接近；前足爪及爪垫短。

（4）生活史及习性。家蚕追寄蝇在河南每年发生 5 代，一个世代经过的时间，在 25℃时经 25~30d，20℃以下需 35~40d。各阶段的历期（温度25℃）：成虫期 6~10d，卵期 3~5d，幼虫（蛆）在 5 龄蚕体内寄生 4~5d，蛹期 10~12d。越冬蛹在土中可长达数月之久，以度过冬季。

越冬蛹到翌年春暖时羽化，中午羽化较多，羽化后半小时左右就可以展翅飞翔。羽化的寄蝇以植物的花蜜为食饵。刚羽化的雌蝇生殖腺尚未成熟，取食 1~2d 后开始交配；交配时间由数十分钟至 1h 以上，且能飞行，雌雄蝇均能多次重复交配；一般情况下，雌蝇交配后的次日开始产卵，凭着柞蚕气味而接近，骤然停下，伏于蚕体上，用腹部及产卵管的感觉毛找寻适当的产卵位置，然后产卵，每产 1~2 粒卵后旋即飞去。蝇卵多产于蚕体腹部第 1~2 环节及第 9~10 环节，在同一环节中以节间膜及下腹线附近为多。一个雌蝇可为害 80~120 头柞蚕。

雌蝇产卵于蚕体表面，孵化后钻入蚕体内寄生，形成黑褐色喇叭状病斑，病斑上常带有卵壳，当卵壳脱落后，可见一孔，此乃蛆体呼吸的孔道。由于蛆体的迅速长大，使蚕体环节肿胀或向一侧弯曲。寄蝇幼虫在蚕体内发育成熟后钻破蚕体壁脱出，在柞蚕茧中完成化蛹。

3. 透翅追寄蝇

透翅追寄蝇（图 6 - 3）属双翅目，寄蝇科，追寄蝇亚科，追寄蝇族，追寄蝇属。

（1）分布与为害。

1）分布。北京、辽宁、陕西、河南、江苏、浙江、四川、贵州、湖南、广西、云南、广东、海南、台湾、西藏等省（自治区、直辖市）。

日本，越南。

2）为害。此虫在河南蚕区为害，为害春、秋柞蚕。

（2）寄主。除柞蚕外，还寄生松毛虫等。

图 6 - 3　透翅追寄蝇

（3）形态特征。成虫体长 7～14mm。

1）雄性。复眼裸，额宽约为复眼宽的 5/6，口孔的长度略小于颜的长度，颜略短于额，间额前端略宽，后端略窄，较侧额略宽，侧颜约为触角第 3 节宽度的 2 倍；口缘平，不向前突出，触角黑色，第 3 节的长度为第 2 节的 3～3.5 倍，触角芒基部 2/3 加粗，第 2 节的长度约为其直径的 1.5 倍，下颚须端半部略加粗，被浓毛，暗黄，基部黑褐，颏短粗，具肥大唇瓣，内侧额鬃粗大，前面 1 根与内顶鬃大小相似，侧额及侧颜覆黄灰色粉被，颜及颊覆灰白色粉被；胸部黑色，覆灰黄色粉被，背面具 5 个狭窄黑纵条，中间 1 条在盾沟前消失；中鬃 3＋3，前中鬃 3＋4，翅肉鬃 1＋3，腹侧片鬃 2＋1；小盾片黑，两侧缘略黄，小盾端鬃交叉排列，向后上方伸展；翅灰色透明，中脉心角为直径，圆滑，与翅后缘的距离略大于肘脉末段的长度，足黑色，中胫节具 3 根前背鬃，前足爪及爪垫的长度等于第 4 和第 5 分跗节长度的总和。腹部黑色，覆灰白色粉被，第 2 和第 3 背板两侧具暗黄色斑，粉被在各背板上所占面积：在第 3 背板上为 1/2～3/4，在第 4 背板上约为 3/5，在第 5 背板上为 1/2～2/5；第 2 第 3 背板各具 2 根中缘鬃，第 4 背板具 1 行（8 根）缘鬃，第 5 背板具 1 行心鬃和 1 行缘鬃，第 3 和第 4 背板上的中心鬃在不同个体之间变异很大，有的两者各具 1 对短小的中心鬃，有的两者均无中心鬃；肛尾叶三角形，向腹面弯曲，背面不凹陷，被黑色、黑褐色或暗黄色毛。

2）雌性。头部两侧各具 2 根外侧额鬃，前足爪及爪垫短，其他特征与雄性同。

（4）生活史及习性。透翅追寄蝇在河南越冬代蛹的羽化时间一般在 4 月末至 5 月初，成虫羽化时间多在清晨 8—10 时，雄蝇羽化较雌蝇早 2~3d，羽化前期雄蝇较多，到羽化后期雌蝇较多；寄生蝇羽化时性已成熟，羽化后当天就能进行交尾。受精雌蝇经过一段时间补充营养，主要是自然界的含糖物质，如许多蜜源植物分泌的花蜜及昆虫（如蚜虫、一些介壳虫等）分泌的糖类物质，生殖系统发育成熟，便开始产卵。一天之中 6—20 时均可产卵，其中以 8—10 时和 16—18 时为盛期。这时的日平均气温气温 17~19℃，最高 22℃左右。蚕和寄生蝇的生长发育速度都较慢，大部分寄生蝇幼虫在春蚕结茧后才会发育成熟，从柞蚕茧中钻出完成化蛹（6 月 15 日前后）。第 2 代蝇蛹在 6 月下旬前后陆续开始羽化，这时的日平均气温 27℃左右，正是一年中气温较高的夏季，此时寄蝇的寄主多为野外的鳞翅目昆虫的幼虫，这一个世代寄蝇经过时间比较短，大约需要 26d 左右（7 月下旬初）；第 3 代蝇蛹在 8 月上旬前后羽化，8 月末可在柞坡上收集到柞树害虫结的茧（蛹），这时的日平均气温 27℃左右，此时正是河南秋蚕的小蚕期（河南秋蚕收蚁日期在 8 月 16 日前后）。第 4 代蝇蛹 9 月初羽化，此时正值秋柞蚕 5 龄期，危害最重，经常可发现柞蚕体皮上的黑褐色小点，那正是追寄蝇寄生柞蚕时留下的斑点，10 月初秋柞蚕下山，这个阶段的日平均温 20℃左右。而 10 月上旬的气温在 17℃左右，自然界中寄生蝇一部分入土化蛹，一部分化蛹后继续羽化，但这部分均不能完成生活史。10 月中旬在存放秋蚕茧的室内可见到已经羽化的寄生蝇。多化性寄生蝇一般没有滞育期，只要温湿度适宜，就能一代一代地繁殖下去。

雌蝇将尚未开始或刚刚开始胚胎发育的卵产于柞蚕体表，经数日幼虫孵化后，幼蛆通过体壁钻入柞蚕体腔，以其身体末端的倒刺附着于其伤口处，并在此形成呼吸漏斗，与外界进行气体交换。蝇蛆在漏斗上蜕皮 2 次，发育成熟后钻出寄主体腔化蛹。

4. 坎坦追寄蝇

坎坦追寄蝇（图 6-4）属双翅目，寄蝇科，追寄蝇亚科，追寄蝇族，追寄蝇属。

（1）分布与为害。

1）分布。北京、河南、广东、福建、辽宁、山东等省（直辖市）。

日本。

图 6-4　坎坦追寄蝇

2）为害。此虫在河南蚕区为害春、秋蚕。

（2）寄主。除寄生为害柞蚕。目前未见该蝇其他寄主的报道。

（3）形态特征。成虫体长 10～13mm，体中型，黑色，覆黄白色粉被，后头被灰白色毛，全身被黑色毛。触角、前缘脉基鳞、小盾片黑色；下颚须黄色。胸部盾沟前 4 条黑纵条、沟后 5 条黑纵条，腹部具明显的黑色纵线，第 3、4 背板后缘具黑横带纹。

1）雄性。单眼鬃发达，位于前单眼两侧，外侧额鬃缺如，外顶鬃退化与眼后鬃无区别；复眼被毛，额与复眼等宽，间额两侧缘平行，中部的宽度与侧额大致相等，额鬃 4 根下降侧颜达中部之水平；触角芒基部 2/5 加粗；触角第 3 节为第 2 节的 3 倍，第 2 节内侧的感觉突起集中在中部，呈长条形，第 3 节的宽度显著窄于侧颜；颜堤鬃分布于颜堤 1/3 以下，下颚须筒状。胸部中鬃 3+3，背中鬃 3+4，小盾片具 1 对心鬃，两小盾亚端鬃之间的距离等于亚端鬃至同侧茎鬃的距离。翅 r_{4+5} 脉基部脉段具 4～5 根小鬃，中脉心角至翅后缘的距离约等于心角至中肘横脉的距离。前胫节具 1 根后鬃；中胫节具 3 根前背鬃；后胫节具前背鬃梳，其中 1 根发达。腹部第 3 背板具 1 对中缘鬃，第 4 背板具 1 排缘鬃，第 5 背板无明显粗大的中心鬃。腹部及小盾片毛倒伏状排列，第 5 腹板两侧无长鬃。肛尾叶端部略向前面弯曲，背面的黄色鬃毛竖立排列。

2）雌性。头每侧具 1 对发达的外侧额鬃，外顶鬃发达与眼后鬃明显相区别，前足爪与第 5 分跗节等长。

坎坦追寄蝇与家蚕追寄蝇接近，区别在于本种足胫节具 3 根前鬃，中脉心角至中肘横脉的距离与心角至翅后缘的距离大致相等，雄蝇第5腹板基部两侧无长鬃，肛尾叶背面的毛竖直排列。

（4）生活史及习性。坎坦追寄蝇在河南一年发生3～4代，以蛹在土中越冬。越冬蝇蛹于4月末至5月初开始羽化，成虫羽化时间多在清晨8—10时，雄蝇羽化较雌蝇早2～3d，羽化前期雄蝇较多，到羽化后期雌蝇较多，雌雄蝇羽化盛期一般最早在羽化开始后的第6d，最晚在第11d，这主要随当年的气候条件为转移，如雨量适中，气温升高较快，雌雄蝇的羽化盛期就要提前；如雨量过多气温升高较缓慢，则雌雄蝇羽化盛期就要延后，羽化时间一般可延续1月左右。寄生蝇羽化时性已成熟，羽化后当天就能进行交尾。气温在25～28℃时雄蝇羽化后1～2h就能自由飞翔，而当雌蝇正在羽化时，往往诱来许多雄蝇，甚至在翅尚未展开的情况下就有雄蝇与之交尾。交尾时间一般可持续几分钟到2h。雄蝇一生可交尾多次，而雌蝇只交尾1次。受精雌蝇经过一段时间补充营养，主要是自然界的含糖物质，如许多蜜源植物分泌的花蜜及昆虫（如蚜虫、一些介壳虫等）分泌的糖类物质，生殖系统发育成熟，便开始产卵。一天之中6—20时均可产卵，其中以8—10时和16—18时为盛期。

坎坦追寄蝇产卵于柞蚕体表，用肉眼可以观察到紧贴蚕体外壁黏附有白色的小卵，须用力才可剥落。卵出后，幼虫穿透柞蚕体壁进入蚕体内，并在蛀孔处形成黑褐色斑点。孵化后卵壳仍短黏附于蚕体表面。被寄生的柞蚕能正常取食、结茧。寄蝇幼虫在蚕体内发育成熟后钻破蚕体壁脱出，在柞蚕茧中完成化蛹。由于蝇蛆钻蛀力差，不能脱出茧壳，但可在茧壳内形成钻蛀痕迹。被寄生的柞蚕茧外观完整，但质量较正常茧轻，轻轻摇动可以感觉茧中有沙沙的声音。剖开蚕茧后可见数量不等的寄蝇蛹，一般在20～40粒。坎坦追寄蝇在柞蚕茧中羽化，初羽化的成虫身体柔软，凭借额囊的不断收缩和膨胀，在蚕茧的羽化孔处钻蛀一小孔洞，脱出蚕茧。其额囊是1个半透明、半月形、充满液体的囊泡，个体较大，膨大时与头部大小相当。同一个茧中所有寄蝇都从该孔洞中脱出。坎坦追寄蝇羽化较集中，初羽化的成蝇有较强的趋光性，寄蝇脱出蚕茧后，额囊随即回缩。

（二）河南柞蚕寄生蝇病症病变与识别诊断

1. 蚕饰腹寄蝇病症、病变与识别诊断

蚕食下蝇卵后，经胃壁寄生在蚕的体皮下，形成白色胶囊，囊内包着幼蛆，在蚕气门附近寄生最多，也有的在体背、体侧瘤突体皮下方以及足窝处寄生。幼虫前期生长较慢，后期包囊同蛆体渐渐增大，达肌肉与脂肪处。幼虫生长稍大后破囊而出，于气门处寄生，在气门内侧形成一个呼吸漏斗。呼吸漏斗呈黑褐色，躯体前部裸露于呼吸漏斗之外，可自由活动取食。此时幼虫生长较快，破坏蚕体各环节，使柞蚕致死。幼虫发育成熟，则从茧蒂钻出，落地入土化蛹。柞蚕结茧后4～5d开始脱出，6～7d脱出最多，幼虫钻入土中经12h化蛹。

被寄生的柞蚕，初期体表不易看出明显的症状，蚕体刚毛未见脱落，当幼蛆稍大后，从蚕体外可透视到白色斑点。柞蚕到5龄时，气门附近开始变暗，这时病症明显。

2. 柞蚕追寄蝇病症、病变与识别诊断

柞蚕追寄蝇病症、病变与识别诊断：蝇卵多产于蚕体腹部环节，在同一环节中以节间膜及下腹线附近为多。蝇卵孵化后钻入蚕体内寄生，形成黑褐色病斑，病斑上常有卵壳，观察蚕群被寄生后形成的病斑多少可作为调查寄生蝇危害严重与否，是否开展药物防治的依据。当卵壳脱落后，可见一孔，此乃蛆体呼吸的孔道。当蛆体成熟后钻出，在蚕体上造成穿孔，导致蚕儿死亡。蚕儿结茧后蝇蛆可将茧层穿破，成为蛆孔茧（图6-5）。

（三）防治方法

防治柞蚕寄生蝇的方法分灭蚕蝇片体喷添食和灭蚕蝇3号药剂浸蚕杀蛆。

1. 灭蚕蝇片体喷添食

（1）药物添食时期。施药过早，易造成蚕儿中毒；施药过晚，杀蛆效果不佳。应掌握在4、5龄盛食期（4～8d）施药为好，且保证蚕儿食用药叶2d

图6-5 蛆孔茧

以上。

（2）施药数量及施药方法。先用少量40℃左右的温水将片剂研碎溶解，4龄盛食期使用浓度0.06％，即每23片兑水15kg；5龄盛食期使用浓度0.08％，即每30片兑水15kg，充分稀释溶解后，用洁净喷雾器均匀喷洒柞叶，叶面叶背都要喷湿，使叶面布满雾滴为止。

（3）注意事项：①施药必须在晴天或无风的阴天，早上或下午进行。中午气温高时不能喷药，喷完药后下雨应重喷。喷药时撒蚕密度要适中，保证蚕儿食用药叶时间2d以上；②配药要准确，喷药要均匀，药液要现配现用，严格掌握用药时间，不得提前或延迟；③配制药液要用清洁干净的井水或河水；④喷药机具（喷雾器）要专用，防止喷药机具混用，导致蚕儿中毒；⑤药品要在避光、干燥、低温处存放，严禁与食物、种子、饲料混放。

2. 灭蚕蝇3号杀蛆方法

（1）浸蚕用具。盛药液用的塑料大盆1只（也可在山坡上挖土坑，在土坑内铺塑料薄膜即可），顶筐若干个，称量药液用的大小称各1杆，秒表1只。另外准备水桶、水瓢等小件用具。

（2）浸渍时期。柞蚕5龄4～8d施药。按照挑起蚕的批次，早批蚕宜早施药，晚批蚕晚施药。

（3）药液配制。取20％的灭蚕蝇3号，加洁净清水配成800倍的稀释液。操作方法：称取灭蚕蝇3号药100g，随即倒入缸中，再取清水80kg，徐徐倒入缸中，边倒水边搅拌，使药液呈均匀的乳白色。

（4）浸蚕方法。把药缸放置在蚕场里，以便就近浸蚕。药液温度以20～25℃为宜，拾蚕装筐，轻装快运，拾蚕要带小枝叶，把装蚕顶筐放入药液里浸10s，同时用手轻轻按压柞蚕，防止上浮，满足时间要求时，提出顶筐，稍控药水即可撒蚕于柞树墩上饲育。每浸蚕1次都要用棍棒搅拌药液1次。用20％灭蚕蝇3号50g所配成的稀释液，可浸蚕4000～5000只。放养1kg卵量的柞蚕，需用20％灭蚕蝇3号药0.5～0.75kg。

3. 注意事项

配1次药可浸蚕15～20次，倒掉废液另配新药，以免影响防治效果。浸蚕用药水要现配现用，使用以后及时倒掉，严防牲畜饮食。撒蚕时，要把施药的蚕摊开，防止堆积中毒。施药天气以晴天为最好，雨天浸蚕效果不佳。施药人员于工作结束后要用肥皂水或碱水洗手、洗脸，防止发生中毒事故。若发现施药人员出现头晕恶心，呕吐和四肢无力等症状，应当停止工作，口服阿托品或解毒磷。中毒严重者，须送往医院治疗。

（四）柞蚕寄生蝇在自然界中的消长规律

柞蚕寄生蝇在自然界生存对外界环境条件有 3 个基本要求：

（1）食物：寄生蝇是双翅目昆虫中高度进化的一个类群，它的成虫和其食物的来源——蜜源植物和蜜源昆虫有着密切的联系，在成虫期需要以含糖物质进行补充营养，如许多蜜源植物分泌的花蜜及昆虫（如蚜虫等）分泌的糖类物质，生殖系统方能进一步发育成熟。

（2）水分：寄生蝇喜欢潮湿，因活动能力较强，体内经常消耗大量水分。因此，遇到干旱的夏天，虫口密度往往显著下降。

（3）光和温：寄生蝇在白天有极强的喜光性，一般在上午 10 时以前多停留在植物的顶端或树干的向阳面取暖，此现象尤其在北方更为明显，活动能力随温度的升高而增强，但它们对温度的适应也有一定限度，当气温短暂地上升到 35℃时，则多停息在庇荫之处。如果高温持续时间较久，个体就会大量死亡，所以在夏季高温季节，在自然界寄生蝇的数量总是很少。寄生蝇在 16～30℃的幅度内均可进行繁殖，最适温度为 25～28℃。老熟幼虫从寄主体腔脱出后入土化蛹，其蛹期与土壤的关系最为密切，首先是土壤的湿度，实验证明，土壤含水量 10％～30％的范围内比较适宜，过干或过湿均不利于蝇蛆化蛹，在干土中化成的蛹大部分死亡；含水量在 50％以上的土壤中，蝇蛆基本上不能化蛹，化蛹者多为死蛹。第二是土壤的硬度，蝇蛆喜欢在较松软的土壤中化蛹，离开寄主后会迅速钻入土中，深度一般为 5～10cm；如果土壤过于板结，蝇蛆为了寻找适宜场所，在地面上爬行时间过久，被真菌感染的机会就越多，化成的蛹大多数也成为死蛹。多化性寄蝇一般没有滞育，只要温湿度适宜，就能一化一化地繁殖下去。

二、柞蚕蛹寄生蜂

在河南发生的柞蚕蛹寄生蜂有两种：一种为窝额腿蜂；另一种为金小蜂，俗称茧蜂子、飞蚂蚁。此两种寄生蜂的卵、幼虫和蛹，都寄生于柞蚕蛹体内。两种寄生蜂的发生危害着种茧的安全，被害的蛹茧不能留种，在河南平均受害率15％左右，严重时可达40％。两种寄生蜂主要分布于河南、四川、湖北和陕西等省。

（一）形态特征

1. 窝额腿蜂

成虫：全体黑褐色，有光泽。雌虫体长5.0～7.5mm，体宽1.5～2.0mm。头大而扁平，头与胸等宽。复眼大而突出，单眼3个，排列呈三角形。触角藤状，由12节组成，棒节略膨大，触角窝凹陷，触角着生于复眼下缘。后足腿节粗大，胫节弯曲。翅透明，前缘脉较后缘脉长2倍。腹部卵圆形，产卵管由腹面伸出。雄虫体较小，色泽淡，其腹部略尖，呈圆锥状（图6-6）。

图6-6 窝额腿蜂

（1）卵：微小，乳白色，长椭圆形，长0.8～1.0mm，一端略粗，稍弯曲。

（2）幼虫：乳白色，半透明，蛆形多皱。体长8～11mm。

（3）蛹：裸蛹，长8～10mm，初期乳白色，后期为黑褐色。

2. 金小蜂

（1）成虫：体较窝额腿蜂小，褐色，有金绿色光泽；头部有复眼1对，单眼3个，触角1对和口器。胸部有胸足3对，翅2对，腿节黑褐色，其他各节黄色；腹部8节。雌虫体长3～4mm，体幅1～2mm；生殖器位于腹部4、5环节之间，产卵管长1.89mm。雄蜂较小，全体金绿色光辉较雌虫显著（图6-7）。

（2）卵：白色，成熟的卵粒黄白色，长 0.48mm，长筒形，一端稍细，中间微弯曲。

（3）幼虫：乳白色，与窝额腿蜂相似，雌蛹体较小，色泽稍浅，全体淡黄色。

（二）生活史及习性

此两种寄生蜂均为多化性，在河南柞蚕区窝腿蜂一年繁殖 4

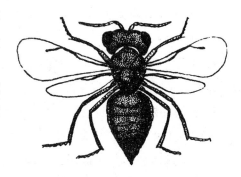

图 6－7　金小蜂

代，以幼虫在柞蚕蛹体内越冬。越冬代成虫于 5 月中、下旬开始羽化，6 月上、中旬最盛。此时正值柞蚕蚕茧化蛹期，寄生蜂产卵于柞蚕蛹体内，进行寄生繁殖。第 2、3、4 代一般是发生于 7—9 月上旬羽化。据调查，在温度 26～27℃，经 30d 左右完成一个世代。据调查，一个柞蚕蛹内可寄生窝额腿蜂幼虫 57～140 头。这些幼虫经过化蛹羽化，产生次代成虫，钻出茧壳，交尾后，寻找蚕茧再次寄生。

金小蜂一年繁殖 5 代。第 1～4 代与窝额腿蜂同时发生，第 5 代发生在 10 月上旬。

幼虫，胚胎发育完成，卵粒变成黄色时，幼虫孵化。初期的幼虫白色，随体躯的生长，而变为青白色。体内分离出许多脂肪球，最后变成乳白色时，即将化蛹。据调查，一个柞蚕蛹能寄生金小蜂幼虫 140～1300 头。

成虫，羽化后咬破茧层，钻出茧外。一般是雄蜂先出雌蜂后出。停 1h 后开始交尾，每日 10—15 时活动旺盛。行多次交尾，每次 3～5s。其活动温度一般在 21～29℃，温度越高活动越旺盛。

两种寄生蜂成虫，均有较强的趋光性，在夜晚或光线稍暗的情况下，温度虽高（23℃）仍不大活动。经交尾的雌蜂，将其发达的产卵管，徐徐刺入茧层及蛹体内。此时蛹体感到刺激而摇动不止，蜂将产卵管拔出，旋即再刺入，反复数次，至蛹体不摇动时才安然产卵。并有先咬破茧层，然后将产卵管刺入产卵者。除寄生柞蚕蛹外，还寄生樗蚕蛹、义和虫蛹。

据调查，在日平均温度 24℃ 左右时，窝额腿蜂雌蜂可存活 4～7d，雄蜂

5～8d；金小蜂雌蜂存活 10～18d，雄蜂 5～17d。

（三）防治方法

防治寄生蜂的危害，应采取防止越冬代蜂源的扩散，人工捕杀和药物熏杀相结合的方法。

1. 化蛹前采茧

根据寄生蜂不寄生柞蚕幼虫的特点，采茧工作可以在柞蚕未化蛹前进行。即分批挑选老熟蚕入茧场，于营茧后 3～5d 采茧，以减少第一代的寄生虫。

2. 暗室保茧

在蛹寄生蜂羽化期，用黑布帘堵窗户，只留一个光亮孔口，孔口外设置黑色网罩。每日成虫聚集在纱网罩中活动，可及时捕杀。

3. 淘汰被害茧

结合蚕茧摇选工作，把被害茧剔除蒸杀。被害茧的特征：茧重低于正常茧而高于"响血茧"，蛹体对茧壳的冲击力较弱，声音低沉。

4.DDV 药杀

DDV 是一种高效低毒的有机磷杀虫剂，挥发性较强，对多种害虫有胃毒、接触和熏杀作用，用以防治柞蚕蛹寄生蜂效果很好，且对柞蚕种质和丝质均无不良影响。

（1）施药时期。于 6 月底至 7 月初经常检查被害蚕中蛹寄生蜂的发育情况，待大部分寄生蜂蛹变黑，少数成虫羽化飞出时，即可进行 DDV 药杀工作。一般施一次药就可以控制寄生蜂危害。如果寄生蜂发育不齐，还可增补施药 1～2 次。在密闭的条件下，窝额腿蜂接触 DDV 蒸气经 33～37min 死亡；金小蜂经 22～45min 死亡。

（2）施药方法。先把保种室的四壁封严密，根据茧室容积大小，配好 DDV 稀释液（每立方米容积需 50% 的 DDV 乳油 0.3～0.5mL 或 80% 的 DDV 乳油 0.2～0.3mL。按房间大小计算 DDV 乳油的总量，加水 10～20 倍，即成稀释液）。取报纸、布条等吸附物浸透稀释液，控下过量药液（以不滴水为度），分挂在保茧室四周茧架稍高的地方，然后关闭门窗，使药液自然挥发。保茧室施药后，可密闭 7～10d。室温高时，每隔 1～2d，于傍晚开窗换气。当蛹寄生蜂大批发生，急需杀灭时，可取额定的 DDV 加热，使药剂迅速挥发，效果也很好。

（3）注意事项：

1）DDV 穿透性较差，只能杀死羽化后钻出茧壳的寄生蜂，因此寄生蜂羽化期间，门窗要密闭 7～10d，保持药力。如室温太高，为保证蚕蛹健康，可每隔 1～2d，夜间开窗换气 1 次。

2）注意安全。要按规定方法施药，不能将药液直接喷洒在茧壳、地面和墙壁上，防止茧壳霉坏和蚕蛹中毒。施药时切忌沾染皮肤，如有少量污染，要用肥皂或碱水及时洗净。

3）施药后，蚕蛹因药味刺激，摇动 2～4d，是正常现象，对化蛾、产卵及子代蚕儿体质无不良影响。

（四）柞蚕绒茧蜂

柞蚕绒茧蜂别名柞蚕小茧蜂，俗称花蛟、属膜翅目，茧蜂料。此虫在全国各蚕区均有发生。此虫以幼虫寄生危害春、秋柞蚕。辽宁地区以春柞蚕受害较重，对河南蚕区为害轻微。寄生率一般为 5％～10％，大发生年份局部地区寄生率可达 50％。

1. 形态特征

绒茧蜂（图 6-8）一生经过成虫、卵、幼虫、蛹 4 个变态，是完全变态昆虫，以幼虫寄生危害。成虫，全体黑色，雌虫体长 3.2mm，雄虫长 2.3mm，头部密布刻点，复眼突出，单眼 3 个，着生头顶呈品字形排列，触角丝状由 18 环节组成，各节着生细毛。前胸细小，中胸宽大，背板隆起，其上密布有皱褶和小刻点，小盾板呈舌状，后胸方形，前翅与体等长，薄而透明，前缘脉粗大，褐色，约在前缘 1/3 处有一近三角形的褐色翅痣；后翅小、翅脉简单，前后翅上均生有褐色锥状突起。胫节有端距 2 个。腹部呈纺锤形，第 2 节细长，第 3～6 环节两侧淡褐色，呈花

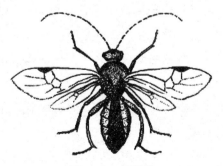

图 6-8　绒茧蜂

211

斑状，雌虫腹部粗大，产卵管深褐色，雄虫腹部瘦小。卵一端尖细，楔子形，长约 0.2mm，宽约 0.03mm，白色透明。老熟幼虫长约 5.8mm，乳白色。体躯 12 节，多皱褶，头尖尾钝。口器退化，前端有一突出的圆形口孔，其上有一弧形的褐色凹陷，下方有一吐丝孔。裸蛹，长纺锤形，长约 3.4mm，宽约 1.4mm。体光滑，中胸背板突出，腹部可见 8 节。茧长椭圆形，长约 4.0mm，宽约 1.8mm，白色或黄色。

2. 生活史及习性

柞蚕绒茧蜂一生经历成虫、卵、幼虫和蛹 4 个变态期，以老熟幼虫在茧内越冬。越冬幼虫在河南 3 月底至 4 月初气温逐渐升高时开始化蛹（外界气温为 10～16℃），4 月中旬成虫羽化、交配、产卵寄生一龄柞蚕。绒茧蜂成虫产卵于柞蚕体内，卵孵化为幼虫，并以发展端畸形囊状物固定在寄主的脂肪体和消化管之间，自中胸至第 9 腹节均有绒茧蜂幼虫寄生，以腹部第 3～7 节寄生较多。经 15～25d 幼虫老熟，老熟的幼虫多从气门线上下的体壁钻出，也有少量在背部及腹足基部脱出。脱蛆时间在 8—17 时，以 10—15 时最盛。脱蛆时，蛆体不断蠕动，当脱出 9—10 时，不再外脱，开始吐丝营结小绒茧。当结成半个小绒茧时，蛆才全部脱出进入小绒茧内，再调头继续吐丝完成整个营茧过程。小绒茧椭圆形，初为灰白色，以后渐变成淡黄色。幼虫从吐丝到营茧结束历时 40min 左右（9 月上旬调查），刚结成的茧大部分附着在柞蚕体皮上，随后便落在柞叶和地面上。非越冬代幼虫营茧完成后经 2h 左右身体收缩进入前蛹期，经 24～30h 完成化蛹。前蛹期白色，经 24h 后复眼变黑，蛹经 4～5d 羽化为成虫，开始下一个世代。

被害柞蚕被寄生后，发育滞后，行动缓慢，多活动于树冠下半部，蚕体瘦小，失去品种固有色泽，蚕体环节松弛，体皮多皱褶，于 4 月下旬至 5 月初发育成熟的绒茧蜂幼虫从蚕体钻出结茧化蛹（此时正值河南柞蚕 2～3 龄蚕），完成一个世代。生产中只有在剪移柞蚕时，方能发现浑身粘满小茧的被害蚕，柞蚕绒茧蜂对河南柞蚕的危害主要在 1～3 龄小蚕期，4～5 龄大蚕期较少发现（图 6-9）。

成虫羽化多在白天，以清晨最多。在野外常被天敌寄生，羽化率 75% 左右。在室内从蚕体脱出结茧，羽化率 96% 左右。成虫在天气晴朗、无风、

图 6-9　绒茧蜂为害蚕

晨露刚消的 7—8 时开始活动，以 11—15 时活动最盛，黄昏则停止活动，大风、雨天不活动。活动场所多在地势低洼、背风向阳、气温较高的蚕场寻找寄主。其飞翔力较弱，常在树冠上下或树叶间飞旋寻找寄主。在飞旋中找到寄主后，用 3 对足抱住寄主迅速将产卵管插入寄主体内产卵。在 1 龄柞蚕体上只要 1s 就可完成产卵，而在 2~3 龄蚕体上产卵，需较长时间完成。

　　柞蚕绒茧蜂的天敌主要有姬蜂和小蜂，二者在绒茧蜂营茧后化蛹前寄生，小蜂的寄生率约为 15%，姬蜂的寄生率约为 10%。

　　3. 被害蚕的症状

　　刚被寄生的 1 龄蚕，初期症状不明显。能正常取食、就眠和脱皮。2 龄后，发育明显缓慢、食量减少、蚕体瘦小、不能按时就眠而成为晚蚕。3 龄被害蚕的症状明显，发育迟缓，多在树冠的下半部、蚕体瘦小，只有正常同龄蚕的 3/5 大小。胸与腹部等粗，失去了原品种的固有光泽，蚕体环节松弛，体壁多皱褶，不眠、不食、不动。

　　4. 防治方法

　　(1) 清理蚕场。柞蚕绒茧蜂的茧常落于蚕坡地面，发现被寄生蚕后，要及时清理地面枯枝落叶，进行烧毁或掩埋。

　　(2) 淘汰被寄生蚕。在剪移柞蚕时，发现有绒茧蜂寄生蚕要小心取下，进行烧毁或掩埋。

（3）小蚕保护育。1~2龄蚕采用小蚕保护育，可减少此虫危害。

（4）利用天敌防治。柞蚕绒茧蜂的天敌主要有小蜂和姬蜂，它们可在绒茧蜂化蛹前寄生，寄生率为10%~15%。在5月底6月初，搜集此虫茧，装在细纱袋内，将正常羽化的绒茧蜂成虫杀死，待8~9d绒茧蜂羽化完后，将剩余的未羽化茧（一般均被天敌寄生），撒到蚕场里，让天敌自然羽化，增加绒茧蜂的天敌数量。

第二节 柞蚕的捕食性害虫

一、螽斯

危害柞蚕的螽斯，种类繁多。如土褐螽斯，紫斑螽斯，青光螽斯，响叫螽斯，乌苏里螽斯。属直翅目，螽斯总科，为不完全变态昆虫，生活周期分卵、若虫和成虫3个阶段。此类害虫，东北各地均有发生，危害春柞蚕。河南省蚕区以土褐螽斯危害柞蚕较多。以下介绍河南常见的两种螽斯：土褐螽斯和响叫螽斯。

（一）分布与为害

此虫分布于山东、河南、河北、辽宁、吉林、内蒙古等省（自治区）广大蚕区。土褐螽斯的若虫危害2~3龄柞蚕，成虫还危害蚕场中的蚕蛹。

（二）形态特征

（1）土褐螽斯（图6-10）俗称土乖子，土蚰子。

1）雄虫，体长26.0~35.0mm，周身土褐色或土红色。触角丝状，30节以上，超过体长。复眼位于触角基部外侧，无单眼。从复眼后方沿前面胸背板两侧至后胸末端具一黑色条纹。前胸背板第1横沟两端稍直，中间向后弯曲；第2横沟呈V形；第3横沟不明显。后足发达，腿节基部外侧有一块黑斑，翅极短，仅达第3腹节，长4.0~5.0mm，尾须短小。

2）雌虫，体长37.0~40.0mm，略大于雄虫，体色、形态基本与雄虫相同。无翅。腹部背面中央各节有两个小黑点，尾须一对较短小，产卵器呈马刀状。略向上弯曲，长20mm左右。

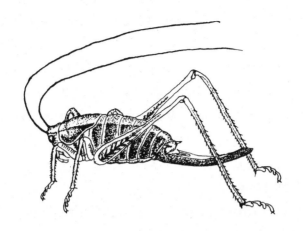

图 6-10 土褐螽斯（♀）

3）卵，长椭圆形，长 4.5～5mm，宽 2mm。初产时呈淡黄色，以后随时间延长逐渐变为黄褐色或棕色，卵壳较坚硬。

4）若虫，形态与成虫相似而较小，唯体色随着龄期的增加而渐深。

（2）响叫螽斯（图 6-11）又称优雅蝈螽，俗称蝈蝈，青乖子，叫乖子。

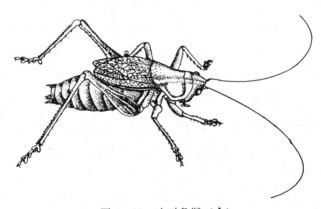

图 6-11 响叫螽斯（♂）

1）成虫，体色翠绿，少数淡褐。触角长达 60.0mm，复眼 2 只，单眼 3 只。前胸背板宽大，背板下缘具黄色。胸部腹板各具 1 对针状刺，后胸的刺最大。后足第 1 跗节跗垫分成 2 个叶片。后足胫节端距 6 个，背面 2 个，腹面 4 个，中间的 2 个小。后足腿节比胫节稍长。

2）雄虫，体长 35.0～38.0mm，前翅 14.0～17.0mm，尾须 2 个，长 2.0～4.0mm。

3）雌虫，体长 35.0～52.0mm，前翅 6.0～8.0mm，额向前突出，尾须 2 个，长 1.6～2.0mm，产卵管呈马刀状，长 29.2～34mm。

4）若虫，雌雄虫各龄体长、触角、头宽、复眼间距、胫节，随着龄期增大而增长。

5）卵，褐色，长 6.0mm，宽 1.6～2.0mm。卵壳坚硬。

（三）生活史及习性

土褐螽斯和响叫螽斯 1 年发生 1 代，为不完全变态，以卵在较干燥的土中越冬。在河南越冬卵在翌年 3 月上、中旬孵化而为若虫，若虫在地面杂草丛中活动，若虫蜕皮 4 次于 6 月上旬羽化而为成虫。6 月下旬开始交尾产卵，可延续到 8 月中旬，每次产卵 1～2 粒，多产于柞墩附近深 12～16mm 的土中。

若虫和成虫日夜活动，在清晨多集中在背风向阳的枯枝落叶上晒太阳，受惊时，立即跳入树墩内和杂草中。螽斯取食主要在夜间进行，无风晴朗的夜晚取食最盛，以鳞翅目幼虫为主，最喜食柞蚕，在蚕区食害柞蚕较重。对瓜类（南瓜、瓜角）、红薯、豆粕等植物性食物亦很喜食，对羊油、韭菜等的味道有正趋性，螽斯对氟硅酸钠等敏感，而土螽斯对红砒有抗性。

螽斯的发生与环境有密切关系。在天气干旱的年份发生量大，为害严重。阴雨连绵天气潮湿，螽斯的发生量小，且不爱活动，为害轻。在土质肥沃、腐殖质层厚、杂草多的蚕场发生量大；土质沙性或瘠薄、杂草少的蚕场发生少、为害轻；山下比山上发生量大，为害重。

（四）防治方法

（1）人工捕杀。在蚕场沟洼处，开挖长 1.2m，宽 30～40cm，深 7cm 左右的浅沟，堆放枯叶，保持湿润，诱其潜藏，白日搜捕，效果良好。

（2）用杀螽丹 2 号药杀。杀螽丹 2 号有效含量为 2%，1kg 为 1 个小包装，25kg 为 1 个大包装。药剂 1kg，配饵料（南瓜、土豆、菱瓜）50kg，将饵料切成 1～2cm³ 小块，使用时将药剂均匀拌入饵料里即可。在收蚁前 3～7d，选择晴天施药。将毒饵均匀撒入养蚕场内的柞墩下，养蚕场地周边的杂草丛里多撒些，以防场外的蟊斯进入场内危害柞蚕，提高防治效果。

（3）用自制毒饵诱杀。取麦麸（或南瓜、红薯、土豆、豆腐渣）50 份，羊油 1 份，大葱 1.5 份，氟硅酸钠 1 份，把生羊油炼成油脂，把红薯、土豆或南瓜切成 1～2cm³ 的小块，韭菜切成细末；再把羊脂、红薯放在锅内混合炒 3～4min（炒至红薯块表面发黏为止），加入韭菜末，停止加温。待饵料冷却，再加入氟硅酸钠，搅拌均匀即可。若用麦麸要加适量开水浸烫至黏团。然后再依次加入羊脂或韭菜末，饵料冷却后加入毒药。然后于晴天下午将毒饵撒于柞墩基部诱杀。

二、黑广肩步甲

步行甲为完全变态，鞘翅目，步甲科，河南俗称臭牛子。其中以黑广肩步甲对柞蚕危害最大。

（一）分布与为害

黑广肩步甲（图 6-12）主要分布在辽宁、河南、山东等省。以成虫为害柞蚕，对 2～3 龄春柞蚕危害最大，4～5 龄蚕为害较轻。发生盛期，1 头黑广肩步行甲 1d 可食害柞蚕 100 多头，其中只有少部分被吃掉，大部分被咬死，是河南柞蚕主要害虫之一。

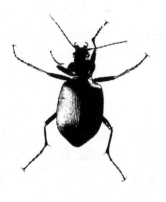

（二）形态特征

（1）成虫，全体黑色，有金属光泽。雌虫体长 30～40mm，体幅 15～17mm。雄虫较小，腹部瘦削。头部为前口式，近梯形，上颚发达，呈钳状，触角丝状。胸部横宽纵窄，宽长

图 6-12 黑广肩步甲

比为 8：5，两侧缘呈弧形，微翘，背面有细刻点及粗褶，腹部宽大。鞘翅每边有隆起纵线 15 条，于第 4、第 8 和第 12 条纹脊上生有 9～12 个铜绿色小凹点，外缘密布数列小刻点，并有铜绿色光泽。

（2）卵，乳白色，椭圆形，稍弯曲。长 5～6mm，宽 2～3mm，卵壳较薄，易破碎。

(3) 幼虫,体形扁平,两端稍尖细。体长 36～40mm,宽 8mm。背部黑色有光泽,中央有纵沟 1 条。头部黑色,大颚钩状,基部内侧有锐齿 1 个。触角丝状较短小。胸部着生胸足 3 对。腹面灰白色,尾端有尾须 1 对。

(4) 蛹,裸蛹。体长 20～22mm,宽 10～12mm。前期乳白色,后期红褐色。

(三)生活史及习性

黑广肩步甲河南 1 年发生 2 代,以成虫于土中越冬。翌年 4 月中、下旬成虫出土活动,5 月上、中旬交尾产卵。产卵后成虫入土越夏。卵经 3～6d 孵化而为幼虫。幼虫经 26～28d 蛰伏做土室化蛹。蛹经 8～9d 羽化而成为第 1 代成虫。越冬代成虫和第 1 代新成虫于 7 月下旬至 8 月上旬陆续出土交尾产卵,经过幼虫和蛹期,到 9 月上、中旬羽化而成第 2 代成虫,随即蛰土越冬。蛰土深度因土质、土层而有不同,一般为 30cm 左右,最深可达 1m 以上。

成虫喜高温多湿,阴雨连绵的年份,向阳背风、腐殖质多的蚕坡发生多、为害重、为害时期长。春蚕 2～3 龄期,为害最重。雨后初晴及天气闷热的中午及夜晚为害更烈。成虫全天都可为害,以 10—22 时发生较多,14—20 时发生最盛。成虫从柞蚕背部咬破蚕皮,吃食组织,吸吮血液;饱食后,只将蚕儿咬死,并不取食。白天多潜伏在蚕墩周围树洞、石缝、松散土、杂草、枯叶中。成虫有假死性,受惊后假死落地并迅速钻入草丛中。据调查,每头成虫一昼夜可危害 2～3 龄蚕 100 多头,壮蚕 15 头。成虫对鱼腥味、牛羊膻味有一定正趋性,成虫可越 2 次冬,成虫寿命长达 3 年。成虫交尾在 15 时开始,交尾盛期在傍晚,交尾 2～4d 后产卵,产卵期 2～3d,每雌虫产卵量 20 粒左右,卵产在 30cm 深处的土中,单粒散产。地温 19℃时,卵期约 6d。卵在发育过程中吸湿膨胀,加长并弯曲。在土壤含水量 10％～18％时,卵孵化率最高。

(四)防治方法

(1) 诱捕。将移蚕用过的柞枝(敖枝),加水湿润,堆放在蚕场里,诱集成虫,每天早晨逐堆搜捕。

(2) 人工捕杀成虫。发现蚕儿有被害迹象时,可在柞墩中及周围树洞、枯叶、石块下、杂草中搜捕。为害严重时，可于夜间便携式矿灯照明逐墩捕杀。也可于天气闷热的中午在蚕场巡查，仔细观察柞墩高处及枝条茂密处，发现后进行捕杀。

（3）杀螟腈毒杀成虫。在成虫盛发期前1～2d，将2%杀螟腈粉剂均匀地撒在柞墩周围地面上。待成虫上树时，触药中毒而死。每墩柞树撒药约15g，每公顷撒药约35kg。注意不要把药撒到柞叶上，以免蚕中毒，选择晴天下午撒药，雨天不宜撒药。

（4）杀螟硫磷毒杀成虫。用2%～2.5%的杀螟硫磷粉剂，于成虫大发生时，在受害重的蚕场，进行药剂防治。将药粉均匀地撒在柞树墩下或树干基部的地面周围。以树干为中心向外撒药，呈半径为40～50cm的圆面。药粉厚度以肉眼看见一层药粉为宜。施药蚕场的柞树高度在1m以上，树高不足1m的蚕场不宜施药，以防蚕中毒。杀螟硫磷粉剂的残效期为5d，切忌将药粉撒在柞叶上，以免引起柞蚕中毒。每千克籽一次施药粉需60kg。

（5）步甲净粉剂毒杀成虫。用5%步甲净粉剂触杀成虫，以柞树干为中心，40～50cm为半径，将药剂均匀撒在柞树墩下树干基部的地面周围，呈一圆形药环。平均每墩柞树撒施200g药剂防治效果最好。本药对柞蚕无熏蒸作用，防治效果良好。

（6）埋罐诱杀成虫。用罐头瓶数个，将鱼头200～250g，羊油或羊骨汤50～150g，食盐100～150g，清水1～1.5kg等放入锅中，煮沸10～20min，将诱饵分装入罐头瓶内，液面距瓶底4～6cm。施用时，把装好诱饵的罐头瓶放到成虫较多的蚕场里，每隔7～10cm埋一个瓶子，瓶口要略高出地面，瓶口上面架上防雨挡板，每隔2～3d检查1次并取出被杀的步甲再放到原处。

三、马蜂

马蜂（图6-13）属于完全变态的昆虫，一生经历卵、幼虫、蛹、成虫4个阶段。分类学上属膜翅目，细腰亚目，胡蜂科，以捕食性为主。危害柞蚕的马蜂有二纹长脚蜂（俗称草蜂）、拖脚蜂（俗称马蜂）、黑胡蜂（俗称土蜂）和小长脚蜂等。

（一）分布与为害

河南以拖脚蜂为主，全省各蚕区普遍发生。春蚕放养时期，正是雌蜂筑巢繁殖时期，大量捕食柞蚕幼虫，以 1～3 龄受害最为严重。雨后初晴，天气闷热的中午前后尤为猖獗；或天气炎热无风，柞蚕处于眠期、正蜕皮或刚蜕皮时，由于体皮柔嫩，并散发腥味，往往引来马蜂、蝇子和蚂蚁，因此，危害尤为严重。

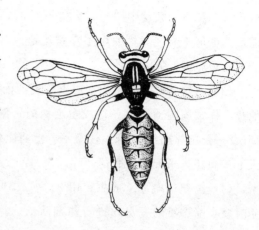

图 6 - 13　马蜂

（二）形态特征

（1）成虫，分为雌蜂、工蜂和雄蜂，均为黄褐色。雌蜂体长 23～25mm，翅展 45mm，职蜂 18～22mm，头部略呈三角形，触角膝状，上颚发达，下唇碗形。前胸背面有五角形黑色斑纹，中央有 1 条黑色纵线，腹部可见 6 节，第 2～5 节有黑色环斑；产卵期向后方伸出，尾部生螯刺。后足特长，故名拖脚蜂。雄蜂体长 20～23mm，体色较雌蜂略淡，头部近圆形，黄白色，腹部环斑比雌蜂窄，尾部不生螯刺。

（2）卵，乳白色，圆形，一端尖细微弯曲。

（3）幼虫，乳白色，无足，呈蛆形。头部颜色稍暗，口器呈漏斗状。背线略透明，第 2～3 两节侧面，各有点状翅痕 1 个。

（4）蛹，裸蛹，初期乳白色，逐渐变为黄色。

（三）生活史及习性

拖脚蜂河南一年发生一代，以受精的雌成虫越冬。一般于翌年 3 月下旬出蛰，以腐木、朽草为材料，在背风向阳的房檐、石崖或树枝中加工筑巢，开始产卵。卵经 10～14d 孵化为幼虫。幼虫蜕皮 4 次，经 5 龄老熟，吐丝封闭巢口而后化蛹。随后蛹又羽化而为成虫，咬破巢口而出。工蜂最先于 5 月下旬羽化，代替雄蜂采集食物，哺育幼虫，营造蜂巢。7—8 月，雌雄蜂先后羽化，在晴朗天气的 13—15 时，新母蜂和雄蜂飞集在温暖向阳处追逐交尾。10 月以后天气逐渐变冷，雄蜂、工蜂先后死亡，受精的新雌蜂蛰居于背风向阳的树洞、墙缝或屋檐椽子空隙等处越冬。

马蜂属杂食性昆虫，春季取食植物茎叶内的汁液、花蜜和成熟的果肉等；夏秋季以肉食为主，喜食活虫，除捕食柞蚕外，还吃其他鳞翅目昆虫幼虫、蝇类等，马蜂多为害 2～3 龄柞蚕，4 龄眠蚕及 4～5 龄刚蜕皮或正蜕皮的柞蚕。每天太阳出来露水干后活动，至下午 5 时回巢，夜间不活动；晨露大，阴雨天多不爱活动。干旱季节的中午和晴朗闷热天气，马蜂大量捕食小蚕，用以喂养小蜂或补充自身体液。因此，蜂类对柞蚕的危害以干旱年份较重。

（四）防治方法

（1）人工捕杀。于马蜂越冬期（11 月至翌年 3 月）注意调查蚕场周围马蜂越冬地点，使用黄泥填塞有马蜂藏匿的洞穴。填洞时，先塞入一团浸有 DDV 的棉絮，然后投泥封闭洞口。马蜂出蛰筑巢期（3—5 月）注意调查新巢室，做好标记，于夜晚点火烧掉巢室和马蜂；晴天 10—14 时，可到水沟旁捕打正在饮水的马蜂。5 月以前的马蜂均系越冬雌蜂，应注意防除。平时使用捕虫网捕捉马蜂或合掌拍击在食蚕的马蜂。

（2）诱杀。制糖蜜朽木毒板，悬挂在蚕场附近的水沟旁，可以诱杀前去饮水的马蜂。毒液制作方法：取年久腐朽的木板，胃毒剂（如红砒）和白糖为原料，把 5 份糖溶于 10 份清水中，再加一份胃毒剂，搅拌均匀，然后把这种引诱剂涂于朽木上即成。

（3）保护天敌。蜂巢螟是马蜂的天敌。蜂巢螟产卵于马蜂巢上面的巢壁中。不久螟卵孵化为幼虫，幼虫钻入蜂巢室为害马蜂幼虫和蜂蛹。并吐丝结网封闭马蜂巢室。蜂巢螟对马蜂幼虫和蜂蛹的为害率达 20％～57％。为此，养蚕人员发现被蜂巢螟危害的马蜂巢，应予以保护，不要伤害这些自然天敌。

四、蚂蚁

危害柞蚕的蚂蚁种类很多，对生产造成为害的有 2 种，即红蚂蚁和小黑油蚁，蚂蚁数量多，为害大的蚕场称为蚂蚁塘，若不予以防治，就难以养蚕。

（一）分布与为害

为害河南柞蚕的蚂蚁主要是小黑油蚁，又称小黑蚁，属膜翅目，蚁科。常为害蚁蚕和各龄眠蚕，小黑油蚁常将眠蚕叮咬落地而死。

（二）形态特征

（1）成虫，体长约4mm，全身黑色，具光泽。身体分为头、胸、腹3部分，有6足，体壁薄而有弹性。触角膝状，前胸背板不发达，腹部缢缩，呈细腰状，腹部第1、2节有向上直立的结节，羽化后具2对膜质的翅，静止时平覆于腹部。交配后，雌蚁翅脱落。工蚁没有翅膀。后足为步行足，无尾须。杂食性，多态型社会昆虫，一般有雄蚁、雌蚁和工蚁。

（2）卵，椭圆形，表面光滑，初产时乳白色，近孵化时透明。

（3）幼虫，蛆形，体分节明显，覆有金黄色细毛，弯曲，呈月牙形。

（4）蛹，裸蛹，初期白色，后期呈灰白色，雌雄蚁有翅芽，而工蚁则无。

小黑油蚁各虫态的发育历期：卵期6～10d，幼虫期40～50d，蛹期18～20d。

（三）生活史及习性

小黑油蚁在河南1年发生1代，属完全变态昆虫，分卵、幼虫、蛹和成虫4个阶段，以成虫在巢穴内越冬。翌年4月下旬出巢，5月逐渐增多。小黑油蚁的蚁巢多在柞蚕场内枯老树根部。在蚂蚁活动盛期，蚁巢洞口处蚂蚁密集，川流不息，洞口也常有成虫排泄的黑色物。一个蚁巢有多个洞口。小黑油蚁活动有行列，每个行列又分出支行列，小黑油蚁在这些支行列来来往往而形成黑色带，可爬行百米以外。小黑油蚁上树咬蚕凶狠，将蚕咬死拖回巢中食用，蚕农称之为"黑老虎"。小黑油蚁喜膻味食物，其活动时间由春到秋，春秋蚕均可为害。

小黑油蚁在15～40℃都可正常生长，最佳生存温度为25～35℃，冬季低于10℃就进入冬眠。喜欢温暖潮湿的土壤，适宜在土壤湿度10%～20%、巢穴内空气相对湿度70%～90%生活。

（四）防治方法

（1）**诱杀**。取新鲜鱼、蟹、牛、羊等骨骼放在蚁穴附近诱集蚂蚁，然后点火烧毁，废骨还可继续使用。

（2）**喷洒灭蚁净**。将灭蚁净药粉撒在蚂蚁塘内柞树四周地面上，药带宽 10cm，每株用药 2～5g。凡在药带上爬过的蚂蚁，10min 后死亡。

（3）**喷洒灭蚁粉剂**。蚕上山前 10～15d，喷洒 0.5％～1％灭蚁粉剂对小黑油蚁防治效果显著。

（4）**喷洒亚胺硫磷**。用 25％亚胺硫磷乳油的 500～1000 倍液，于放蚕前 2～3d，喷洒有蚂蚁的柞墩可以防治蚂蚁。同时，寻找蚁窝，发现蚁窝后用注射器往蚁窝注射亚胺硫磷乳油稀释液，然后用土把蚂蚁窝给封严实。或用 25％亚胺硫磷乳油拌成毒土（1∶200）撒在柞墩下药杀。

五、蝽象

为害柞蚕的蝽象（图 6-14）种类很多，因种类不同，在蚕区的俗称也不同。河南蚕区，为害较重的有 2 种：一是益蝽，在东北地区称臭大姐、打针虫；二是红缘猎蝽，俗称钢嘴子。蝽象类在河南的土名为毒锥、臭斑虫，是为害河南柞蚕的小型害虫之一。

（一）分布与为害

蝽象分布于河南、河北、安徽、江苏、浙江、福建、湖南、湖北、广东、广西、四川、云南、贵州、甘肃、陕西及东北各地。以若虫和成虫刺吸柞蚕体液，为害柞蚕致使死亡。以若虫、成虫为害春蚕、秋蚕，其中以眠蚕和 2～3 龄蚕被害最重。为害时，将刺吸式口器刺入蚕体吮吸蚕血液，致使柞蚕死亡（图 6-15）。

（二）形态特征

（1）成虫，益蝽属半翅目，蝽

图 6-14　蝽象

图 6-15 蟓象危害柞蚕

科。体长约 10mm，雌虫全体暗棕色，从头中片基端起直贯小盾片后缘具一条不明显的淡色线。触角橘红色，第 3 节末端和第 4～5 节的后半部均为黑色。喙细长，由 4 节组成。喙在不取食时折转放置于腹下，全长紧贴身体腹面，取食时则向前平伸。前胸背板边缘有微小锯齿，两端角细而突出呈棘状。小盾片两基角凹陷，黑色，有一小黄白色的斑点。体扁平，略呈六角状椭圆形，背部具棕色或棕褐色膜质半透明翅 2 对。腹部背面黑色，腹面黄褐色，腹部周缘红色，裸露于半翅之外。第 3～6 节中间有一个三角形暗黑斑。后胸臭腺孔开口位于后胸侧板内侧，中、后足基节之间处，此开口称为臭腺孔。

（2）卵，卵圆柱形，黑褐色。数十粒粘在一起，排列整齐。

（3）若虫，若虫形似成虫，翅未发育完全，头、胸、翅芽黑褐色。腹部灰白色，每节上有黑褐色斑块。

（三）生活史及习性

益蟓在河南 1 年发生 1 代，以卵在脱落的卷叶中越冬。多于翌年 4 月中、下旬发生，将口器刺入蚕体，吸吮蚕血，蚕即死亡，蚕体被吸吮处留一黑色斑块。以眠蚕、半起蚕、刚起蚕受害为重。其若虫和成虫有假死性。7 月下旬至 8 月上旬发育为成虫，为害秋蚕。8 月中旬成虫交尾，交尾时间长，易发现和捕杀。9 月成虫产卵，卵产在落叶和杂草中。

（四）防治方法

（1）清理蚕场。养蚕前，把蚕场枯枝落叶和杂草等清理干净，集中处理。

（2）日出到 10 时前，捕杀成虫和若虫，特别是成虫交尾期和若虫孵化期，易发现和捕杀。

第三节　柞蚕鸟害及防治方法

河南约有鸟类近 300 种，绝大多数是食虫益鸟；有不少猛禽类能消灭田鼠等；有不少以农作物、森林树木的害虫为食物，保证了农林生产安全。随着全民"绿水青山就是金山银山"生态理念的逐步形成，我国的森林覆盖率将大幅提高，如何处理保护鸟类资源与开展柞蚕生产将是摆在我们面前的现实问题。

柞蚕生产中为害柞蚕的鸟类种类按其迁移习性可分为 3 类：一类是旅鸟，在南北往来迁移时，仅路过蚕场取食休息而不在该地久留；二类是留鸟，即当地长期生活繁育的鸟，这类鸟对春秋柞蚕都能为害，如树麻雀，山雀等；三类是夏候鸟，它们在夏天由南方飞来河南生活繁育一个季节，随后飞回南方越冬，如杜鹃等。

河南蚕区的柞蚕鸟害，主要有布谷、黄鹂、喜鹊、乌鸦、野鸡、山雀和白头等。山雀、白头等小鸟，通常于早晨和傍晚出没蚕场，对稚蚕为害较重。乌鸦、喜鹊和一些候鸟，多成群结队，捕食柞蚕，为害严重。布谷鸟、黄鹂多徘徊蚕场周围或盘旋上空，伺机食害壮蚕。下面介绍几种经常为害柞蚕的鸟及防治方法。

一、柞蚕鸟害

（一）树麻雀

树麻雀，别名麻雀，俗称家雀，属雀形目，文鸟科，麻雀属（图 6-16）。

1. 野外鉴别特征

树麻雀为小型鸟类，体长 13～15cm。体型较小，嘴短而强，略呈圆锥

225

状，鼻孔为鼻羽所覆盖。额、头顶至后颈栗褐色，头侧白色，耳部有一黑斑，在白色的头侧极为醒目。背沙褐或棕褐色具黑色纵纹。颏、喉黑色，其余下体污灰白色微沾褐色。翅短圆，初级飞羽10枚，第一枚短小，为第二枚的一半，尾羽12枚，飞翔力较弱。跗跖前缘具盾状鳞。

图 6-16 树麻雀

2. 形态特征

雄鸟前额、头顶至后颈纯栗褐色，眼先、眼下缘黑色，颊和颈侧白色，在头侧形成一大块白斑，耳羽黑色，在白色的颊部形成一黑斑，背、肩棕褐色具粗着的黑色纵纹，腰和尾上覆羽褐色。尾暗褐色，羽缘褐色。两翅大部黑褐色，翅上小覆羽纯栗色，中覆羽和大覆羽具白色端斑，在翅上形成两道白色横斑。初级飞羽和次级飞羽外翈及端部具宽窄不一的栗色或棕褐边缘。颏和喉中央黑色，胸、腹淡灰近白色有时微沾沙褐色，两胁和尾下覆羽灰褐色而沾淡黄褐色。

雌鸟和雄鸟相似，但下体羽色稍淡白，喉部黑斑亦较淡灰。

幼鸟羽色较成鸟苍淡，背上纵纹不显，黑色部分近灰黑色，而白色部分为灰白色，胸灰色，后部沾棕，腹污白色。

虹膜暗褐或暗红褐色，嘴黑色，跗跖污黄色。

3. 地理分布与为害

树麻雀在我国境内有6个亚种，分布于各蚕区的有2个亚种，即指名亚种和普通亚种。河南的属普通亚种，分布于河北、山东、河南、安徽、湖北、四川、贵州和广西等省（自治区）的蚕区，为留鸟。每年9月至翌年3月，主要以谷物为食，4—6月主要以1～3龄柞蚕幼虫为食，特别是育雏期，成鸟和幼鸟的食物中柞蚕占95.8%。由此可见，树麻雀对柞蚕的为害程度。

4. 生活环境及习性

树麻雀是我国分布广、数量多和最为常见的一种小鸟，主要栖息在人类居住环境周围。在有人类集居的地方多有分布，喜成群，除繁殖外，常成群活动，特别是秋冬季节，有时集群多达数百只，甚至上千只，一般在房舍及其周围地区，尤其喜欢在房檐、屋顶以及房前屋后的小树和灌丛上，有时也到邻近的农田地上活动和觅食。每个栖息地都有较为固定的觅食场所，如场院、猪圈、牲口棚和邻近的农田地区，活动范围为 1~2km。在屋檐洞穴或瓦片下的缝隙中过夜。性活泼，频繁地在地上奔跑，并发出叽叽喳喳的叫声，显得较嘈杂。若有惊扰，立刻成群飞至房顶或树上，一般飞行不远，也不高飞。飞行时两翅扇动有力，速度甚快，大群飞行时常常发出较大的声响。性大胆，不甚怕人，也很机警，在地上发现食物时，常常先向四周观看，无危险，才跑去啄食，或先去几只试探，然后才有更多的鸟陆续飞去，稍有声响，立刻成群惊飞。

5. 食性

树麻雀食性较杂，主要以谷粒、草子、种子、果实等植物性食物为食。繁殖期间也吃大量昆虫，特别是雏鸟，几乎全部以昆虫和昆虫幼虫为食。尤以甲虫等鞘翅目昆虫居多，其次为鳞翅目和同翅目昆虫。树麻雀取食柞蚕幼虫，有较明显的规律。

6. 繁殖

树麻雀繁殖期在 3—8 月。繁殖的早晚随地区而不同。1 年繁殖 2~3 次。4 月即开始配对繁殖，配对时雄鸟显得特别活跃，不停地抬头举尾、东张西望、站立不安，并同时发出低弱的叫声。营巢于村庄、城镇等人类居住地区的房舍、桥梁以及其他建筑物上，以屋檐和墙壁洞穴最为常见，也在树枝间营巢或利用废弃的喜鹊巢。呈杯状或碗状，洞外巢则为球形或椭圆形，有盖，侧面开口。营巢主要是枯草、叶草、茎、须根、鸡毛、破布等，内垫有绒毛、兽毛、羽毛等。雌雄鸟共同参与营巢活动，通常就地就近采集营巢材料。每个巢营造时间为 5~6d。巢筑好后即开始产卵，通常每天产卵 1 枚，产卵时间多在早晨 5—9 时，每窝产卵 4~8 枚，多为 5~6 枚。卵的颜色变化较大，有白色或灰白色，或白色稍沾灰蓝色，被有黄褐色或紫褐色斑点，尤以钝端较密集；也有呈灰色或淡褐色，被有黑褐色斑点或块斑。卵呈椭圆形，卵重 2~2.6g。卵产齐后即开始孵卵，由雌雄鸟轮流进行，孵卵期为 12d±1d。雏鸟晚成性，刚孵出时体重仅 1.4g 左右，全身赤裸无羽，未睁眼，雌雄亲鸟共同觅食喂雏，每天喂食200次左右，经过15～16d的喂养，幼鸟即可出飞离巢，离巢的幼鸟仍需亲鸟喂食1周左右才能独立觅食生活。取食柞蚕的时期，主要是2～3龄，当春季柞蚕发育至2龄时，恰是树麻雀繁殖第1窝育雏期。树麻雀每次觅食归来进巢育雏，出巢衔雏鸟粪便及清理巢内残物，使巢里很清洁。树麻雀繁殖第2窝期间，育雏食物多为蜘蛛、蚂蚁、蜷象、瓢虫及鞘翅目昆虫，可食掉大量柞蚕和柞树的害虫，可见树麻雀对柞蚕业是益害兼有，为了利用它的有益作用，可采取驱避措施。

（二）大山雀

大山雀俗称仔仔黑、灰狗子、白脸山雀。属雀形目，山雀科，山雀属（图6-17）。

1. 野外鉴别特征

大山雀为小型鸟类，体长13～15cm。整个头黑色，头两侧各具一大型白斑。上体蓝灰色，背沾绿色。下体白色，胸、腹有一条宽阔的中央纵纹与颏、喉黑色相连。叫声"吁吁黑、吁嘿"或"吁伯、吁伯"。

图6-17　大山雀

2. 形态描述

雄鸟前额、眼先、头顶、枕和后颈上部辉蓝黑色，眼以下整个脸颊、耳羽和颈侧白色，呈一近似三角形的白斑。后颈上部黑色沿白斑向左右颈侧延伸，形成一条黑带，与颏、喉和前胸之黑色相连。上背和两肩黄绿色，在上背黄绿色和后颈的黑色之间有一细窄的白色横带，下背至尾上覆羽蓝灰色，中央一对尾羽亦为蓝灰色，羽干黑色，其余尾羽内翈黑褐色，外翈蓝灰色，最外侧一对尾羽白色，仅内翈具宽阔的黑褐色羽缘，次一对外侧尾羽末端具白色楔形斑。翅上覆羽黑褐色，外翈具蓝灰色羽缘，大覆羽具宽阔的灰白色羽端，形成一显著的灰白色翅带。飞羽黑褐色，羽缘蓝灰色，初级飞羽除最外侧两枚外，其余外翈端部具灰白色羽缘；次级飞羽外翈羽缘亦为蓝灰色，但羽端仅微缀以灰白色；三级飞羽外翈具较宽的灰白色羽缘。颏、喉和前胸辉蓝黑色，其余下体白色，中部有一宽阔的黑色纵带，前端与前胸黑色相连，往后延伸至尾下覆羽，有时在尾覆羽下还扩大成三角形；腋羽白色。

雌鸟羽色和雄鸟相似，但体色稍较暗淡，缺少光泽，腹部黑色纵纹较细。

幼鸟羽色和成鸟相似，但黑色部分较浅淡而且沾褐色，缺少光泽，喉部黑斑较小，腹无黑色纵纹或黑色纵纹不明显，灰色和白色部分沾黄绿色。

虹膜褐色或暗褐色，嘴黑褐色或黑色，脚暗褐色或紫褐色。

3. 地理分布与为害

河南的属华北亚种，国内分布于黑龙江、吉林、辽宁、内蒙古、河北、山西、河南、四川、山东等省（自治区）。为害春、秋两季柞蚕的 2、3 龄蚕，为留鸟，分布于河南全省。

4. 生境与习性

大山雀主要栖息于低山和山麓地带的次生阔叶林、阔叶林和针阔叶混交林中，也出入于人工林和针叶林，夏季在北方有时可上到海拔 1700m 的中、高山地带，在南方夏季甚至上到海拔 3000m 左右的森林中，冬季多下到山麓和邻近平原地带的次生阔叶林、人工林和林缘疏林灌丛，有时也进到果园、道旁和地边树丛、房前屋后和庭院中的树上。性较活泼而大胆，不甚畏人。行动敏捷，常在树枝间穿梭跳跃，或从一棵树飞到另一棵树上，边飞边叫，略呈波浪状飞行，波峰不高，平时飞行缓慢，飞行距离亦短，但在受惊后飞行也很快。除繁殖期间成对活动外，秋冬季节多成 3～5 只或10 余只的小群，有时亦见单独活动的。除频繁地在枝间跳跃觅食外，它们也能悬垂在枝叶下面觅食，偶尔也飞到空中和下到地上捕捉昆虫。繁殖期鸣声尖锐多变，为连续的双声节或多音节声音，其声似"呀嘿，呀嘿，呀嘿，呀嘿，呀黑黑，或"黑呀，黑呀，黑呀，黑"，尤其在春季繁殖初期鸣声更为急促多变。

5. 食性

大山雀的食性是以昆虫为主，主要以金花虫、金龟子、毒蛾幼虫、刺蛾幼虫、尺蠖蛾幼虫、库蚊、花蝇、蚂蚁、蜂、松毛虫、浮尘子、蝽象、瓢虫、螽斯等鳞翅目、双翅目、鞘翅目、半翅目、直翅目、同翅目、膜翅目等昆虫和昆虫幼虫为食，此外也吃少量蜘蛛、蜗牛、草子、花等其他小型无脊椎动物和植物性食物。

6. 繁殖

大山雀的繁殖期为 4—8 月，在南方亦有早在 3 月即开始繁殖的，但多数在 4—5 月开始营巢。1 年繁殖 1 窝或 2 窝。通常营巢于天然树洞中，也利用啄木鸟废弃的巢洞和人工巢箱，有时也在土崖和石隙中营巢。巢呈杯状，外壁主要由苔藓构成，常混杂有地衣和细草茎，内壁为细纤维和兽类绒毛，巢内垫有兔毛、鼠毛、猪毛、牛毛和鸟类羽毛。巢距地面 0.7～6m。雌雄鸟共同营巢，雌鸟为主，每个巢 5～7d 即可筑好。第一窝最早在 5 月初即有开始产卵的，多数在 5 月中下旬；第二窝多在 6 月末 7 月初开始产卵，有时边筑巢边产卵。每窝产卵 6～13 枚，多为 6～9 枚，有时多达 15 枚。卵呈卵圆形或椭圆形，乳白色或淡红白色，密布以红褐色斑点，尤以钝端较多，卵重 0.8～2.0g，平均 1.4g。每天产卵 1 枚，卵多在清晨产出，卵产齐后即开始孵卵，也有在产出最后一枚卵后隔 1d 才开始孵卵的。孵卵由雌鸟承担，白天坐巢时间 7～8h，夜间在巢内过夜。白天离巢时还用毛将卵盖住，有时也见雄鸟衔虫进巢饲喂正在孵卵的雌鸟，孵化期 14d±1d。雏鸟晚成性，雌雄亲鸟共同育雏。经过 15～17d 的喂养，幼鸟即可离巢，出巢后常结群在巢附近活动几天，亲鸟仍给以喂食，随后幼鸟自行啄食。

（三）白头鹎

白头鹎，俗名白头，属雀形目，鹎科（图 6－18）。

1. 野外鉴别特征

白头鹎为小型鸟类，体长 17～22cm。额至头顶上黑色，两眼上方至后枕白色，形成一白色枕环（两广亚种无此白环，头顶至枕全黑色）。耳羽后部有一白斑，此白环与白斑在黑色的头部均极为醒目。上体灰褐或橄榄灰色具黄绿色的羽缘。颏、喉白

图 6－18　白头鹎

色，胸灰褐色，形成不明显的宽阔胸带。腹白色具黄绿色纵纹。翅初级飞羽 10 枚，尾较长，尾羽 12 枚。跗跖短弱。

2. 形态描述

额至头顶纯黑色而富有光泽，头顶两侧自眼后开始各有一条白纹，向后延伸至枕部相连，形成一条宽阔的枕环，有的标本枕羽具黑端，有的头顶后和枕后白色（两广亚种无白色枕环，额至枕全黑色）。颊、耳羽、颧纹黑褐色，耳羽后部转为污白色或灰白色。上体褐灰或橄榄灰色、具黄绿色羽缘，使上体形成不明显的暗色纵纹。尾和两翅暗褐色具黄绿色羽缘。颏、喉白色，胸淡灰褐色，形成一道不明显的淡灰褐色横带。其余下体白色或灰白色，羽缘黄绿色，形成稀疏而不明显的黄绿色纵纹。

虹膜褐色，嘴黑色，脚亦为黑色。

3. 地理分布与为害

白头鹎分布于我国的有 3 个亚种，河南的属指名亚种。国内分布于长江流域及以南广大地区，北至陕西南部和河南一带，偶尔见于河北和山东，西至四川、贵州和云南东北部，东至江苏、浙江、福建沿海，南至广西、广东、香港、海南岛和台湾。每年 9 月至翌年 3 月，主要以谷物为食，4—6 月主要以 1~3 龄柞蚕幼虫为食。为河南省的留鸟，分布于大别山、桐柏山及伏牛山区。主要为留鸟。

4. 生活环境与习性

白头鹎主要栖息于海拔 1000m 以下的低山丘陵和平原地区的灌木丛、草地、有零星树木的疏林荒坡、果园、村落、农田地边灌木丛、次生林和竹林，也见于山脚和低山地区的阔叶林、混交林和针叶林及其林缘地带。常呈 3~5 只至 10 多只的小群活动，冬季有时亦集成 20~30 多只的大群。多在灌木和小树上活动，性活泼，不甚怕人，常在树枝间跳跃，或飞翔于相邻树木间，一般不做长距离飞行。善鸣叫，鸣声婉转多变。

5. 食性

白头鹎杂食性，既食动物性食物，也吃植物性食物。动物性食物主要有金龟甲、步行虫、金花甲、鼻甲、夜蛾、瓢虫、蝗虫、虻、蜂、蝇、蚂蚁、长角萤、蝉等、鳞翅目、直翅目、半翅目等昆虫和幼虫，也吃蜘蛛、壁虱等无脊椎动物。植物性食物主要有野山楂、野蔷薇、寒莓、卫茅、桑葚、石楠、女贞、樱桃、楝、苦楝、葡萄、乌桕、酸枣等植物果实与种子。7月至翌年1月几乎全以植物为食，至4—6月几乎全以动物性食物为食。

6. 繁殖

白头鹎繁殖期为4—8月。营巢于灌木或阔叶树上、竹林和针叶树上。巢距地高 1.5～7m，呈深杯状或碗状，由枯草茎、草叶、细树枝、芦苇、茅草、树叶、花序、竹叶等材料构成。每窝产卵 3～5 枚，通常 4 枚。卵粉红色、被有紫色斑点，也见有呈白色而布以赭色、深灰色斑点或白色而布以赭紫色斑点的。繁殖季节几乎全以昆虫为食。

（四）黄眉柳莺

黄眉柳莺俗名树串儿、瞎柳叶。属雀形目，莺科（图 6-19）。

图 6-19　黄眉柳莺

1. 野外鉴别特征

黄眉柳莺为小型鸟类，体长 9～11cm。体形纤细瘦小，上体橄榄绿色，眉纹淡黄绿色，嘴较细尖，嘴缘光滑，上嘴先端常微具缺刻。翅上有两道明显的黄白色翅斑，初级飞羽 10 枚，尾羽 12 枚。下体白色，胸、两胁和尾下覆羽黄绿色。跗跖细弱，前缘被似靴状鳞或盾状鳞。

2. 形态描述

雌雄羽色相似。上体包括两翅内侧覆羽概为橄榄绿色，头顶较深而褐，头顶中央有一条不甚明显的黄绿色纵纹，眉纹长而宽阔，淡黄绿色或皮黄白色，贯眼纹暗褐色，自嘴基经眼先和眼向后一直延伸到枕部。头侧、颊黄绿色间杂有褐色。翅上覆羽黑褐色，羽缘橄榄绿色，大覆羽和中覆羽尖端淡黄白色形成两道明显的翅斑；飞羽黑褐色，外翈羽缘黄绿色，内侧飞羽端部白色或黄白色。尾黑褐色，各羽外翈均缀以黄绿色狭缘。下体白色，胸、两胁和尾下覆羽沾绿黄色，翼缘绿黄色或皮黄白色，翼下覆羽白色。腋羽白色，稍沾黄色。

虹膜暗褐色，嘴褐色，下嘴基部黄色，脚褐色或淡棕褐色。

3. 地理分布与为害

河南的属指名亚种，国内分布于内蒙古、黑龙江、吉林，迁经辽宁、河北、河南、山东、山西、陕西，一直往南到福建、广东、香港、广西、云南、贵州、海南岛等地越冬，偶尔也到台湾。主要食害1～3龄小蚕，为河南省的夏候鸟，分布于河南全省。

4. 生活环境与习性

黄眉柳莺主要栖息于山地和平原地带的森林中，尤以针叶林和针阔叶混交林中较常见，也栖息于杨桦林、柳树丛和林缘灌木丛地带，尤其是迁徙期间常成群活动在林缘次生杨桦林和灌木丛中。繁殖期间则单独或成对活动在树顶部树冠层，或隐蔽在茂密的枝叶间鸣叫，鸣声尖细、清脆，其声似"sweet - sweet⋯"或"zhir - zhir⋯"。

5. 食性

黄眉柳莺主要以昆虫为食，其中最常见的是鞘翅目金花虫科的昆虫，其次有虻科、蚂蚁和鳞翅目昆虫。

6. 繁殖

黄眉柳莺繁殖期在5—6月。营巢于树上茂密的枝杈间。巢呈球形，主要由枯草叶、枯草茎、树皮纤维和苔藓等材料编织而成，内垫有兽毛和鸟类羽毛，巢口开在侧面。巢筑好后即开始产卵，每窝产卵5～6枚。卵乳白色，被有红褐色斑点，尤以钝端较密，卵为椭圆形。孵卵由雌鸟承担，雏鸟晚成性，雌鸟育雏，留巢13d。

7. 迁徙

黄眉柳莺在我国北部为夏候鸟，部分在我国南方越冬。通常在每年4月末5月初迁来我国东北和西北地区繁殖，9月下旬和10月初开始南迁，少数迟至10月末还滞留在长白山未迁走。

（五）红尾伯劳

红尾伯劳雀形目，伯劳科（图6-20）。

1. 野外鉴别特征

红尾伯劳为小型鸟类，体长18～21cm，头顶灰色或红棕色、具白色眉纹和粗着的黑色贯眼纹。嘴较粗壮，上嘴先端向下弯曲成钩状并具有缺刻，外形略似鹰嘴，嘴须发达。鼻孔圆形，多少为垂羽所掩盖。上体棕褐或灰褐色，两翅黑褐色，翅大短圆，初级飞羽10枚，第一短小，通常仅为第二枚之半。

图6-20　红尾伯劳

尾羽12枚，尾较长，呈楔形，尾上覆羽红棕色，尾羽棕褐色。跗跖强健，前缘具盾状鳞，爪锐利。额、喉白色，其余下体棕白色。

2. 形态描述

据普通亚种额和头顶前部淡灰色（指名亚种额和头顶红棕色），头顶至后颈灰褐色。上背、肩暗灰褐色（指名亚种棕褐色），下背、腰棕褐色。尾上覆羽棕红色，尾羽棕褐色具有隐约可见不甚明显的暗褐色横斑。两翅黑褐色，内侧覆羽灰褐色，外侧覆羽黑褐色，中覆羽、大覆羽和内侧飞羽外翈具棕白色羽缘和尖端。翅缘白色，眼先、眼周至耳区黑色，连结成一粗着的黑色贯眼纹从嘴基经眼直到耳后。眼上方至耳羽上方有一窄的白色眉纹。额、喉和颊白色，其余下体棕白色，两胁较多棕色，腋羽亦为棕白色。

雌鸟和雄鸟相似，但羽色较苍淡，贯眼纹黑褐色。

幼鸟上体棕褐色，各羽均缀黑褐色横斑和棕色羽缘，下体棕白色，胸和两胁满杂以细的黑褐色波状横斑。

虹膜暗褐色，嘴黑色，脚铅灰色。

3. 地理分布与为害

红尾伯劳共4个亚种，河南的属普通亚种，国内分布于黑龙江、吉林、辽宁、北京、河北、内蒙古、山东、山西、河南、陕西、湖北、湖南、四川、甘肃、贵州、广西、广东、云南、福建、海南岛和台湾等地。主要食害1～3龄小蚕，为河南省的夏候鸟，分布于河南全省。

4. 生活环境与习性

红尾伯劳主要栖息于低山丘陵和山脚平原地带的灌木丛、疏林和林缘地带，尤其在有稀矮乔木和灌木丛生长的开阔旷野、河谷、湖畔、路旁和田边地头灌木丛中较常见，也栖息于草甸灌木丛、山地阔叶林和针阔叶混交林林缘灌木丛及其附近的小块次生杨桦林内。单独或成对活动，性活泼，常在枝头跳跃或飞上飞下。有时亦高高地站立在小树顶端或电线上静静地注视着四周，待有猎物出现，才突然飞去捕猎，然后再飞回原来栖木上栖息。繁殖期间则常站在小树顶端仰首翘尾地高声鸣唱，鸣声粗犷、响亮、激昂有力，有时边鸣唱边突然飞向树顶上空，快速地扇动翅膀原地飞翔一阵后又落入枝头继续鸣唱，见到人后立刻往下飞入茂密的枝叶丛中或灌木丛中。

5. 食性

红尾伯劳主要以昆虫等动物性食物为食，贪食。所吃食物主要有直翅目蝗科、螽斯科、鞘翅目步甲科、叩头虫科、金龟子科、瓢虫科、半翅目蝽科和鳞翅目昆虫。其中在繁殖期主要以步行虫、金龟子、叩头虫、瓢虫和鳞翅目成虫及幼虫为主，约占99％；在游荡期则以直翅目蝗科、螽斯科和半翅目蝽科为主，偶尔吃少量草子。

6. 繁殖

红尾伯劳繁殖期在5—7月。领域性强，对侵入的外来鸟类，则以驱赶。5月下旬即进行营巢活动，并不时出现交尾行为。通常营巢于低山丘陵小块次生杨桦林、人工落叶松林、杂木林和林缘灌木丛中。巢多置于落叶松、刺槐等幼树和灌木丛上，距地高0.6～0.7m，随环境而变化，着巢部位多为枝叶茂密的中上部紧靠树干的侧枝基部。巢呈杯状，巢材以莎草、苔草、蒿草等枯草茎叶为主，偶尔混杂有一些细的小树枝，内垫有细草茎、植物韧皮纤维和羽毛等。营巢由雌雄鸟共同承担，每个巢5～6d才能筑好，巢筑好后第2d开始产卵，1年繁殖1窝，每天产卵1枚，每窝产卵5～7枚，偶尔有多至8枚的。卵为椭圆形，乳白色或灰色、密被大小不一的黄褐色斑点。卵重3.1～3.5g，卵产齐后即开始孵卵，由雌鸟承担，雄鸟警戒和觅食饲雏鸟。孵化期 15d±1d。雏鸟晚成性，雌雄鸟共同育雏，留巢期 14～18d。雏鸟离巢后仍由亲鸟喂食，特别是离巢的头几天，仍在巢中留住，亲鸟觅食归来后不到巢上喂食，而是在离巢 1m 左右鸣叫，招引雏鸟取食，雏鸟出巢取食后仍飞回巢中，直到 16～18d 后，雏鸟才不再回巢，但仍跟随亲鸟在巢区活动和教幼鸟觅食。亲鸟仍不时给幼鸟喂食，当幼鸟能够自己觅食后，才随同亲鸟离开巢区游荡。

7. 迁徙

红尾伯劳每年春季多在 4 月中下旬迁东北繁殖地，10 月初至 10 月中旬开始南迁。

（六）黑枕黄鹂

黑枕黄鹂雀形目，黄鹂科，黄鹂属。俗称黄莺、黄雀（图 6-21）。

1. 野外鉴别特征

黑枕黄鹂体型中等，体长 23～27cm。通体金黄色，头枕部有一宽阔的黑色带斑，并向两侧延伸和黑色眼纹相连，形成一条围绕头顶的黑带，在金黄色的头部甚为醒目。嘴粗厚，嘴峰稍向下曲，下嘴尖端微具缺刻，嘴须短细，鼻孔裸出，其上盖有薄膜。翅形尖长，初级飞羽 10 枚，第 1 枚长于或等于第 2 枚之半。尾较短，尾羽 12 枚，圆尾，两翅和尾黑色。跗跖较短，前缘被以盾状鳞，爪甚曲。

图 6-21 黑枕黄鹂

2. 形态描述

雄鸟头和上下体羽大都金黄色。下背稍沾绿色、呈绿黄色，腰和尾上覆羽柠檬黄色。额基、眼先黑色并穿过眼经耳羽向后枕延伸，两侧在后枕相连形成一条围绕头顶的黑色宽带，尤以枕部较宽。两翅黑色，翅上大覆羽外翈和羽端黄色，内翈大都黑色，小翼羽黑色，初级覆羽黑色，羽端黄色，其余翅上覆羽外翈金黄色，内翈黑色。初级飞羽黑色，除第 1 枚初级飞羽外，其余初级飞羽外翈均具黄白色或黄色羽缘和尖端，次级飞羽黑色，外翈具宽的黄色羽缘，三级飞羽外翈几乎全为黄色。尾黑色，除中央一对尾羽外，其余尾羽均具宽阔的黄色端斑，且愈向外侧尾羽黄色端斑愈大。

雌鸟和雄鸟羽色大致相近，但色彩不及雄鸟鲜亮，羽色较暗淡，背面较绿、呈黄绿色。

幼鸟与雌鸟相似，上体黄绿色，下体淡绿黄色，下胸、腹中央黄白色，整个下体均具黑色羽干纹。

虹膜红褐色，嘴粉红色，脚铅蓝色。

3. 地理分布与为害

我国分布 2 亚种，河南的属普通亚种，国内主要分布于黑龙江、吉林、内蒙古、辽宁、河北、山东、河南、陕西、甘肃、四川、贵州和广东、广西、福建、海南岛、香港和台湾等地。其中在云南东南部、海南岛和台湾为冬候鸟，其他地区为夏候鸟。为河南省的夏候鸟，分布河南全省。

4. 生活环境与习性

黑枕黄鹂主要栖息于低山丘陵和山脚平原地带的天然次生阔叶林、混交林，也出入于农田、原野、村寨附近和城市公园的树上，尤其喜欢天然栎树林和杨木林。常单独或成对活动，有时也见呈 3～5 只的松散群。主要在高大乔木的树冠层活动，很少下到地面。繁殖期间喜欢隐藏在树冠层枝叶丛中鸣叫，鸣声清脆婉转，富有弹音，并且能变换腔调和模仿其他鸟的鸣叫，清晨鸣叫最为频繁，有时边飞边鸣，飞行呈波浪式。

5. 食性

黑枕黄鹂主要食物有鞘翅目、鳞翅目、尺蠖蛾科幼虫、螽斯科、蝗科、夜蛾科幼虫、枯叶蛾科幼虫、斑蛾科幼虫、蝶类幼虫、毛虫、蟋蟀、螳螂等昆虫，也吃少量植物果实与种子。以河南柞蚕 4～5 龄幼虫为害较重。

6. 繁殖

黑枕黄鹂繁殖期在 5—7 月。通常营巢在阔叶林内高大乔木上。营巢前雌雄黑枕黄鹂一前一后也在树丛间飞翔，寻找营巢地点。当巢位选定后，分别站在巢区内不同的树上对鸣，有时亦同时起飞在空中飞翔，或同栖于一处。此时若有别的黄鹂侵入，立即飞起攻击，直到将对方赶出巢区为止，领域性甚强。5 月中下旬开始营巢，巢多置于阔叶树水平枝末端枝杈处，呈吊篮状，主要由枯草、树皮纤维、麻等材料构成。巢距地高 3～8m。1 年繁殖1窝，每窝产卵多为4枚，偶尔有少至3枚和多至5枚的。卵粉红色，其上被有深浅两层、大小不等的红褐色或灰紫褐色斑点或条形斑纹。卵呈椭圆形，卵产齐后即开始孵卵，孵卵由雌鸟承担，孵化期15d±1d。雏鸟晚成性，刚孵出的雏鸟全身肉红色，除头和腰部有少许绒羽外，其他赤裸无羽。雌雄亲鸟共同育雏，7d左右雏鸟才睁眼，16d左右离巢，离巢后的最初几天亲鸟仍给喂食。

7. 迁徙

黑枕黄鹂在我国主要为夏候鸟，部分为留鸟。通常每年4—5月迁来我国北方繁殖，9—10月南迁。

（七）栗鹀

栗鹀属雀形目，鹀科。俗称金钟，大红袍（图6-22）。

图6-22 栗鹀

1. 野外鉴别特征

栗鹀为小型鹀类，体长14～15cm。雄鸟整个头和上体以及喉和上胸概为栗棕色或栗红色，两翅和尾黑褐色，翅上覆羽和三级飞羽具灰白色羽缘，胸、腹等下体黄色。雌鸟上体棕褐色或橄榄褐色、具暗色纵纹，有一淡色眉纹。腰和尾上覆羽栗色无纵纹。颏、喉等下体皮黄白色或黄白色，且暗色纵纹。

2. 形态描述

雄鸟夏羽额、头顶、头侧、枕、后颈、颈侧、背、肩、腰和尾上覆羽等整个头和上体以及颏、喉、胸均为栗棕色或栗红色。翅上小覆羽、中覆羽、大覆羽和内侧飞羽亦为栗红色，尾褐色或黑褐色，初级覆羽、初级飞羽和次级飞羽褐色或黑褐色、具窄的白色羽缘，下胸、腹亮黄色。两胁深灰色或橄榄绿色具黑褐色纵纹，腋羽和翼下覆羽黄白色。秋羽和夏羽相似，但颏、喉羽缘沾淡黄白色或沙色，头顶和背羽缘沾黄绿色，翅上覆羽具灰白色羽缘。

雌鸟额、头顶、枕、后颈以及背、肩橄榄褐色具粗着的黑色纵纹，眉纹淡黄白色。腰和尾上覆羽栗色。颏、喉皮黄白色微具褐色细纹，胸淡棕黄色具黑色纵纹，其余下体淡黄白色，两胁灰色具黑褐色纵纹，两翅和尾同雄鸟。

虹膜褐色或暗褐色，嘴暗角褐色或黑褐色，脚肉褐色。

3. 地理分布与为害

国内分布于内蒙古东北部呼伦贝尔市和东南部赤峰、黑龙江、吉林、辽宁、河北、北京、河南、山西、山东、江西、湖南、安徽、江苏、浙江，一直往南到福建、广东、香港、广西、云南和台湾等地；其中在内蒙古东北部呼伦贝尔市为繁殖鸟，在福建、广东、广西、云南和香港等地为冬候鸟，台湾为偶见冬候鸟，其他地区均为旅鸟。主要食害 1～3 龄小蚕，分布于河南全省。

单型种，无亚种分化。

4. 生活环境与习性

栗鹀主要栖息于较为开阔的稀疏森林中，尤其喜欢河流、湖泊、沼泽和林缘地带的次生杨树林、桦树林或含有杨桦树的其他杂木疏林和灌丛，也出现于林缘和农田地边灌丛草地。迁徙期间多见于低山和山脚地带，有时也见于高山森林中。除繁殖期成对或单独活动外，其他季节多成小群。叫声单调，一边活动一边发出"ji－ji"的叫声，繁殖期间鸣声悦耳，雄鸟站在小树或灌木顶枝上鸣叫，声似"liao－liao－li"（傅桐生等，1998）当有人走近时，立刻飞走或落入附近灌丛中。

5. 食性

栗鹀主要以草子、种子、果实和植物叶芽等植物食物为食，也吃谷粒和昆虫。

6. 繁殖

栗鹀繁殖期在 6—8 月。到达繁殖地后不久雄鸟即开始求偶鸣叫，站在幼树和灌木顶枝上长时间鸣叫不息，特别是早晨鸣叫最为频繁。营巢于地上或干草丛中。巢呈杯状，由枯草茎、枯草叶和须根等材料构成。巢外径 lcm，内径 6cm，深 4.7cm，较隐蔽、不易发现。每窝产卵 4～5 枚，卵白色、微沾淡蓝色或灰色，被有小的暗色斑点。

7. 迁徙

我国大兴安岭为夏候鸟，华南地区为冬候鸟，其他地区为旅鸟。是鹀类中迁徙较晚的一种，据在长白山观察，每年最早于 5 月 15 日才开始成小群分批迁来长白山，每群最多 10 多只至 20 多只不等。迁徙成群，边飞飞停停边觅食前进，速度甚快，10d 左右全部通过长白山。秋季回迁时间在 10 月末。

（八）黄喉鹀

黄喉鹀属雀形目，鹀科，俗称黄豆瓣（图 6 - 23）。

图 6 - 23　黄喉鹀

1. 野外鉴别特征

黄喉鹀为小型鸟类，体长 14～15cm。雄鸟有一短而竖直的黑色羽冠，其余头顶和头侧亦为黑色，眉纹自额至枕侧长而宽阔，前段为黄白色、后段为鲜黄色。背栗红色或暗栗色、具黑色羽干纹，两翅和尾黑褐色，最外侧两对尾羽具大型楔状白斑，翅上有两道白色翅斑。颏黑色，上喉黄色，下喉白色，胸有一半月形黑斑，其余下体白色或灰白色，两胁具栗色纵纹。雌鸟和雄鸟大致相似，但羽色较淡，头部黑色转为褐色，前胸黑色半月形斑不明显或消失。特征极明显，野外不难识别。我国尚未见有与之相似种类。

2. 形态描述

雄鸟夏羽前额、头顶、头侧和一短的冠羽概为黑色，眉纹自额基至枕侧长而宽阔，前段为白色或黄白色、后段为鲜黄色，有时延伸至枕，明显较前段宽粗。后颈黑褐色具灰色羽缘或为灰色。背、肩栗红色或栗褐色、具粗着的黑色羽干纹和皮黄色或棕灰色羽缘。两翅飞羽黑褐色或黑色，外翈羽缘皮黄色或棕灰色，内侧飞羽内翈羽缘白色。翅上覆羽黑褐色，中覆羽和大覆羽具棕白色端斑，在翅上形成两道翅斑，腰和尾上覆羽淡棕灰或灰褐色、有时微沾棕栗色。中央一对尾羽灰褐或棕褐色，其余尾羽黑褐色，羽缘浅灰褐色，最外侧两对尾羽具大形楔状白斑。颏黑色，上喉鲜黄色，下喉白色，胸具一半月形黑斑，其余下体污白色或灰白色，两胁具栗色或栗黑色纵纹，腋羽和翼下覆羽白色。冬羽黑色部分具沙皮黄色羽缘，其余似夏羽。

雌鸟和雄鸟相似。但羽色较淡，头部黑色部分转为黄褐色或褐色，眉纹、后枕皮黄色或沙黄色，有时眉纹后段沾黄色，眼先、颊、耳羽、头侧棕褐色。颏和上喉皮黄色或污沙黄色，其余下体白色或灰白色，胸部无黑色半月形斑，有时仅具少许栗棕色或黑栗色纵纹，两胁具栗褐色纵纹，其余同雄鸟。

幼鸟和雌鸟相似。头、颈和肩棕褐色具黑色羽干纹，眉纹淡棕色，背棕红褐色具黑色羽干纹，翅黑褐色，翅上覆羽具白色羽缘，飞羽具棕色羽缘，腰灰褐色。颏淡黄色，喉、胸红褐色具细的棕褐色纵纹，其余下体白色或污白色，两胁具黑色羽干纹。

虹膜褐色或暗褐色，嘴黑褐色，脚肉色。

3. 地理分布与为害

河南的属东北亚种，国内分布于内蒙古、黑龙江、吉林、辽宁、河北、河南、山东、山西、陕西、湖北、湖南、四川、宁夏、甘肃、贵州、云南、江苏、浙江、福建、广东、广西、香港和台湾等地。其中东北地区为夏候鸟，陕西、甘肃、宁夏、湖南、湖北、四川、贵州、云南为留鸟，福建、广东、香港和台湾等地为冬候鸟，其余地区为旅鸟。主要食害1～3龄小蚕，分布于河南全省。

4. 生活环境与习性

黄喉鹀常栖息于低山丘陵地带的次生林、阔叶林、针阔叶混交林的林缘灌丛中，尤喜河谷与溪流沿岸疏林灌丛，也栖息于生长有稀疏木或灌木的山边草坡以及农田、道旁和居民点附近的小块次生林内。繁殖期间单独或成对活动，非繁殖期间，特别是迁徙期间多成5～10只的小群，有时亦见多达20多只的大群，沿林间公路和河谷等开阔地带活动。性活泼而胆小，频繁地在灌丛与草丛中跳来跳去或飞上飞下，有时亦栖息于灌木或幼树顶枝上，见人后又立刻落入灌丛中或飞走。多沿地面低空飞翔，觅食亦多在林下层灌丛与草丛中或地上，有时也到乔木树冠层枝叶间觅食。

5. 食性

黄喉鹀以昆虫和昆虫幼虫为食，繁殖期间几乎全吃昆虫。据调查，除成鸟在繁殖期间主要以昆虫为食外，幼鸟则多以昆虫的幼虫为食，主要有鳞翅目夜蛾科、麦蛾科、尺蠖科、螟蛾科、膜翅目叶蜂科、毛翅目石蛾科、双翅目食蚜蝇科。其中最多的是鳞翅目幼虫，约占 89.4%，此外也吃少量蜘蛛等其他小型无脊椎动物。成鸟吃的昆虫种类则更多，据李桂垣等（1985）在四川剖检的 88 个鸟胃，所吃昆虫有步行虫、半翅目昆虫、鳞翅目幼虫、鞘翅目昆虫及幼虫等，植物性食物有禾本科、沙草科种子、蓼子、茜草科种子、蔷薇属果实、胡颓子、小麦、燕麦、荞麦等农作物种子。

6. 繁殖

黄喉鹀的繁殖期在 5—7 月。1 年繁殖 2 窝，第 1 窝在 4 月末至 6 月初，第 2 窝在 6 月初至 7 月初。成群活动在低山开阔地带的农田、道边、河谷和居民点附近的灌丛和小林内，4 月中下旬开始占区和求偶鸣叫，羽冠耸立，鸣声悦耳。5 月初开始营巢，在林缘、河谷和路旁次生林与灌丛中的地上草丛中或树根旁、也在离地不高的幼树或灌木上筑巢，距地高 0.8m 以下。据在长白山观察，每巢仅繁殖 1 窝，不用旧巢。第 1 窝多在地面，第 2 窝多在茂密的灌丛中或幼树上。据调查，地面巢占 62.5%，地上巢占 37.5%。巢呈杯状，外层用树的韧皮纤维和枯草茎、叶以及较粗的草根等构成，内层则多用细的枯草茎、草叶和草根，再垫以兽毛等柔软物质。营巢由雌雄亲鸟共同承担，通常先筑外部结构，然后再筑内部，最后再铺内垫物。营筑过程，最快的要 5~6d，最慢的要 7~8d 才能筑成。通常第 1 窝筑巢时间较长，巢的结构较精致；第 2 窝筑巢时间较短，巢的结构较粗糙。巢筑好后即开始产卵，每窝产卵 6 枚。第 1 窝多为 6 枚，少为 5 枚，第 2 窝多为 5 枚，少为 4 枚和 3 枚。1 天产 1 枚卵，产卵时间在早晨 5：00 以前。第 1 窝产卵时间在 5 月初至 5 月末，大量在 5 月中下旬；第 2 窝在 6 月中旬至 6 月末。卵灰白色、白色或乳白色，被有不规则的黑褐色、紫褐色和黑色斑点和斑纹。卵为钝卵圆形和长卵圆形，卵重 1.8~2.4g。卵产齐后即开始孵卵，由雌雄鸟轮流进行。据白天 16.8h 的统计，雌鸟坐巢时间 8.9h，占 53%，雄鸟坐巢时间 7.9h，占 47％。孵卵期间甚为恋巢，特别是雄鸟，有时人到巢前亦不飞，但雌鸟较胆怯，人还未到巢前即离巢而藏匿于丛林内。孵化期 11～12d，雏鸟晚成性，刚孵出时全身除枕、肩、背中心、前肢、股沟和两眼泡之间有少许纤细的灰色绒羽外，其余全赤裸无羽、桃红色，眼泡灰色。雌雄亲鸟共同育雏，据对 1 窝 5 雏、日龄为 7d 的喂食观察，每天从 3：30 天一亮即开始觅食喂雏，一直到 19：16 天黑后才停止喂雏，时间长达 16h，喂食达 89 次。10～11d 幼鸟即可离巢，在有干扰的情况下，留巢期仅 8～9d。幼鸟离巢后在雌雄亲鸟带领下在巢区附近活动，但不再回巢过夜。

7. 迁徙

黄喉鹀除西南亚种在我国为留鸟不迁徙外，其余两亚种均迁徙。春季最早在 3 月末 4 月初即已有个体迁来长白山，9 月末 10 月初南迁。常成家族群或小群迁徙。在辽宁大连等一些地方，分别在 12 月和 1—5 月采得标本（黄沫朋等，1988），在北京亦分别在 2 月初采得标本（蔡其侃，1985），此时正值北方隆冬季节，说明亦有部分个体在辽宁南部及河北带越冬。

（九）画眉

画眉属雀形目，画眉科（图 6-24）。

1. 野外鉴别特征

画眉为中型鸟类，体长 21～24cm。上体橄榄褐色，头顶至上背棕褐色具黑色纵纹，眼圈白色，并沿上缘形成一窄纹向后延伸至枕侧，形成清晰的眉纹，极为醒目（台湾亚种无眉纹）。下体棕黄色，喉至上胸杂有黑色纵纹，腹中部灰色。特征

图 6-24　画眉

明显，特别是通过它特有的白色眉纹，野外不难识别。台湾亚种通体橄榄黄褐色，密布暗褐色细纵纹，特征亦甚明显。

2. 形态描述

雌雄羽色相似。额棕色，头顶至上背棕褐色，自额至上背具宽阔的黑褐色纵纹，纵纹前段色深后部色淡。眼圈白色，其上缘白色向后延伸成一窄线直至颈侧，状如眉纹，故有画眉之称（台湾亚种无眉纹）。头侧包括眼

先和耳羽暗棕褐色，其余上体包括翅上覆羽棕橄榄褐色，两翅飞羽暗褐色，外侧飞羽，外翈缘缀以棕色，内翈基部亦具宽阔的棕缘。内侧飞羽外翈棕橄榄褐色，尾羽浓褐或暗褐色、具多道不甚明显的黑褐色横斑，尾末端较暗褐。颏、喉、上胸和胸侧棕黄色杂以黑褐色纵纹，其余下体亦为棕黄色，两胁较暗无纵纹，腹中部污灰色，肛周沾棕，翼下覆羽棕黄色。7月幼鸟上体淡棕褐色无纵纹，尾亦无横斑，下体绒羽棕白色亦无纵纹或横斑。9月幼鸟已和成鸟相似，但羽色稍暗，头顶至上背、喉至胸均有黑褐色纵纹。

虹膜橙黄色或黄色，上嘴角色，下嘴橄榄黄色，跗跖和趾黄褐色或浅角色。

3. 地理分布与为害

河南的属指名亚种，国内分布于我国华南带，北至甘肃南部岷县、陕西南部秦岭、河南、湖北和安徽以南，东至江苏、浙江和福建，南至广东、香港、广西、台湾和海南岛，西至四川、贵州和云南各省。主要食害1～3龄小蚕，分布于大别、桐柏和伏牛山区。为留鸟。

4. 生境与习性

画眉主要栖息于海拔1500m以下的低山、丘陵和山脚平原地带的矮树丛和灌木丛中，也栖于林缘、农田、旷野、村落和城镇附近小树丛、竹林及庭园内。常单独或成对活动，偶尔也结成小群。性胆怯而机敏，平时多隐匿于茂密的灌木丛和杂草丛中，不时地上到树枝间跃跳、飞翔。如遇惊扰，立刻下到灌丛下，然后再沿地面逃至他处，紧迫时也直接起飞，而且飞行迅速，但飞不多远又落下，飞行不持久，一般也不远飞。善鸣唱，从早到晚，几乎唱个不停，鸣声婉转动听，特别是繁殖季节，雄鸟尤为善唱，鸣声亦更加悠扬婉转、悦耳动听和富有变化，很早以来就是驰名中外的笼养鸟。

5. 食性

画眉主要以昆虫为食，所吃昆虫种类主要有铜绿金龟甲、象甲、金龟甲、蝗虫、蟓象、松毛虫、甲虫、蚂蚁、鳞翅目幼虫、蛴螬、蜂类等。此外也吃蚯蚓等其他无脊椎动物和野生植物果实、种子、草籽等，偶尔也啄食玉米等农作物。

6. 繁殖

画眉的繁殖期在4—7月，在海南岛早在3月即已开始繁殖，通常1年繁殖2窝。巢多置于灌木上，距地高0.3～2m。巢呈浅杯状，结构较为松散，外层主要由大的树叶、竹叶、草叶、细枝等堆集而成，内层以更细的草茎、细枝、卷须、细根、松针等材料编织而成。每窝产卵3～5枚，通常4枚。淡蓝绿色、光滑无斑，卵为椭圆形和卵圆形，重6.5～7.0g。

7. 种群状态与保护

画眉是我国特产鸟类，主要分布于我国，它不仅是重要的农林益鸟，而且鸣声悠扬婉转，悦耳动听，又能仿效其他鸟类鸣叫，历来被民间饲养为笼养观赏鸟，被誉为"鹛类之王"驰名中外。因此每年不仅大量被民间捕捉饲养观赏，而且大量出口国外回致使种群数量明显减少。应加强保护，控制捕捉猎取。

（十）喜鹊

喜鹊属雀形目，鸦科、鹊属。俗称马尾鹊儿（图6-25）。

1. 野外鉴别特征

喜鹊为中型鸦科鸟类，体长38～48cm。头、颈、胸和上体黑色，腹白色，翅上有一大型白斑。嘴、脚均较粗壮，嘴呈圆锥形，嘴缘光滑，无缺刻，嘴长几与头等长。鼻孔圆形，翼圆，初级飞羽10枚，第1枚初级飞羽长于第2枚之半。尾羽12枚，脚粗壮而强健，前缘被盾状鳞，4趾，前3后1，中趾和侧趾在基部合并。雌雄羽色相似。常栖于房前屋后树上，特征明显，容易识别。我国还未见有与之特别相似的种类。

2. 形态描述

雄鸟整个头、头侧、颈、颈侧、颏、喉、胸、背，一直到尾上覆羽黑色，头、颈带紫蓝色金属光泽，背沾蓝绿色金属光泽，肩羽白色，腰杂有灰白色，尾黑色具铜绿色金属光泽，末端有蓝和紫蓝色光泽带。翼上覆羽黑色，外翈具蓝绿色光泽，初级飞羽外翈黑褐色，内翈白色，端部黑色，外翈具蓝

图6-25　喜鹊

绿色金属光泽，次级飞羽和三级飞羽内外翈均黑色具蓝绿色金属光泽。下体颏、喉、胸黑色，两胁和腹白色，下腹中央、肛周、尾下覆羽和覆腿羽黑色，喉部羽干灰白色。

虹膜黑褐色，嘴、脚黑色。

3. 地理分布与为害

河南的属普通亚种，国内分布于内蒙古、黑龙江、吉林、辽宁、北京、河北、山西、河南、广东、广西、福建、海南、台湾、宁夏、甘肃、青海、四川、贵州和云南等地。主要为害河南的4～5龄蚕柞蚕幼虫。为留鸟，分布于河南全省。

4. 生活环境与习性

喜鹊主要栖息于平原、丘陵和低山地区，尤其是山麓、林缘、农田、村庄、城市公园等人类居住环境附近较常见，是一种喜欢和人类为邻的鸟类。除繁殖期间成对活动外，常成3～5只的小群活动，秋冬季节常集成数十只的大群。白天常到农田等开阔地区觅食，傍晚飞至附近高大的树上休息，有时亦见与乌鸦、寒鸦混群活动。性机警，觅食时常有一鸟负责守卫，即使成对觅食时，亦多是轮流分工守候和觅食。雄鸟在地上找食则雌鸟站在高处守望，雌鸟取食则雄鸟守望，如发现危险，守望的鸟发出惊叫声，同觅食一同飞走。飞翔能力较强，且持久，飞行时整个身体和尾成一直线，尾巴稍微张开，两翅缓慢地扇动着，雌雄鸟常保持一定距离，在地上活动时则以跳跃式前进。鸣声单调、响亮，似"zha－zha－zha－zha"声，常边飞边鸣叫。当成群时，叫声甚为嘈杂。

5. 食性

喜鹊食性较杂，食物组成随季节和环境而变化，夏季主要以昆虫等动物性食物为食，其他季节则主要以植物果实和种子为食。常见食物种类有蝗虫、蚱蜢、金龟子、象甲、甲虫、螽斯、地老虎、松毛虫、蜻象、蚂蚁、蝇等鳞翅目、鞘翅目、直翅目、膜翅目等昆虫和幼虫，此外也吃雏鸟和鸟卵。植物性食物主要为乔木和灌木等植物的果实和种子，也吃玉米、高粱、黄豆、豌豆、小麦等农作物。对河南柞蚕4～5龄为害最大，是为害河南柞蚕生产的主要害鸟之一。

6. 繁殖

喜鹊繁殖开始较早，在气候温和地区，一般在 3 月初即开始筑巢繁殖，通常营巢在松树、杨树、柞树、榆树、柳树、胡桃树等高大乔木上，有时也在村庄附近和公路旁的大树上营巢，有时甚至在高压电杆上营巢。营巢由雌雄鸟共同承担。巢主要由枯树枝构成，远看似一堆乱枝，实则较为精巧，近似球形，有顶盖，外层为枯树枝，间杂有杂草和泥土，内层为细的枝条和泥土，内垫有麻、纤维、草根、苔藓、兽毛和羽毛等柔软物质。巢距地高 7～15m，出入口形状为椭圆形，开在侧面稍下方。营巢时间 20～30d。巢筑好后即开始产卵，每窝产卵 5～8 枚，有时多至 11 枚，1d 产 1 枚卵，多在清晨产出。卵为浅蓝绿色或蓝色或灰色或灰白色、被有褐色或黑色斑点，卵为卵圆形或长卵圆形。卵产齐后即开始孵卵，雌鸟孵卵，孵化期 17d±1d。雏鸟晚成性，刚孵出的雏鸟全身裸露，呈粉红色，雌雄亲鸟共同育雏，30d 左右雏鸟即可离巢。

（十一）大杜鹃

大杜鹃俗称报谷、布谷鸟等，属鹃形目，杜鹃科（图 6 - 26）。

图 6 - 26　大杜鹃

1. 野外鉴别特征

大杜鹃为中型鸟类，体长 28～37cm。体形似鸽而瘦长，嘴长度适中，上嘴基部无蜡膜，先端尖而微曲，不具钩。初级飞羽 10 枚，尾较长，与翅等长。上体暗灰色，翅尖长，翅缘白色，杂有窄细的褐色横斑，雌雄羽色相似。尾无黑色亚端斑，腹具细密的黑褐色横斑。脚较弱，具 4 趾，呈对趾型，外趾能反转。鸣声似"布一谷"，为二声一度。

2. 形态描述

额浅灰褐色，头顶、枕至后颈暗银灰色。背暗灰色，腰及尾上覆羽蓝灰色，中央尾羽黑褐色，羽轴纹褐色，沿羽轴两侧缀白色细斑点，且多成对分布，末端具白色尖端。两侧尾羽浅黑褐色，羽干两侧亦具白色斑点，且白斑较大，内翈边缘亦具一系列白斑和白色端斑。两翅内侧覆羽暗灰色，外侧覆羽和飞羽暗褐色。飞羽羽干黑褐色。初级飞羽内翈近羽缘处具白色端斑；翅缘白色，具暗褐色细斑纹。下体颏、喉、前颈、上胸、头侧和颈侧淡灰色，其余下体白色，并杂以黑褐色细窄横斑，宽度仅 1～2mm，横斑相距 4～5mm；胸及两胁横斑较宽，向腹和尾下覆羽渐细而疏（指名亚种）。

幼鸟头顶、后颈、背及翅黑褐色，各羽均具白色端缘形成鳞状斑，以头、颈、上背为细密，下背和两翅较疏阔。飞羽内翈具白色横斑。腰及尾上覆羽暗灰褐色具白色端缘；尾羽黑色具白色横斑，羽轴及两侧具白色斑块，外侧尾羽块斑较大。颏、喉、头侧及上胸黑褐色，杂以白色块斑和横斑，其余下体白色，杂以黑褐色横斑。

虹膜黄色，嘴黑褐色，下嘴基部近黄色，脚棕黄色。

3. 地理分布与为害

大杜鹃遍布于全国各地。

4. 生活环境与习性

大杜鹃常栖息于山地、丘陵和平原地带的森林中，有时也出现于农田和居民点附近高大的乔木树上。性孤独，常单独活动。飞行快速而有力，常循直线前进。飞行时两翅振动幅度较大，但无声响。繁殖期间喜欢鸣叫，常站在乔木顶枝上鸣叫不息。有时晚上亦鸣叫或边飞边鸣叫，叫声凄厉洪亮，很远便能听到它"布谷-布谷"的粗犷而单调的声音，每分钟可反复鸣叫 20 余次。

5. 食性

大杜鹃主要以松毛虫、舞毒蛾、松针枯叶蛾，以及其他鳞翅目幼虫为食，也吃蝗虫、步行虫、叩头虫、蜂等其他昆虫。以为害柞蚕蚕期 4～5 龄大蚕，是目前柞蚕生产中主要害鸟之一。

6. 繁殖

大杜鹃的繁殖期在 5—7 月。求偶时雌雄鸟在树枝上跳来跳去，飞上飞下相互追逐，并发出"呼-呼-"的低叫声。之后雌鸟站在树枝上不动，两翅半下垂，头向前伸，雄鸟随即飞到雌鸟背上、颤抖双翅进行交尾，2～3s 后雄鸟飞离雌鸟，停栖于 30～40m 外，稍停再飞回雌鸟身边。也曾见到 3 只大杜鹃在一起追逐争偶现象。大杜鹃无固定配偶，亦不自己营巢和孵卵，而是将卵产于大苇莺、麻雀、灰喜鹊、伯劳、棕头鸦雀、北红尾鸲、棕扇尾莺等各类雀形目鸟类巢中，由这些鸟替它代孵代育。

7. 迁徙

大杜鹃主要为夏候鸟，部分旅鸟。春季于 4—5 月迁来，9—10 月迁走。

（十二）中杜鹃

中杜鹃俗称布谷鸟、报谷、布谷。属杜鹃科，杜鹃属（图 6 - 27）。

1. 野外鉴别特征

中杜鹃为中型鸟类，体长 25～34cm。头、颈烟灰色，上体为石板褐灰色，喉和上胸灰色，下胸及腹白色，满布宽的黑褐色横斑。尾无近端黑斑，叫声为"嘣嘣"的双音节声。

图 6 - 27 中杜鹃

2. 形态描述

额、头顶至后颈灰褐色，背、腰至尾上覆羽蓝灰褐色，翅暗褐色，翅上小覆羽略沾蓝色。初级飞羽内翈具白色横斑。中央尾羽黑褐色，羽轴辉褐色，羽端微具白色，羽轴两侧具有成对排列、但不甚整齐的小白斑；外侧尾羽褐色，羽轴两侧亦有呈对生排列而不整齐的白斑，端缘白斑较大。颏、喉、前颈、颈侧至上胸银灰色，下胸、腹和两胁白色，具宽的黑褐色横斑，宽度较大杜鹃大。

幼鸟头、颈、背褐色，具白色羽端。颏、喉灰而具褐色纵纹，羽端棕色，胸、腹较褐。

虹膜黄色，嘴铅灰色，下嘴灰白色，嘴角黄绿色，脚橘黄色，爪黄褐色（华北亚种）。

3. 地理分布与为害

我国分布 2 亚种，即指名亚种和华北亚种。指名亚种上体褐色较浓，腹部略沾棕白色，横斑较粗，宽约 3～4mm；国内主要分布于长江以南各地，西至四川西部；为夏候鸟。华北亚种上体褐色较淡，腹部沾棕，横斑较细，宽约 2mm；为夏候鸟。国内繁殖于黑龙江、吉林、辽宁、河北、山东、山西、陕西、河南和新疆、福建、广西、台湾和海南岛。在河南主要为害 4～5 龄柞蚕幼虫，是河南柞蚕生产中的主要害虫之一。

4. 生活环境与习性

中杜鹃常栖息于山地针叶林、针阔叶混交林和阔叶林等茂密的森林中，偶尔也出现于山麓平原人工林和林缘地带。常单独活动，多站在高大而茂密的树上不断地鸣叫，有时亦边飞边叫和在夜间鸣叫。鸣声低沉，单调，为二音节一度，其声似"嘣嘣"。性较隐匿，常常仅闻其声而不见其形。

5. 食性

中杜鹃主要以昆虫为食，尤其喜食鳞翅目幼虫和鞘翅目昆虫。

6. 繁殖

中杜鹃的繁殖期在 5—7 月。繁殖期间鸣声频繁，反复不变地重复同一单调的声音，有时晚上亦可听见。无固定配偶，亦不自己营巢和孵卵。常将卵产于短翅树莺、灰脚柳莺、冠纹柳莺、冕柳莺、灰头鹟莺、缝叶莺、白喉短翅莺、灰背燕尾、树鹨等雀形目鸟类巢中，由这些鸟代孵代育。卵的颜色亦常随寄主卵色而变化，大小明显不同，孵化期亦多较寄主卵短。

7. 迁徙

中杜鹃在我国主要为夏候鸟，部分旅鸟，春季多于 4—5 月迁来，秋季于 9—10 月迁走。

（十三）小杜鹃

小杜鹃杜鹃科，杜鹃属（图 6-28）。

1. 野外鉴别特征

小杜鹃为小型鸟类，体长 24～26cm。上体灰褐色，翼缘灰色。喉灰色，上胸沾棕，下胸和腹白色，具粗着的黑色横斑。外形和羽毛很相似于中杜鹃，但体型显著为小。鸣声有力而富有音韵，音调起伏较大，其声似"有钱打酒喝喝"。

2. 形态描述

雄鸟额、头顶、后颈至上背
暗灰色，下背和翅上小覆羽灰沾
蓝褐色，腰至尾上覆羽蓝灰色，
飞羽黑褐色，初级飞羽具白色横
斑；尾羽黑色，沿羽干两侧呈互
生状排列白色斑点，末端白色。
外侧尾羽内翈具楔形白斑。头两

图 6-28　小杜鹃

侧淡灰色，颏灰白色，喉和下颈浅银灰色，上胸浅灰沾棕，下体余部白色，
杂以较宽的黑色横斑；尾下覆羽沾黄，稀疏的杂以黑色横斑。

雌鸟额、头顶至枕褐色，后颈、颈侧棕色，杂以褐色，上胸两侧棕色
杂以黑褐色横斑，上胸中央棕白色，杂以黑褐色横斑。

幼鸟背、翅上覆羽和三级飞羽褐色，杂以棕色横斑和白色羽缘；初级
飞羽黑褐色，外翈具棕色斑点，内翈具棕色横斑和白色羽端；腰及尾上覆
羽黑色至灰黑色，杂以浅棕色和白色横斑；尾黑色，具白色羽干斑和白色
端斑，两翈杂以淡棕色横斑；下体白色，具褐色横斑。

虹膜褐色或灰褐色，眼圈黄色，上嘴黑色，基部及下嘴黄色，脚亦为
黄色。

3. 地理分布与为害

河南的属指名亚种。国内分布于黑龙江、吉林、辽宁、河北、山东、山
西、河南、陕西、甘肃、四川、云南、贵州和西藏南部，南达海南和台湾。
在河南主要为害 4~5 龄柞蚕幼虫，是河南柞蚕生产中的主要害虫之一。

4. 生活环境与习性

小杜鹃主要栖息于低山丘陵、林缘地边及河谷次生林和阔叶林中，有
时亦出现于路旁、村屯附近的疏林和灌木林。性孤独，常单独活动，常躲
藏在茂密的枝叶丛中鸣叫。尤以清晨和黄昏鸣叫频繁，有时夜间也鸣叫，
鸣声清脆有力，其声似"阴天打酒喝喝喝喝喝喝"，或"有钱打酒喝喝"，
不断反复鸣叫。飞行迅速，常低飞，每次飞翔距离较远。无固定栖息地，

常在一个地方栖息几天又迁至他处。

5. 食性

小杜鹃主要以昆虫为食，尤以粉蝶幼虫、春蛾科幼虫等鳞翅目幼虫为主要食物。也吃鞘翅目、尺蠖和其他昆虫。偶尔也吃植物果实和种子。

6. 繁殖

小杜鹃繁殖期在5—7月。自己不营巢和孵卵，通常将卵产于鹪鹩、白腹蓝鹟，以及柳莺和画眉亚科等鸟类巢中，由别的鸟代孵代育。卵白色或粉白色，大小为14～21mm。

（十四）四声杜鹃

四声杜鹃，鹃形目，杜鹃科，杜鹃属。俗称光棍好过，光棍割麦，花喀咕（图6-29）。

图6-29 四声杜鹃

1. 野外鉴别特征

四声杜鹃为中型鸟类，体长31～34cm。头、颈烟灰色，上体浓褐色，翅形尖长，翅缘白色。尾较长，尾羽具白色斑点和宽阔的近端黑斑。下体具粗着的横斑。叫声似"花花包谷"，四声一度。

2. 形态描述

额暗灰沾棕，眼先淡灰色，头顶至枕暗灰色，头侧灰色显褐。后颈、背、腰、翅上覆羽和次级、三级飞羽浓褐色。初级飞羽浅黑褐色，内翈具白色横斑，翼缘白色。中央尾羽棕褐色具宽阔的黑色近端斑，先端微具棕白色羽缘，沿羽干及两侧具棕白色斑块，羽缘微具棕色，其余尾羽褐色具黄白色横斑，羽干及两侧尾端和羽缘白色，沿羽干斑块较中央尾羽大而显著。颏、喉、前颈和上胸淡灰色，胸和颈基两侧浅灰色，羽端浓褐色并具棕褐色斑点，形成不明显的棕褐色半圆形胸环，下胸、两胁和腹白色具宽的黑褐色横斑，横斑间的间距较大，下腹至尾下覆羽污白色，羽干两侧具黑褐色斑块。

雌鸟喉部及头顶均较为褐色，胸沾棕色，其他似雄鸟。

幼鸟头、颈满布棕白色横斑，背及翅上覆羽、飞羽等具棕色近端斑和近白色端斑。下体淡皮黄色，密布黑色横斑，尤以颏、喉部较为密集，下胸以下较宽疏。

虹膜暗褐色，眼睑铅绿色。上嘴角黑色，基部较淡；下嘴角绿色，嘴角处较黄。脚蜡黄至橙黄色。

3. 地理分布与为害

河南的属指名亚种，国内分布于黑龙江、吉林、辽宁、河北、山西、陕西、河南、甘肃、云南、香港、广东和海南岛。

4. 生活环境与习性

四声杜鹃常栖息于山地森林和山麓平原地带的森林中，尤以混交林、阔叶林和林缘疏林地带活动较多，有时亦出现于农田地边树上，游动性较大，无固定的居留地。性机警，受惊后迅速起飞。飞行速度较快，每次飞行距离亦较远，鸣声四声一度，声音高亢洪亮，在 $1\sim2km^2$ 内都可听到，有时边飞边叫，甚至晚上也鸣叫。声音似"花花苞-谷"，或"光-棍-好过"。单独或成对活动，从未见到成群现象。

5. 食性

四声杜鹃主要以昆虫为食，尤其喜吃鳞翅目幼虫，如松毛虫、树粉蝶幼虫、蛾类等，有时也吃植物种子等少量植物性食物。

6. 繁殖

四声杜鹃的繁殖期在 5—7 月。自己不营巢，通常将卵产于大苇莺、灰喜鹊、黑卷尾、黑喉石鵖等鸟巢中，由义亲代孵代育。

7. 迁徙

夏候鸟，海南岛为留鸟。4—5 月迁到繁殖地，8—9 月开始离开繁殖地往越冬地迁徙。

（十五）大嘴乌鸦

大嘴乌鸦属雀形目，鸦科、鸦属，俗称乌鸦、老鸹（图 6-30）。

1. 野外鉴别特征

大嘴乌鸦为大型鸦类，体长 45～54cm。通体黑色具紫绿色金属光泽。嘴粗大，嘴峰弯曲，峰嵴明显，嘴基有长羽，伸至鼻孔处。额较陡突。尾

图 6-30　大嘴乌鸦

长、呈楔状。后颈羽毛柔软松散如发状，羽干不明显。

小嘴乌鸦和渡鸦与本种相似，野外不易鉴别。但小嘴乌鸦体型稍小，嘴亦较细，而且弯曲小，额不陡突，后颈羽毛结实而有光泽。羽干发亮，尾较平，不呈楔状；渡鸦体型明显为大，鼻须和喉部羽簇亦较发达，尾呈楔状，仔细观察亦不难区别。

2. 形态描述

雌雄相似。全身羽毛黑色，除头顶、枕、后颈和颈侧光泽较弱外，其他包括背、肩、腰、翼上覆羽和内侧飞羽在内的上体均具紫蓝色金属光泽。初级覆羽、初级飞羽和尾羽具暗蓝绿色光泽。下体乌黑色或黑褐色。喉部羽毛呈披针形，具有强烈的绿蓝色或暗蓝色金属光泽。其余下体黑色具紫蓝色或蓝绿色光泽，但明显较上体弱。

虹膜褐色或暗褐色，嘴、脚黑色。

3. 地理分布与为害

河南的属普通亚种，国内分布于黑龙江、吉林、辽宁、北京、河北、河南、山东、山西、甘肃和青海东部，往南至长江流域、东南沿海和长江以南的整个南部省区，西至四川贵州、云南和西藏南部，南至广东、香港、广西、福建、海南岛和台湾。在柞蚕饲养地区，食害4～5龄蚕及茧，食量较大。为留鸟。

4. 生活环境与习性

大嘴乌鸦主要栖息于低山、平原和山地阔叶林、针阔叶混交林、针叶林、次生杂木林、人工林等各种森林类型中，尤以疏林和林缘地带较常见。喜欢在林间路旁、河谷、海岸、农田、沼泽和草地上活动，有时甚至出现在山顶灌丛和高山苔原地带。但冬季多下到低山丘陵和山脚平原地带，常在农田、村庄等人类居住地附近活动，有时也出入于城镇公园和城区树上。除繁殖期间成对活动外，其他季节多成3～5只或十多只的小群活动，有时亦见和秃鼻乌鸦、小嘴乌鸦混群活动，偶尔也见有数十只甚至数百只的大群。多在树上或地上栖息，也栖于电柱上和屋脊上。性机警，常伸颈张望和注意观察四周动静，对持枪的人尤为警惕，很远即飞并不断扭头向后张望。但无人的时候却很大胆，有时甚至到居民院坝、猪圈、打谷场、牛棚等处觅食，一旦发现人出来，立即发出警叫声，全群一哄而散，飞到附近树上，待人一离去，又逐渐试探着飞去觅食。有时甚至偷偷地紧跟在耕地的农民后面啄食从土壤中犁出的食物或站在牛背上啄食寄生虫。早晨和下午较为活跃，觅食频繁，中午多在食场附近树上休息。叫声单调粗犷，似"呱-呱-呱"声。

5. 食性

大嘴乌鸦主要以蝗虫、金龟甲、金针虫、蝼蛄、蛴螬等昆虫，以昆虫幼虫和蛹为食，也吃雏鸟、鸟卵、鼠类、腐肉、动物尸体以及植物叶、芽、果实、种子和农作物种子等，属杂食性。

6. 繁殖

大嘴乌鸦的繁殖期在3—6月。营巢于高大乔木顶部枝权处，距地高5～20m。巢主要由枯枝构成，内垫有枯草、植物纤维、树皮、草根、毛发、苔藓、羽毛等柔软物质，巢呈碗状。3月开始营巢，4月中下旬开始产卵，每窝产卵3～5枚。卵天蓝色或深蓝绿色、被有褐色和灰褐色斑点，尤以钝端较密。雌雄鸟轮流孵卵，孵化期18d±1d。雏鸟晚成性，由雌雄亲鸟共同喂养，留巢期26～30d。

（十六）小嘴乌鸦

小嘴乌鸦属雀形目，鸦科，鸦属。俗称黑老鸹，乌鸦（图6-31）。

1. 野外鉴别特征

小嘴乌鸦外形和羽色与大嘴乌鸦相似，体长45～53cm。通体黑色具紫蓝色金属光泽。

相似种大嘴乌鸦体型较小，嘴较细短，嘴峰较直、弯曲小，额不外突，注意观察，亦不难区别。

2. 形态描述

雌雄羽色相似，通体黑色具紫蓝色金属光泽，飞羽和尾羽具蓝绿色金属光泽，头顶羽毛窄而尖，喉部羽毛呈披针形，下体羽色较上体稍淡。

图 6-31 小嘴乌鸦

虹膜黑褐色，嘴、脚黑色。

3. 地理分布与为害

小嘴乌鸦在国内有 2 个亚种，分布于蚕区的有 1 个亚种，即普通亚种。国内分布于黑龙江，吉林，辽宁、北京、河北、内蒙古、河南、四川、青海、内蒙古、新疆以及云南（留鸟，部分夏候鸟）。也有部分迁经于河北、山东、陕西、江苏、青海玉树和四川西部一带，越冬于贵州以及广东、香港、福建和海南岛。在柞蚕饲养地区，食害 4～5 龄蚕及茧，食量较大，在蚕场附近的大树下，常可拾到上百个乃至几百个蛹被食，进而弃掉的茧壳。在我国主要为留鸟，亦有部分迁来我国越冬的冬候鸟。

4. 生活环境与习性

小嘴乌鸦常栖息于低山、丘陵和平原地带的疏林及林缘地带，有的地方繁殖期也上到海拔 3500m 左右的山地，有时也出现在有零星树木生长的半荒漠地区，在长白山多栖息于山林深处的原始森林，冬季常下到山脚平原和低山丘陵等低海拔地区。除繁殖期单独或成对活动外，其他季节亦少成群或集群不大，通常 3～5 只。常在河流、农田、耕地、湖泊、沼泽和村庄附近活动，有时也和大嘴乌鸦混群。多在树上或电柱上停息，觅食则多在地上，一般在地上快步或慢步行走，很少跳跃。性机警，和人保持一定距离，人很难靠近它。

5. 食性

小嘴乌鸦属杂食性，主要以蝗虫、蝼蛄等昆虫和植物果实与种子为食，也吃蛙、蜥蜴、鱼、小型鼠类、雏鸟、鸟卵、柞蚕、腐虫、动物尸体和农作物。

6. 繁殖

小嘴乌鸦的繁殖期在 4—6 月，早的在 3 月中下旬即开始筑巢。营巢于高大乔木顶端枝杈上，距地高 8～17m。巢用枯树枝、棘条、枯草等材料构成，内垫有软的树皮、细草茎、草根和毛。每窝产卵 3～7 枚，多为 4～5

枚。卵天蓝色或蓝绿色，被有褐色或灰褐色线状和块状斑，块状斑多是由很多点斑密集形成的。卵产完后即开始孵卵，孵卵主要雌鸟承担，孵化期17d±1d。雏鸟晚成性，孵出后由雌雄亲鸟共同喂养，经过30～35d 的喂养，幼鸟即可离巢。

（十七）灰喜鹊

灰喜鹊属雀形目、鸦科、灰喜鹊属，俗称山喜鹊、长尾鹊、蓝翅喜鹊（图6-32）。

1. 野外鉴别特征

灰喜鹊为中型鸟类，体长 33～40cm。嘴、脚黑色，额至后颈黑色，背灰色，两翅和尾灰蓝色，初级飞羽外翈端部白色。尾长、呈凸状具白色端斑，下体灰白色。特征极明显，野外不难识别。

2. 形态描述

雌雄羽色相似。额、头顶、头侧和后颈黑色具蓝色金属光泽。背、肩、腰和尾上覆羽土灰或棕灰色，在后颈黑色与上体土灰色交汇处羽色较白，形成领圈状。两翅表面灰蓝色，

图6-32　灰喜鹊

第1、2枚初级飞羽黑褐色，第3枚以内的初级飞羽外翈先端一半概白色，基部一半灰蓝色，内翈黑褐色，最内侧2枚三级飞羽灰蓝色，其余飞羽外翈灰蓝色，内翈黑褐色，尾羽灰蓝色具白色端斑。颏、喉白色，其余下体白色沾棕或葡萄灰色。

虹膜黑褐色，嘴、跗跖、趾和爪均黑色。

幼鸟额、头顶、头侧、后颈黑褐色，羽缘棕白色，小覆羽棕褐色，羽缘棕白色，最内侧两枚飞羽棕色，尾羽均具白色端斑，下体灰白色。

3. 地理分布与为害

河南的属华北亚种，国内仅分布于内蒙古东南部赤峰、鄂尔多斯市，河北、河南、山西、山东、陕西省，甘肃东南部和兰州西部。在柞蚕放养地区，食害4～5龄柞蚕幼虫和茧（蛹）。有时也食山里红、树木种子等植物

性食物。为留鸟，有季节性的游荡习性。

4. 生活环境与习性

灰喜鹊主要栖息于低山丘陵和山脚平原地区的次生林和人工林内，也见于田边地头、路边和村屯附近的小块林内，甚至出现在城市公园中的树上。在长白山，夏季有时也沿公路或河流上到海拔1700m的原始针叶林带。除繁殖期成对活动外，其他季节多成小群活动，有时甚至集成多达数十只的大群。秋冬季节多活动在半山区和山麓地区的林缘疏林、次生林和人工林中，有时甚至到农田和居民点附近活动。经常穿梭似地在丛林间跳上跳下或飞来飞去，飞行迅速，两翅扇动较快，但飞不多远就落下，不做长距离飞行，也不在一个地方久留，而是四处游荡。一遇惊扰，则迅速散开，然后又聚集在一起。活动和飞行时都不停地鸣叫，鸣声单调嘈杂，彼此通过叫声进行联系和维持群体的一致性。

5. 食性

灰喜鹊主要以金龟子、金针虫、蝽象、步行虫、天蛾、舟蛾、枯叶蛾、蜂、蝇、蚂蚁、松毛虫等昆虫为食，也吃植物果实、种子等植物性食物。

6. 繁殖

灰喜鹊的繁殖期在5—7月。多营巢于次生林和人工林中，也在村镇附近和路边人行道树上营巢，有利用旧巢的习性，有时也利用乌鸦废弃的旧巢。通常置巢于杨树、山丁子树、榆树、幼松树等中等高度的乔木枝杈间。巢距地高2～15m。巢较简单，呈浅盘状或平台状，主要由细的枯枝堆集而成，其间夹杂有草茎、草叶，内垫有苔草、树叶、麻、树皮纤维、牛毛、狍子毛、猪毛等兽毛。雌雄亲鸟共同筑巢，每窝产卵4～9枚，多为6～7枚。卵为椭圆形、灰色、灰白色、浅绿色或灰绿色，布满褐色斑点。卵重5.5～7g。雌鸟孵卵，孵化期15d±1d。雏鸟晚成性，雌雄亲鸟共同育雏，留巢期19d±1d。

（十八）雉鸡

雉鸡属鸡形目，雉科。俗称野鸡、山鸡；亦名环颈雉（图6-33）。

1. 野外鉴别特征

雉鸡为大型鸡类，体长58～90cm，雌鸟较雄鸟显著为小。雄鸟羽色华丽，富有金属光泽，颈大都呈金属绿色，具有或不具白色颈圈；脸部裸出，红色；头顶两侧各有一束能耸起，羽端呈方形的耳羽簇；下背和腰多为蓝灰色，羽毛边缘披散如毛发状；尾羽长而有横斑，中央尾羽较外侧尾羽长。雌鸟羽色暗淡，大都为褐色和棕黄色，杂以黑斑，尾亦较短。

图 6-33　雉鸡（♀♂）

2. 形态描述

本种在我国亚种甚多，个体大小和羽色变化亦大，但基本特征还是相同的，现仅以东北亚种为例描述如下：

雄鸟前额和上嘴基部黑色，富有蓝绿色光泽。头顶棕褐色，眉纹白色，眼先和眼周裸出皮肤绯红色。在眼后裸皮上方，白色眉纹下还有一小块蓝黑色短羽，在相对应的眼下亦有块更大些的蓝黑色短羽。耳羽丛亦为蓝黑色。颈部有一黑色横带，一直延伸到颈侧与喉部的黑色相连，且具绿色金属光泽。在此黑环下有一比黑环更窄些的白色环带，一直延伸到前颈，形成一完整的白色颈环，其中前颈比后颈白带更为宽阔。上背羽毛基部紫褐色，具白色羽干纹，端部羽干纹黑色，两侧为金黄色。背和肩栗红色。下背和腰两侧蓝灰色，中部灰绿色，且具黄黑相间排列的波浪形横斑；尾上覆羽黄绿色，部分末梢沾有土红色。小覆羽、中覆羽灰色，大覆羽灰褐色，具栗色羽缘。飞羽褐色，初级飞羽具锯齿形白色横斑，次级飞羽外䎃具白色虫蠹斑和横斑。三级飞羽棕褐色，具波浪形白色横斑，外䎃羽缘栗色，内䎃羽缘棕红色。尾羽黄灰色，除最外侧两对外，均具一系列交错排列的黑色横斑；黑色横斑两端又连接栗色横斑。颏、喉黑色，具蓝绿色金属光泽。胸部呈带紫的铜红色，亦具金属光泽，羽端具有倒置的锚状黑斑或羽干纹。两胁淡黄色，近腹部栗红色，羽端具一大形黑斑。腹黑色。尾下腹羽棕栗色。

雌鸟较雄鸟为小，羽色亦不如雄鸟艳丽，头顶和后颈棕白色，具黑色横斑。肩和背栗色，杂有粗着的黑纹和宽的淡红白色羽缘；下背、腰和尾上覆羽羽色逐渐变淡，呈棕红色和淡棕色，且具黑色中央纹和窄的灰白色羽缘，尾亦较雄鸟为短，呈灰棕褐色。颏、喉棕白色，下体余部沙黄色，胸和两胁具黑色沾棕的斑纹。

虹膜栗红色（♂）或淡红褐色（♀），嘴暗白色，基部灰色（♂）或端部绿黄色，基部灰褐色（♀），跗跖黄绿色，其上有短距（♂），跗跖红绿色，无距（♀）。

3. 地理分布与为害

河南的属华东亚种，头顶青铜褐色，体色较淡，背淡金黄色，两胁浅棕黄色。雉鸡在我国分布甚广，除西藏羌塘高原和海南岛目前还未发现有分布外，其余全国各地皆有分布。在蚕区食害 4～5 龄柞蚕较重，特别对低矮树上的蚕为害更重。为留鸟。

4. 生活环境与习性

雉鸡常栖息于低山丘陵、农田、地边、沼泽草地，以及林缘灌丛和公路两边的灌丛与草地中，分布高度多在海拔 1200m 以下，但在秦岭和四川，有时亦见上到海拔 2000～3000m 的高度。脚强健，善于奔跑，特别是在灌丛中奔走极快，也善于藏匿。见人后一般在地上疾速奔跑，很快进入附近丛林或灌丛，有时奔跑一阵还停下来看看再走。在迫不得已时才起飞，边飞边发出"咯咯咯"的叫声和两翅"扑扑扑……"的鼓动声。飞行速度较快，也很有力，但一般飞行不持久，飞行距离不大，常成抛物线式的飞行，落地前滑翔。落地后又急速在灌丛和草丛中奔跑窜行和藏匿，轻易不再起飞，有时人走至眼前才又突然飞起。秋季常集成几只至十多只的小群进到农田、林缘和村庄附近活动和觅食。

5. 食性

雉鸡属杂食性。所吃食物随地区和季节而不同：秋季主要以各种植物的果实、种子、植物叶、芽、草籽和部分昆虫为食，冬季主要以各种植物的嫩芽、嫩枝、草茎、果实、种子和谷物为食，夏季主要以各种昆虫和其他小型无脊椎动物以及部分植物的嫩芽、浆果和草籽为食，春季则啄食刚发芽的嫩草茎和草叶，也常到耕地扒食种下的谷籽与禾苗。

6. 繁殖

雉鸡的繁殖期在 3—7 月，南方较北方早些。繁殖期间雄鸟常发出"咯一咯咯咯"的鸣叫，特别是清晨最为频繁。叫声清脆响亮，500m外即可能听见。每次鸣叫后，多要扇动几下翅膀。发情期间雄鸟各占据一定领域，并不时在自己领域内鸣叫。如有别的雄雉侵入，则发生激烈的殴斗，直到赶走为止。一雄多雌制，发情时雄鸟环在雌鸟旁，边走边叫，有时猛跑几步，当接近雌鸟头侧时，则将靠近雌鸟一侧的翅下垂，另一侧向上伸，尾羽竖直，头部冠羽竖起，为典型的侧面型炫耀。营巢于草丛、芦苇丛或灌丛中地上，也在隐蔽的树根旁或麦地里营巢。巢呈碗状或盘状，较为简陋，多系亲鸟在地面刨弄一浅坑，内再垫以枯草、树叶和羽毛即成。产卵期在东北最早为4月末，而在南方（贵阳）4月末即见有雏鸟。1年繁殖1窝，南方可到2窝。每窝产卵6～22枚，南方窝卵数较少，多为4～8枚。

卵橄榄黄色、土黄色、黄褐色、青灰色、灰白色等不同类型。卵的大小在南北不同地方亦有较大变化，南方地区的卵明显较北方为大，这或许同小的窝卵数有关。

二、防治方法

鸟类的生存与人类开展的生产活动密切相关，一些鸟类对于我们开展柞蚕生产造成了一定的不良影响，但由于鸟类的存在给人类防治森林害虫带来不少的有益作用，怎样利用鸟类的有益作用，控制其有害作用，维护生态平衡，历来人类需要研究的课题。

食蚕鸟对柞蚕生产的为害率通常在30％左右，近年来大批柞坡的弃养，放养面积的萎缩，鸟类对柞蚕生产的为害日益凸显，考验着人类的智慧。随着社会的进步，科学的发展，人们通过探索鸟害发生和为害规律，从多个领域研究各种技术措施，控制其为害找到了一些行之有效的控制方法，减轻了对开展柞蚕生产的为害，基本解决了养蚕防鸟和保护鸟类的矛盾。

1. 响声（听觉）恫吓法

鸟类对突然响声是很惧怕的，人们常用爆竹，敲打铁器，耍鞭子，驱鸟器，放制鸟类惨叫声等方法都有很好的效果。干扰防治法，通过干扰鸟的视觉、听觉、触角等器官，使之受到刺激以达到生理心理的不适产生异常行动，驱逐食蚕的鸟。主要有声响、恫吓等，采用的有驱鸟器、放鞭炮等措施，能收到良好的效果。

2. 视觉刺激法

利用闪光带驱鸟，将闪光带悬挂于蚕场后，5d 内驱鸟率达 10％。挂带后随时间的延长，驱鸟效果逐渐降低。因此，在蚕场内挂闪光带不宜过早，并于挂带 5d 后变换悬挂形状，提高驱鸟效果。

3. 柞蚕饲育技术防鸟法

如采取柞蚕小蚕保护育，可防止树雀的危害。小蚕场应采用地势开阔，背风向阳的半山腰，绝不要靠近大树林。

4. 物理措施防鸟法

设置捕鸟工具，如防鸟网等。捣毁鸟巢，在蚕场内及其周围发现鸟巢后立即捣毁。

5. 药剂防治

常使用的药剂有呕吐剂，麻醉剂和群体威吓剂等。利用这些药防鸟，既不伤害鸟，又能达到保护柞蚕的双重作用。

第四节　柞蚕的其他敌害及其防治措施

柞蚕除了遭受各种虫、鸟的为害，还常受到各种兽类的侵袭，在柞蚕生产中常见的害兽有狐、獾、貉、鼠、蛙、蛇和蝙蝠等。这些害兽多在夜间活动，而夜晚养蚕人员难于看守蚕场，不容易防止害兽伤害柞蚕或柞茧。下面简单介绍几种危害柞蚕的兽害的形态特征和生活习性。

(一) 狗獾

狗獾属食肉目、鼬科、狗獾属。俗称獾子（图 6 - 34）。

1. 鉴别特征

体形肥壮，四肢短健，爪粗长稍钝，适于拱土挖掘生活，有发达坚硬的鼻垫，体被粗硬稀疏针毛，头顶有白色纵纹 3 条，喉部黑褐色。翼骨钩状突成一细棒状超过关节窝。第一上臼齿中央由 3 个小齿尖组成，第一下臼齿的长度为宽度的 3 倍。

图 6-34　狗獾

2. 形态特征

狗獾在鼬科中是体形较大的种类，体重约 5～10kg，大者达 15kg，体长为 500～700mm，体形肥壮，吻鼻长，鼻端粗钝，具软骨质的鼻垫，鼻垫与上唇之间被毛，耳壳短圆，眼小。颈部粗短，四肢短健，前后足的趾均具粗而长的黑棕色爪，前足的爪比后足的爪长，尾短。肛门附近具腺囊，能分泌臭液。

毛色，休背褐色与白色或乳黄色混杂，从头顶至尾部遍被以粗硬的针毛，背部针毛基部 3/4 为灰白色或白色，中段为黑褐色或淡黑褐色，毛尖白色或乳黄色。体侧针毛黑褐色部分显然减少，而白色或乳黄色毛尖逐渐增多，有的个体针毛黑褐色逐渐消失，几乎呈现乳白色。绒毛白色或灰白色。头部针毛较短，约为体背针毛长度的 1/4。在颜面两侧从口角经耳基到头后各有一条白色或乳黄色纵纹，中间一条从吻部到额部，在 3 条纵纹中有 2 条黑褐色纵纹相间，从吻部两侧向后延伸，穿过眼部到头后与颈背部深色区相连。耳背及后缘黑褐色，耳上缘白色或乳黄色，耳内缘乳黄色。从下颌直至尾基及四肢内侧黑棕色或淡棕色。尾背与体背同色，但白色或乳黄色毛尖略有增加。

3. 地理分布与为害

我国境内除台湾省和海南岛外，各省均有分布。狗獾对 4～5 龄柞蚕和茧蛹为害严重，常用身体压倒树枝，再食蚕或茧蛹，蚕及枝叶的残渣碎片铺满地。

4. 生活环境

狗獾常栖息于森林、山坡灌木丛、荒野、沙丘草丛及湖泊堤岸等。挖洞而居，洞道长达几米至十余米不等，其间支道纵横。冬洞复杂，是多年居住的洞穴，每年整修挖掘而成，有2～3个进出口内有主道、侧道及盲端，主道四壁光滑整齐，无杂物及粪便，末端以干草、树枝、树叶筑窝。春、秋季节在农田附近的土岗和灌丛处筑临时洞穴，白天入洞休息，夜间出来寻食，这类洞穴短而直，洞道粗糙，窝小，草垫薄，仅一个出口。黄土高原地区常利用洪水冲刷成的土洞为穴，在洞道上部挖数个洞道，组成窝穴。窝距洞口3～5m，直径为40～60cm，群众称之"串洞"。有獾居住的洞穴，洞口光滑，泥土疏松，其上留有足迹，松土延伸远达20m左右，在松土尽端的两侧有卵圆形粪坑。

狗獾靠软骨质的鼻垫拱土，掘土时用前爪。

活动以春、秋两季最盛，一般以夜间8—9时后开始，至拂晓4时左右回洞。出洞时头慢慢试伸出洞，四方窥视，若无音迹，则缓缓而出，在田野中行走甚速，它在回洞之际，行走较慢，进洞前，先在洞口略为憩息，并使头爪清洁后方入洞。在出洞后，若发现音迹，就暂不回原洞，而搬至临时洞穴居住。活动范围小而固定，2～3km往返都沿一定路径。

5. 食性

狗獾为杂食性，以植物的根、茎、果实和蛙、蚯蚓、小鱼、沙蜥、昆虫（幼虫及蛹）和小型哺乳类等为食，在草原地带喜食狼吃剩的食物，在作物播种期和成熟期为害刚播下的种子和即将成熟的玉米、花生、马铃薯、白薯、豆类及瓜类等。

6. 繁殖

狗獾每年繁殖1次，9—10月雌雄互相追逐，进行交配，翌年4—5月间产仔，每胎2～5仔，幼仔1个月后睁眼，6—7月跟随母兽活动和觅食，秋季仔獾离开母兽营独立生活，3年后性成熟。

狗獾有冬眠习性，长江以北地区一般11月初进洞蛰伏，而长江以南地区则推迟到11月底或12月初进洞蛰伏，翌年3—4月出洞，刚出洞的狗獾行走缓慢，只在洞穴周围觅食。在人工饲养下，冬季有充足的食物供给，冬季亦活动，只是食量稍减而已。

狗獾性情凶猛，但不主动攻击家畜和人，当被人或猎犬紧逼时，常发出短促的"哺、哺"声，同时能挺起前半身以锐利的爪和犬齿回击。

7. 防治方法

（1）挖洞法。夏季发现新掘的洞，可挖洞捕捉，行动应迅速。

（2）烟熏法。狗獾有冬眠习性，冬季发现洞口，将洞口扩大，堆放柴草，燃烧放烟，熏到一定时间，狗獾难以忍受而外逃，人可在洞口拉网捕捉，放生于不进行蚕业生产的山林中。

（3）生产上被狗獾为害后，利用其胆小爱走小道的特性，在蚕场周围的小道上或岔路口用树木枝条阻挡，把狗獾引到没有蚕场的地方。或在来蚕场的小道上燃烧拆散的鞭炮火药，以火药味阻挡其入蚕场。

（二）猪獾

猪獾属食肉目，鼬科，猪獾属。俗称沙獾、猪鼻獾、獾猪（图 6 - 35）。

1. 鉴别特征

猪獾体形及大小与狗獾相似，两者主要区别在于猪的鼻垫与上唇间裸露不被毛，鼻吻部狭长而圆，酷似猪鼻，浅棕色。喉及尾白色，爪淡黄色。头骨上颌腭骨向后延伸直达关节窝的水平线，末端钩状突宽大平直，呈翼状。上臼齿近似菱形。

2. 形态特征

（1）外形。猪獾为鼬科内中形种类，体长为 61.8 ～ 74.0cm。体重为 6.6～7.5kg。鼻吻较长，吻端与猪鼻酷似，鼻垫与上唇间裸露，眼小，耳短圆可见。四肢短粗有力；脚

图 6 - 35　猪獾

底趾间具毛，但掌垫明显裸露；趾垫 5 个。后脚掌裸露部位不达脚跟处。爪长而弯曲，前脚爪强大锐利。尾较长，基部粗壮，向末端逐渐变细。

（2）毛色。通体黑褐色，体背两侧及臀部杂有灰白色。吻浅棕色。颊部黑褐色条纹自吻端通过眼间延伸到耳后，与颈背黑褐色毛汇合。从前额到额顶中央，有一条短宽的白色条纹，其长短因个体变异而多有差异，有的个体向后继续延伸直达颈背。两颊在眼下各具一条污白色条纹。耳背及

耳下缘棕黑色，耳上缘白色。下颌及喉白色，与四周黑褐色区域明显隔离而形成白斑，此斑向后延伸几达肩部。自颈背到臀部为淡褐色，四肢黑褐色，腹部浅褐色。针毛粗长挺拔，背部针毛长约43mm，毛尖棕黑，基部污灰色。臀部针毛最长，约92mm，分三色，毛尖的1/5段为污白色，中段1/5为棕黑色，基部3/5污白色。尾毛较长，约86mm，全白。

我国各地猪獾体色变异较大，尤其表现在面部条纹和体背黑色毛区的大小变化十分显著。产业部门依据体背到臀部，包括胸腹两侧的黑色毛区与白色毛区所占比例不同，习惯上有"黑""白"猪獾之分。划分标准为黑色毛区大于整个皮张面积之半，则称黑猪獾，反之，则称为白猪獾。黑色毛区的针毛由于具有两色的特点，其毛尖黑色，而毛基污白，外观显黑色。白猪獾针毛分三色，毛尖污白，中段黑色，而毛基污白色，故整个皮张显白色。黑、白猪獾只是猪獾毛色的个体变异现象。我国从南到北皆可从产业部门的猪獾毛皮中，找到两种色型变化的皮张。

3. 地理分布与为害

猪獾为我国遍布种，尤以南方多见。猪獾对4～5龄柞蚕和茧蛹为害严重，常用身体压倒树枝，再食蚕或茧蛹，蚕及枝叶的残渣碎片铺满地。

4. 生活环境

猪獾穴居，多挖洞于荒丘或栖居岩石裂缝和树洞之中，或侵占其他兽穴。洞穴比较简单，洞口1～2个，多设在阳坡山势陡峭或茅草繁密之处。洞内1m深处常为直洞，亦有长达8～9m的直洞。整个洞穴显得清洁干燥。卧处常铺以干草。但亦有露居林下的巢穴。

猪獾性情凶猛，当受到侵犯时，前脚低俯，发出凶残的吼声，吼声似猪，同时能挺立前半身以牙和利爪作猛烈的回击。会游泳。视觉差，但嗅觉灵敏，找寻食物时常抬头以鼻嗅闻，或以鼻翻掘泥土，酷似猪的动作。

5. 食性

夜行性，食性庞杂，动物性食物尤喜食蚯蚓、青蛙、蜥蜴，泥鳅、黄鳝、蝼蛄、天牛和鼠类等。植物性食物尤喜食玉米、小麦、红苕和花生等农作物。

有冬眠习性。通常立冬后即隐伏于洞内，于次年开春前半月始出洞活动。

6. 繁殖

立春前后发情，多见雌雄成兽成对活动。由雌兽追逐雄兽进行交配，孕期 3 个月左右，于 4—5 月产仔，北方产期稍晚。每胎 2～4 仔，哺乳 3 个月。

7. 防治方法

（1）挖洞法。夏季发现新掘的洞，可挖洞捕捉，行动应迅速。

（2）烟熏法。猪獾有冬眠习性，冬季发现洞口，将洞口扩大，堆放柴草，燃烧放烟，熏到一定时间，獾难以忍受而外逃，人可在洞口拉网捕捉，放生于不进行蚕业的山林中。

（3）生产上被猪獾为害后，利用其胆小爱走小道的特性，在蚕场周围的小道上或岔路口用树木枝条阻挡，把猪獾引到没有蚕场的地方。或在来蚕场的小道上燃烧拆散的鞭炮火药，以火药味阻挡其入蚕场。

（三）貉

貉属食肉目，犬科，貉属，俗称貉子，小巴狗，狸（图 6-36）。

图 6-36　貉

1. 鉴别特征

貉体形较小，小于犬、狐。躯体肥壮，吻尖，四肢短，尾粗而短。毛色乌棕，具黑褐色大块脸斑及界限不清晰的黑色背纹，四肢乌褐。头骨眶下孔后缘至吻端的距离大于左右颊齿列间之跨度。腭部后缘超出颊齿列最末端之水平线。下颌骨具"亚角突"。下颌白齿三枚，第一下白齿具下内尖。

2. 形态特征

（1）外形。似狐，体形较小。体肥壮，肢短，吻尖，头部两颊具侧生长毛。尾短。周身及尾部覆毛长而蓬松，尤以冬毛为著，其长可达8cm左右，底绒非常丰足。趾行性，以趾着地。前足五趾，第一趾较短而位置较高，故不着地；后足具四趾，缺第一趾。前后足均具发达的趾垫及趾间垫。爪粗短，与犬科各属一样，不能伸缩。

（2）毛色。通体被毛底色茧黄，黄褐或赭褐，毛尖多为黑色。底绒驼色。两颊连同眼周的毛黑褐色，形成大形斑纹，向下经由喉部，前胸而联至前肢，或稍转棕褐色。吻部、眼上、腮部、颈侧至躯体背面与侧面均为浅黄褐色或杏黄色，沿背脊一带针毛多具黑色毛尖，多少程度不等，均可形成一条界线模糊的黑色纵纹，往后逐通向尾的背面，尾末端黑色加重。背毛毛基均呈棕色或驼色，深浅颇有差异，既与分布有关、亦多个体变异。有些个体色调偏黄，黑色背纹不显。分布西南山地者乌灰色调趋重，因黑色毛尖较多所致。体侧毛色较浅。腹毛不具黑色毛尖。四肢下部黑褐。

3. 地理分布及为害

貉分布于亚洲东部。我国境内分布包括于黑龙江、吉林、辽宁、北京、河北、河南、内蒙古、陕西、安徽、浙江、福建、江苏、广东、广西、湖南、云南、四川等省（自治区、直辖市）的部分地区。喜食柞蚕，对熟蚕、茧蛹最为嗜食，一次为害数量大。取食时边吃边排粪，牙齿锋利，可咬断小树干，对小树和矮树上的柞蚕为害尤为严重。

4. 生活环境

貉是一种较习见的犬科动物，生活在平原、丘陵及部分山地，兼跨亚寒带到亚热带地区、栖河谷、草原和靠近河川、溪流、湖沼附近的丛林中，穴居，洞穴多数是露天的，常利用其他动物的废弃旧洞、或营巢于石隙、树洞里。一般白昼匿于洞中，夜间出来活动。据杨智奎等（1960）报道，貉在夏季居于荫凉的石穴中。其他季节除产仔外，一般不利用洞穴，而躲在距洞穴不远的地方。独栖或5～6只成群。行动不如豺、狐敏捷，性较温驯，叫声低沉，据称能攀登树木及游水。分布于北部者，冬季（立冬至小雪时起）常非持续性睡眠，即在洞中睡眠不出。但与真正冬眠不同，往往在融雪天气中也出来活动。这一冬季睡眠的习性在犬科中是貉特有的。貉的足迹成对排列如小链状。

5. 食性

貉食性较杂，主要取食小动物，包括啮齿类，小鸟、鸟卵、鱼、蛙、蛇、虾、蟹、昆虫等，也食浆果、真菌、根茎、种子、谷物等植物性食料。

6. 繁殖

貉在 2—3 月进行交配，怀孕 52～79d，亦有报道 50～70d，而以 62～63d 为多。一雄配多雌。每胎 5～12 仔，多者可达 15 仔，但以 6～8 只居多。幼兽当年秋天既可独立生活，天敌有狼、猞猁等。

7. 防治方法

采用敲锣鼓等惊之。

（四）大仓鼠

大仓鼠属仓鼠科，仓鼠属，俗名大腮鼠、齐氏鼠（图 6-37）。

1. 鉴别特征

大仓鼠体型较大，是仓鼠属中体型最大的种类，体长 140mm 以上。头吻宽大，颊囊发达。尾长约为体长之半。体躯肥胖，四肢短粗。

2. 形态特征

（1）外形。大仓鼠是本属中体型最大的种类。体长可达 180mm。体躯粗壮。头较宽大，颊囊发达。尾长接近或超过体长之半，尾较粗，尾基较膨大，向后较明显变细，尾膨大部分毛显著长于尾其他部位，无鳞环。耳短而圆，眼较小。四肢短粗，特别是上臂与大腿部肥壮。

（2）毛色。背部毛色为灰黄褐色，近毛基约为 3/4 部分为黑灰色，中上部为黄褐色，毛尖转为黑褐色，亦有些毛尖部仍为黄褐色。背毛中有少数纯黑色长毛，常突出毛被。背部中央色较浓而两侧渐淡。吻部前方毛基无灰黑色，颊部毛基为很浅的灰色。因此褐色较

图 6-37　大仓鼠

269

为明显。腹毛较背毛为短，颏、喉部毛纯白色，向后至尾基为灰白色，毛基灰色，毛尖白色。前肢前侧、后肢的后侧与背毛色相同。前肢的侧面及后侧、后肢腹面及侧面均与腹毛色相同。尾基粗大部毛较长而与背面毛色相似。尾上下毛色相同，尾毛短而直，顺序伸向后方，呈白色。由于尾毛较稀，尾部皮肤颜色显露。个别尾后端白色，白色部分长短不一。

3. 地理分布与为害

大仓鼠广泛分布我国北方地区，属指名亚种。从东部沿海省份向西，以浙江天目山为南限，包括黑龙江、吉林、辽宁、内蒙古、北京、天津、河北、河南、山东、山西、陕西、甘肃、宁夏、安徽、江苏等省（自治区、直辖市）。大仓鼠广泛分布于平原、丘陵、山地等各类地形。在农田、田间荒地、道旁、田埂、河谷、林缘均有栖息；山区的灌丛、次生林、撂荒地、草甸也都有足迹。喜栖于食物来源充足、地势干燥的生境。大仓鼠危害柞蚕，1～2龄蚕整个食害不剩头壳，3龄蚕有的剩头部，4～5龄蚕剩头壳或头部或尾部。有时食饱后，还乱咬其他蚕，致蚕体破流血死亡。

4. 生活环境

大仓鼠善于打洞，成年个体独自穴居。洞道比较复杂。每一洞系由洞口和复杂的地下通道、盲道、巢室仓库等组成。出入洞口一个，直径一般为4～8cm。垂直洞道向下则为与地面平行或斜向的通道。洞径与洞口径相似，而仓库则位于通道的末端。巢室直径15～35cm，以碎草枯叶等筑巢。仓库直径往往大于巢室，不同食物存贮于不同舱室，每一洞有3～4个仓库不等。洞道总长度可达数米，深入地下1～2m，占地面积达2～3m²。除出入洞口外，还有临时洞口数个和一个掘进洞口。掘进洞口是大仓鼠在新建洞时，从外向内打洞时的洞口。由于将大批废土向外推出，该口被堵塞并形成一个土堆，直径40～70cm。农民常根据此判断是否有大仓鼠居住，如果在土堆附近有浑圆光滑的洞口，则可证明是大仓鼠的洞穴。临时洞口平时被土堵塞，与地面垂直，距地面较近，常在受惊时掘开逃逸。洞口的多少，与居住时间长短有关，居住时间越长，洞系越复杂。临时洞口下常堆弃一些烂粮和枯草等，但必有一个留逃跑时备用。

5. 食性

大仓鼠的食性非常复杂。生活于农区的个体，取食主要是农作物的种子及一些作物的绿色部分，如叶和细茎等。食源几乎包括所有可食作物，特别喜欢豆类植物。山区的个体食性以草籽为主，夏季也食植物的绿色部分和一些昆虫等小型无脊椎动物及两栖类（蛙）和较小型鼠（如黑线仓鼠、小家鼠）等。大仓鼠对油料作物种子取食率最高，主要是葵花籽和花生。取食率明显高于粮食作物种子。10 种种子取食率排序，依次为葵花籽＞花生米＞棉籽＞谷子＞绿豆＞红小豆＞大豆＞芝麻＞玉米＞小麦＞高粱。动物性食物中有蝼蛄、金龟子、棉铃虫、蝗虫和黑线仓鼠等。根据实验室和野外的观察，王淑卿等（1991）认为，大仓鼠的食性有明显的季节变化。花生是其最喜欢的种子，除夏季，各季的检出率均高于其他种子。大仓鼠喜食蛋白质含量高的食物。大仓鼠的食性还很大程度上取决于食物的可获性，在它一般的活动范围内，可以舍近求远。大仓鼠为夜行性活动的鼠类。白天绝少出洞活动。活动高峰分黄昏（17—20 时）和午夜（零点以后）两个。黎明时停止。夏末秋初，建洞清巢时期，白天也在洞内活动，可见向外推土，并时有探头张望。秋收季节，大仓鼠也有白天活动的。阴雨雪天等，也上到地面活动。季节的变化对大仓鼠的活动有着很大的影响。我国北方，大仓鼠冬季封闭洞口不到地面活动，洞口封闭期一般在 11 月至翌年 2 月下旬。由北向南，封洞期缩短，安徽、江苏两省，冬季不封闭洞口，雪夜也仍上至地面活动。东北地区大仓鼠虽冬季封堵洞口，但并不冬眠，依靠洞内的存粮生活，只是不上升至地面。大仓鼠的活动能力高于其他仓鼠，活动范围大，最远可达 1000m。

大仓鼠性情凶残，粗野好斗。遇敌时并不立刻逃跑，经常是主动扑击。大仓鼠常攻击其他小型鼠类。有时，同类间也出现残食情况。繁殖交尾时，较强壮的雄鼠攻击并咬杀较弱的雄鼠，然后食之。

大仓鼠对栖息地的选择常随农田内作物播种和收获而变化。春播时，对各类农田选择基本相同，主要取食各种作物种子。以后，随作物生长成熟期的不同，栖息地选择性也不同。大仓鼠常与黑线仓鼠、长尾仓鼠、中华鼢鼠等混居于同一生境；山区、次生林等生境中，常与大林姬鼠、棕背鼩混居。

大仓鼠的种群数量比较稳定，在各地区，特别是农区往往成为生境中优势鼠种。大仓鼠寿命仅一年左右，但往往成为比较稳定的种群。种群年龄结构的年间变化较小，季节性变化较明显。春季主要是成体和老年个体，极少有亚成年个体。

6. 繁殖

大仓鼠繁殖能力很强，大仓鼠雄性个体的性成熟，可以贮精囊的膨大为标志。5—7月随着繁殖高峰之后，亚成体数量上升，种群主要由亚成体组成，老年个体比例下降，幼体也占有一定比例。夏末，老年个体下降明显，大多数老年个体死亡，成体占种群的大部分。9月幼体比例数量最高。以后，幼体、亚成体比例逐月下降，过冬时，以成年个体为主。北方地区，初春刚刚开始出洞活动，就有交尾发生。孕鼠最早出现在4月下旬，孕鼠出现高峰是在5月，全国各地区基本一致。全年繁殖高峰，东北、华北等地为4—5月和9月，陕西是4—5月和8月，第二高峰都大于第一高峰。大仓鼠每年2～4胎，每次产仔数以8～10只居多，最多可达15～18只。春季出生的大仓鼠，当年可以产1～2胎，夏季出生的鼠，当年只能1胎，越冬鼠多数1年产2胎，极少数可产3胎。大仓鼠整个一生可产3～5胎。繁殖高峰最后一窝出生的幼鼠，随雌鼠共同越冬，至翌年春季外出活动后分居。

7. 防治方法

化学毒饵灭鼠。用仓鼠喜食的葵花籽、花生和鼠药搅拌均匀，在柞蚕进入二八场和营茧场前，按堆距5m远投放一堆毒饵（3～5g重），药撒于柞墩下，最好把杂草清理干净，投饵处要露出新土，便于鼠发现；行距5～10m，视蚕场面积大小而定。

第七章

柞蚕业资源综合利用

柞蚕业作为我国一个传统优势产业，养蚕、采茧、缫丝、织绸等小农经济单一发展模式已经延续了数千年。随着科学技术的发展和学科间交叉研究的不断深入，以及人们对柞枝、柞叶、柞蚕蛹、柞蚕蛾、柞蚕丝等养蚕产品开展的开发应用研究，使柞蚕业的产业链条得到逐步延伸，这一古老产业焕发了新的生机，形成了可以和传统缫丝织绸相媲美的柞蚕多元化发展格局。

第一节　柞树枝叶的开发利用

据 2013 年第 8 次全国森林资源清查显示，按具体树种分，河南栎类面积为 88.53 万 hm²，蓄积 7511.49 万 m³。而每年河南省因养蚕剪伐柞树枝条近 80 万 t，这些枝条粉碎后是栽培黑木耳、香菇的上等原料。现将河南柞蚕养殖区利用柞枝栽培黑木耳、香菇的技术介绍如下。

一、柞枝木屑袋料栽培黑木耳技术

（一）栽培料的选择

1. 主料选择

黑木耳袋料栽培就是利用含木质素、纤维素较多栎树枝叶、桦树枝叶及各种阔叶树枝粉碎的木屑代替树木作为原料，以塑料袋、玻璃瓶等为容器来栽培黑木耳的方法。

可用于栽培黑木耳的袋料有很多，如棉籽壳、玉米芯、阔叶树木屑、豆秸秆、甘蔗渣、稻草等。用棉籽壳、木屑、稻草等不同的培养料生产，黑木耳的长势、产量和质量会有差别。以棉籽壳为主料生产的木耳长势好、产量高，但胶质粗硬；以木屑为主料生产的木耳耳片舒展、产量高，胶质柔软；以稻草和麦秸为主料生产的木耳胶质比较柔软。多种原料混合使用比单一使用好。生产时在各种培养基中加入一定的木屑，以利于提高木耳的产量和质量。

生产上，我们选择柞树树型养成时修剪下来的柞枝进行粉碎后作为原料，进行黑木耳袋料栽培。

2. 辅料选择

辅料包括黑木耳袋料培养基中一部分其他原料，如麦麸、米糠、石膏粉、石灰粉、蔗糖及微量元素。

（1）麦麸。麦麸即小麦加工中的下脚料，是袋料栽培不可缺少的辅料。它富含脂肪、蛋白质、粗纤维及钙磷等，要求新鲜、无霉变。

（2）米糠。米糠即大米加工中的细糠，不含谷壳，可以代替麦麸。用甘蔗渣作基料栽培黑木耳时，常用米糠作辅料，效果很好。

（3）石膏粉（$CaSO_4$）。用以调节培养料的酸度，并起补充钙的作用，能促进菌丝分解养分。石膏粉要求细度均匀，生熟均可，以色白不结块为好。

（4）石灰粉（CaO）。黑木耳袋料配方中常加入1％的石灰粉，使培养基呈偏碱性。由于黑木耳培养基在灭菌及菌丝发酵过程中产生的有机酸可导致其pH值下降。因此，加入适量石灰粉，以保持黑木耳菌丝生长时所需要的最佳pH值。

（5）蔗糖。原料配方中常加入1％的蔗糖，有利于菌丝获取有机碳源恢复生长。由于菌丝在接种过程中常受到破坏，接入后还没有分解和吸收基料养分的能力，需要一定时间的恢复。恢复后的菌丝生命活动很旺盛，但在分泌胞外酶方面还不是很活跃，菌丝侵入基料需要很强的侵蚀能力，急需消耗大量的能量来满足生长需要，此时唯有糖类（单糖、双糖）最易被吸收利用。菌丝吸收糖后，可激活细胞内一些酶的活性，使生长更加迅速旺盛。生产上常用的糖有白糖、红糖、砂糖。

（二）栽培季节的确定

黑木耳属中低温恒温型真菌，耐寒怕热，菌丝在 0℃ 以下较长时间不会死亡，在 37℃ 时停止生长，菌丝在培养阶段最佳温度为 23～27℃，子实体温度为 10～27℃，最佳以 15～20℃ 为宜。当温度低于 15℃ 时，菌丝生长缓慢，不易出耳；高于 28℃ 子实体开片快、片薄片淡，超过 30℃ 时子实体易发生自溶，造成严重减产和影响产品质量。

袋料栽培黑木耳，首先要培育菌袋，时间需 40～50d，然后转入出耳，生长期需要 50～60d。因此，安排栽培季节时，既要考虑菌袋培养期内的最适温度，又要兼顾长耳期的最适温度。要错开伏天，规避高温期。利用自然条件生产黑木耳时，春季宜 3 月中旬至 4 月底培育菌袋，5 月初至 6 月中旬长耳；秋季宜于 7 月上旬至 8 月中旬培育菌袋，8 月下旬至 10 月中旬长耳。

（三）菌种的选择

栽培黑木耳一般选择菌丝体生长快、粗壮、接种后定植快；生产周期短、产量高、片大、肉厚、颜色深、菌龄合适、纯正无污染的作为菌种。黑木耳采用二级菌种繁育体系，栽培种的菌龄在 30～45d 为适宜，这样的栽培种生命力强，可以减少培养过程杂菌污染，也能增强栽培时的抗霉菌能力。菌袋生产、制种日期应掌握宁早勿晚的原则，可根据培养温度、装料多少、菌株特性等具体情况测算。

目前，河南黑木耳栽培现行品种有丰收 2 号、丰收 4 号，这两个品种内销形势好。新科 5 号是外销品种。

（四）黑木耳袋料栽培工艺流程

黑木耳袋料栽培形式多样，工艺流程常分为两大部分：一是菌丝体生产；二是开穴长耳。而前一生产工艺步骤繁多，包括袋料粉碎、培养基配制、装袋、打接种穴、贴封胶布、培养基灭菌、冷却接种、菌丝体培育，后一种主要是打洞引耳、出耳管理、采收加工等。黑木耳袋料栽培工艺流程如图 7-1 所示。

（五）培养基配方

按照黑木耳生长发育所需要的碳氮比，用各种培养料人工配制的营养物称为培养基。袋料栽培黑木耳的培养料有很多，栽培者应根据当地资源，

275

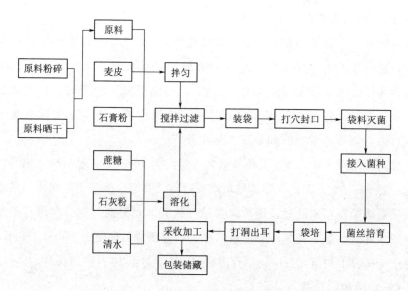

图 7 - 1 黑木耳袋料栽培工艺流程

就地取料选用。

（1）配方 1：木屑 77％、米糠 20％、石膏粉 1％、白糖 1％，生石灰 1％、配方中的米糠也可以用麦麸。

（2）配方 2：木屑 60％、棉籽壳 30％、麸子 5％、豆饼粉 2％、石膏粉 1％、白糖 1％、生石灰 1％，说明：石膏粉一般用熟石膏粉。

（3）配方 3：木屑 60％、玉米芯 30％、米糠 6％、豆饼粉 2％、石膏粉 1％、生石灰 1％。

（4）配方 4：木屑 42.5％，玉米芯 43％，麸皮 10％，玉米面 2％，豆粉 1％，石灰 1％，石膏 0.5％。

（5）配方 5：木屑 45％，棉籽壳 45％，麸皮（或米糠）7％，蔗糖 1％，石膏粉 1％，尿素 0.5％，过磷酸钙 0.5％。

（6）配方 6：木屑 29％，棉籽壳 29％，玉米芯 29％，麸皮 10％，石灰 1％，石膏粉 1％，尿素 0.5％，过磷酸钙 0.5％。

（六）拌料

1. 拌料操作

配制时，选择水泥地坪为堆场，拌料时各种培养料按比例称好，把不

276

溶于水的代料混合均匀，再把可溶性的蔗糖、尿素、过磷酸钙、石灰等溶于水中，分次掺入料中，反复搅拌均匀，培养料含水率控制在 60% 左右。培养料用石灰或过磷酸钙调 pH 值到 8 左右，灭菌后 pH 值下降到 5～6.5，然后将料堆积来，闷 30～60min，使料吃透水立即装袋。

生产上，常用手用力握料，指缝间有水但不成滴，松手后料在掌中能成团，此为含水率合适；若有水滴流下表示过湿，应将料堆摊开，让水分蒸发；若不成团，掌上又无水痕，则偏干，应补水再拌至适度。

2. 注意事项

在培养料配制中，为避免受杂菌污染，必须做到"五要"：

一要选择优质、无霉变的材料，并在配制前置于烈日下暴晒 1～2d，利用阳光中的紫外线，杀死存放过程中感染的部分霉菌。

二要选择晴天上午拌料，阴天也可，但雨天不宜制作，因雨天湿度大，各种杂菌活动力强，容易引起污染。

三要采用 0.2% 高锰酸钾溶液拌料，高锰酸钾属强氧化剂，有杀菌效果。锰又是木耳菌生长所需的微量元素，用高锰酸钾溶液拌料，可防止菌袋破损而发生的污染，能有效降低污染率。

四要偏碱一些。可用 1% 石灰澄清液（pH 值为 13）拌料。据有关资料介绍，木屑霉菌对 pH 值的最高耐受力为 11，故 pH 值为 13 的石灰清液就能将其杀死，然后再用 0.5%～1% 的过磷酸钙将 pH 值调到 8，经过灭菌后 pH 值自然降到 6 左右。这样，既能适合黑木耳菌丝生长，又能有效地抑制杂菌繁殖。

五要速搅拌。干料中加水后，要抓紧搅拌，争取在 2h 内拌匀转入装袋。若拖延时间，培养料会发酵而增加酸性，容易导致杂菌滋生。

（七）装袋

生产上多使用装袋机装料，采用一端封口的 17cm×33cm 的低压聚乙烯栽培筒。操作时将未封口的一端张口，全筒套入装袋机的出料筒，踩下开关。出料初期要压紧，让封口一端不留间隙，再逐渐退后至接近袋口 5cm 时，袋料量已足够，取下料袋，竖立传给扎口工序。如扎口来不及，也可捏紧袋口，使薄膜合拢，倒置于地上。若袋口朝上，培养料将会往上松动，使袋料不紧实。扎口时，将料袋竖起，增减料量后四周拳击数下，并清理袋口沾黏物。然后把留有 5cm 的袋口合拢拧紧，尽量使袋口的薄膜与料贴紧。最后用塑料编织袋线或棉纱线或皮筋，在紧贴培养料处扎紧，顺手扭转袋口薄膜，并反行扎紧、扎牢。

装袋要做到快速填装，从加水入料到拌料装袋结束，时间应控制在 5h 以内，以防培养料发酵变酸。同时装袋要紧实，不留空隙，以防杂菌侵入，松紧度以料袋经 20kg 的压力，呈半椭圆形为度。袋口要扎牢，以防灭菌时气体膨胀使袋口散开。装好的料袋应放在铺有麻袋或薄膜的地方，防止砂粒和杂物将袋刺破，引起污染。

（八）打穴

打穴时，用打洞器在料袋表面打 4～5 个接种穴，穴口直径 1.5cm 深 2cm 并用食用菌专用胶布剪成 3.25cm×3.25cm 的小方块，贴封穴口，四周要压紧封实，不可有缝隙或翘角。贴胶布的目的是保护接种口，防止杂菌污染。

（九）灭菌

装袋完毕后，料袋必须在 1.5h 内转入灭菌工作，常压蒸汽灭菌时料袋进入蒸仓后要求在 4h 内蒸仓的温度要达到 100℃，保持料温 100℃12～14h。灭菌时间结束，取出菌袋，同时仔细检查菌袋，如发现有小孔残破袋，立即用胶布封贴，以防杂菌侵入造成感染，菌袋要及时搬到已消毒好的接菌室，让其自然冷却。在灭菌时要做好以下几个方面的工作：

（1）防止中途降温。点火升到达到目的温度 100℃不能超过 4h，达到目的温度后，要保持 10～12h，中间不得停火、降温。

（2）防止烧焦料袋。灭菌过程中，要随时观察水位情况，若观察口出热水，表示锅内有水；若出蒸气，说明锅内水已干，必须及时加注热水，切忌加入凉水。

（3）防止存在灭菌死角。料袋在蒸仓内要逐层依次排放，不要交叉叠放和采缝叠放，前后排料袋间要预留一定空隙，使蒸气流通顺畅，防止灭菌有死角。

（4）防止蒸汽弄湿胶布。灭菌完成后，要趁热卸灶，避免因延误而使蒸汽弄湿穴口上的胶布。卸袋时还要逐袋检查，发现松口或破裂，要及时扎牢，用胶布贴封。

（5）防止搬运时污染。运车上铺麻袋或塑料布，把袋轻放在车上，盖上薄膜，以防途中被雨水淋湿。

一般每锅 1500～2000 个料袋，随着锅内料袋数量的增加，蒸锅灭菌时间要随之延长，保持 100℃10h 以上。停止加温后，可再焖 6h 出锅，以增强消毒效果。

（十）接种

待培养袋温度降到 28℃ 以下进行接菌，将培养袋搬入接种箱或接种室内接种，有条件的可采用净化工作台接种。接种要求在无菌条件下进行。时间最好选择在晚上 24 时以后，此时杂菌活动力差，有利于提高成品率。

1. 接种方法

操作时，一面启开袋和瓶口接种穴上的覆盖物，一面用接种匙或弹簧接种器往菌种瓶（或袋）内提取 1～2 勺菌种，接入量一般为 5～10g，接入后顺手覆盖穴中的封盖，每袋菌种一般可接长袋菌料 18～20 袋，室内接种可多人流水作业，以加快速度。菌种接入要迅速，尽量缩短暴露于空间的时间。

2. 严格灭菌操作

接种工作直接关系到污染率，因此，要求严格按照规范化的灭菌操作进行，做到"四消毒"：

（1）接种室消毒。大面积栽培常用接种室接种，应提前 2d 消毒，可按每立方米用福尔马林 10mL 和高锰酸钾 7g 的比例，混合放于碗内使其自然燃烧产生气体消毒，或按每 15m² 的房间，用 0.75～1kg 的福尔马林熏蒸杀菌。

为了杜绝杂菌，可先把接种室内清洗干净，用电热或炭火把室内温度升至 25～30℃，再用清水喷洒，使之形成高温高湿的环境，然后关闭 4h，让室内处于休眠状态的各种微生物生长繁殖。然后用来苏水原液稀释成徐 2%～3% 的溶液喷洒室内，关闭门窗密闭 24h 杀菌，消毒后打开门窗通风 12h，排除药物残余气味后，把料袋搬进房内。

（2）菌种外表消毒。在接种前要严格检查菌种是否感染，如发现有不正常颜色或明显杂菌污染的，绝对不能使用。经过检查合格的菌种，必须进行外表消毒，拔掉棉塞，拔棉塞不宜在接种箱内进行，因棉塞的一端常粘有毛霉，防止因此侵入种内。拔塞后用一张小薄膜包裹瓶口，用橡皮筋扎紧，然后搬入接种室内，用福尔马林和高锰酸钾混合物（比例100∶7）或气体消毒盒灭菌，消毒30min后，打开瓶口薄膜，用接种铲挖去表面老菌膜，并用镊子挟棉花球蘸75%酒精擦洗去瓶内爬壁的气生菌丝及残余物，瓶口用薄膜重新包好。

（3）料袋进房消毒。把培养袋和经过预处理的菌种，连同接种工具一起拿进接种室，再用福尔马林与高锰酸钾混合液或气雾消毒盒进行气体熏蒸30min，重复净化空气。采用净化工作台接种的，要预先开机30min，净化室内环境。如果采用紫外线灭菌的，要用纱布把菌种覆盖，再打开紫外线照射30min，这样能杀死料袋在搬运过程中的污染物，达到灭菌要求。

室内接种时，由于氧气不足和药物反应，会使工作人员头晕呕吐或刺激眼睛，可在室内按每立方米空间用25%～30%氨水溶液50mL或碳氨30g熏蒸，以消除福尔马林气味。

（4）接种操作消毒。接种人员要在缓冲室内换上工作服并戴上经过75%的酒精擦洗消毒的乳胶手套，接种时用镊子将菌种弄碎，在点燃的酒精灯灭菌区内，使菌种瓶口对着袋或瓶口，用接种器或接种匙往菌种瓶或袋内提取菌种，集中迅速地通过酒精灯火焰，按入培养袋的穴内。动作要快速，以减少操作过程中受杂菌污染的机会。

菌种接入穴内后，正常情况下1～2d就会萌发吃料定植。若接种后菌丝没有萌发，可能因以下原因引起：

1）菌种质量不好，因母种传种接袋次数过多或菌龄过长，造成菌种退化，或菌种在栽培过程中受到了30℃以上高温伤害，造成菌丝失去活力。

2）菌种干死。多因培养基水分偏干，接种后菌种本身的水分反而被袋料吸收，加之菌种水分的自然蒸发，使菌丝干燥，也有因接种穴打得太浅，菌种暴露穴外，造成干枯致死。

3）菌种浸死。培养基含水率过高，使菌丝无法正常生长，菌种被浸死，且容易引起杂菌污染。

4）菌种烧死。常因接种器过酒精灯火焰时操作速度缓慢，使菌种被烧死。另外，发菌期间温度超过 30℃，或排袋过密、袋温过高、通风不良等，均会造成菌丝烧死。

（十一）发菌期菌丝体培育管理

经过接种后的料袋称为菌丝体或菌袋。它是子实体生长的物质基础，菌丝体培育的好坏，直接关系到黑木耳的产量和质量，菌袋培育期需 40～50d，这期间的管理内容如下所述。

1. 培养室消毒与菌袋排放

培养室应预先消毒，方法可参照接种室消毒的要求。菌袋进房后，长袋的采取卧倒排放或"井"字形交叉重叠排放。早春接种，因室内气温低，可把袋子集中重叠放在 1～2 个架床上，用薄膜围罩，发菌 2～3d，使之增加袋温，加快菌丝定植，然后再分开排放。

2. 调节适宜的温度

黑木耳袋料栽培，培养菌丝体不同的生长阶段，对温度有不同的要求，应区别管理。

（1）前期。即接种后 10d 内室内温度以 24～25℃为宜，使接入的菌种在该温度下形成有利于菌种萌发并吃料定植的有利条件，只有黑木耳菌丝生长优势，没有杂菌生长条件，使菌丝顺利占有培养料面，减少杂菌污染。随着菌丝的生长发育，袋内温度逐渐上升，一般袋温比室温高 2℃左右。因此，培养室的温度不宜超过 25℃。

（2）中期。即发菌 10～30d，随着黑木耳菌丝生长发育，并逐渐长满料袋上部的培养基，此时，长满料面的菌丝体形成了一层防杂菌保护网，使杂菌无法浸入。因此，应把室内温度继续上升并调节至 26～27℃。况且此期是菌丝分解吸收营养能力最强阶段，呈现出舒展、旺盛、健壮、新陈代谢加快现象，袋温还会继续上升，室内温度不能超过 27℃，使黑木耳菌丝快速生长吃料。

（3）后期。即 31～45d，待菌丝长满整个料袋的 2/3 时，菌丝进入生理成熟阶段，即将由营养生长过渡到生殖生长，此时袋温以 20～22℃为宜。当温度超过 25℃，在袋内会出现黄水，并由稀变黏，这种黏液的产生，容易促使霉菌感染。因此，要掌握好温度，室内挂温度计，随时观察温度变化，调节温度的方法，主要靠门窗的开关。山区早春接种发菌气温低，可关门或用地火龙升温。若是烧煤，应设排气筒，以防二氧化碳危害菌丝，关门增温时，一定要注意通风，温度不降，关门后仍可升温。菌丝全部长满菌袋后，温度控制在 18～20℃，继续培育 5～10d，提前见光和温差刺激，再转入割口育耳或菌袋冷冻储藏。

3. 掌握空气相对湿度

菌丝阶段要求室内干燥，空气相对湿度应为 55％～65％，后期不超过 75％，雨天湿度大，除随时打开门窗，加大通风量和增加通风次数外，可在培育室的地面撒些石灰粉，以降低空气相对湿度。

4. 室内宜暗防光

菌丝培养阶段要求黑暗环境，因黑木耳菌丝一接触光线，就容易形成耳芽，如果菌丝在生理成熟前出现耳芽，对产量有影响。为此，要把门窗用黑布遮光，但要保持通风良好。

5. 通风增氧

黑木耳是好气性菌类，整个生长发育阶段，要求空气新鲜，以保证有足够的氧气来维持正常代谢作用。为此，必须注意每天通风换气 1～2 次，每次 30min 左右，促进菌丝生长。袋栽的，一般在接种后，经 20d 培养，菌丝呈圆状，直径为 8～10cm，将穴口上的胶布掀起似黄豆粒大小的孔隙，让氧气透进，以加快菌丝生长。

6. 经常检查

发菌期间不宜多翻动。因为塑料袋体积不固定，用手捏时料袋变形，把空气挤出袋口，当手移开时，料袋复原，就有少量的空气进入，这样就有可能进入杂菌孢子。菌袋培养期间，每天要检查一次。若发现袋内有黄、红、绿、青等颜色的斑块，即为杂菌。要用福尔马林注射患处，另室单独培养，仍有一定产量。污染严重特别是有橘红色的链孢霉时，要立即隔离，在远处深埋或烧毁，以免蔓延和污染环境。

（十二）出木耳前的管理技术

1. 出木耳（棚）场地的选择与搭建

倒袋地栽摆场地选择及耳棚搭建：应选择地面平整，阳光充足，水源洁净充足，地块不存水，无洪水漫延的地块。提前搭建栽培床。一般地摆栽培床以宽 1.5～2m 为宜，长度以 50m 为宜，也可根据栽培场地大小而定栽培床的长短。搭建栽培床时，地床应要求高出地面 10cm 为宜，地床中间应高出两边。栽培床之间都留有 30～40cm 的排水沟，沟深以 10cm 为宜。留沟目的是当菌袋割口育耳时，可便于往地沟放水，保持菌床内部的空气相对湿度，高温时还能快速达到降温目的。一般东西方向做床，待栽培床搭建后备用。一般倒袋地摆一万袋（菌袋规格 165cm×33cm），占地面积约 667m^2。

2. 菌袋割口方法

（1）长竖条间隔"品"形口。以 16.5cm×33cm 的栽培袋为例：该割口方式每个菌袋需割 10～11 个长竖条间隔"品"形口，割口深度以 0.4cm 为宜，要求割口窄而浅。即割透菌袋并稍割破菌丝膜。其中袋底割一个长 3.5cm 的长方口，气温较高育耳时，菌袋底部禁止割口。用无菌刀片从菌袋底部开始，顺菌袋割口至菌袋总长的一半停止，每个菌袋的上半部和下半部按"品"形割 5 条长竖条口，靠袋口一面的菌丝袋割口时，不要割开袋口，应留有 2cm，以免地面杂菌污染。该割口方法具有操作速度快、出耳分片快、通气性强、子实体生长期由于上下一致，使耳朵生长大小均匀，且分片快，耳根小，不易流耳、烂耳、产品质量好等特点。

（2）微圆"U"形口。该割口方法人工控制出耳，具有出耳呈单片形，耳根特小，鲜耳最大直径 6～7cm，干品 3.5～4cm，用此割口方法栽培的黑木耳产品外形大小均匀和野生或段木栽培耳接近，但产品质量及营养成分均优于野生耳或段木耳。以 16.5cm×33cm 的栽培袋为例，制作一个宽 4cm，长 20cm 的厚铁片，在铁片的一头焊上圆把手，另一头最前端焊一根直径 0.9cm、长 1.5～2cm 的圆铁丝（圆铁丝在没焊接前需把一头磨成四棱状尖）每个铁片上需焊 6 根圆铁丝，铁丝与铁丝之间距离以 3cm 交叉式焊，用于菌袋打孔之用。每个菌袋需打 6 个微圆形"X"形口，打口深度以

0.6～1cm 为宜。

（3）漏斗"V"形口。该割口方法最大优点是出口呈耳形。首先制作一个（宽）5cm×（厚）4cm×（长）30cm 的木方。一头制作成圆把手，另一头前端以木方的中心点计算，用细铁锯条截成角度 45～60°的漏斗"V"形槽，并在每个木槽内安装上两个锋利刀片，每个刀片的长度均为 2cm，刀片高度应高出木方的 1.5cm 为宜，每个木方上需安装 3 个交叉式漏斗"V"形刀片。刀片与刀片间距离以 7cm 为宜。该割口方式以 16.5cm×33cm 栽培袋为例：每个菌袋需用专用漏斗"V"形打孔器，使每个菌袋拍口 12 个，割口深度以 0.4cm 为宜，每个割口总长度 4cm，要求割口窄而浅，即拍透菌袋并稍破菌丝膜即可。特别注意：割"V"形口出耳的菌袋，袋与袋之间的距离以 20～25cm 为宜，中后期应加强通风换气，避免木耳不开片，大量弹孔包子及流耳、烂耳等。

（十三）出耳期的管理技术

全光照开放式倒袋地栽黑木耳，利用自然条件，无须加盖任何遮阳物，使菌袋在全日光照下开放式栽培管理。该管理方法具有投资少、工序少、空气新鲜、杂菌污染少及子实体黑等优点。

1. 集中育耳期的管理方法

室外集中育耳，在未摆袋之前，每隔一个菌床分别进行集中育耳，以便于分床操作。每个育耳床中间分别放一条宽 20cm 的长塑料膜，在塑料膜上面分装一根微喷管或微喷带，出水口朝下摆放，之后用 0.2%（含量50%）浓度的多菌灵溶液喷洒一遍，使育耳床面湿透消毒灭菌，稍干后再撒一层石灰粉。此时，开始袋口朝下摆放在育耳床上面，袋与袋之间以25cm 为宜。待每床菌袋摆满后，用喷雾器装 0.1%（含量 70%）浓度的甲基托布津溶液，喷洒一遍摆放在菌床上的菌袋，使菌袋外部喷洒均匀。喷雾的目的是为了消毒或冲洗菌袋外部的杂菌孢子，消毒后菌袋表面减少了杂菌孢子数量，使割口后的菌袋不易沾染杂菌。

割口方式很多，可按上述割口新方法任选一种。下面以长竖条间隔"品"形口菌袋割口为例，每个菌袋（规格 16.5cm×33cm），需割 10 条长竖条"品"形间隔口，袋底中间割一个 3.5cm 长的短条口，此口长度不能小于 3.5cm。当菌袋消毒并稍干后，应随割口随摆放，袋与袋距离为 2～3cm 并集中育耳。割完口的菌袋要求随摆袋随手在菌袋上面盖上塑料膜，塑料膜上面盖上遮阳网，并在育耳床两边压实。待育耳床菌袋全部摆放完毕并盖好塑料膜和遮阳网后，连接好每个育耳床上的微喷管或微喷带接头，开始往育耳床内浇水管理。同时把育耳床两边的浅地沟每天放满洁净的水，地沟存水的目的是保持耳床内的空气相对湿度，又能起到耳床内降温的效果。

育耳管理期间，育耳床内应经常浇水保湿。根据天气变化情况来灵活掌握浇水次数。一般菌袋割口后的 3～4d，育耳床内不需浇水，4d 后必须往育耳床内浇水。阴天或温度较低时，每隔 1～2d 往育耳床内浇一次水，阴雨天每隔 2～3d 往育耳床内浇水一次；连续晴天或风大干燥天气，每天早、中、晚必须往育耳床内各浇水一次，以湿透床面为止（此期往育耳床内浇水时，禁止往菌袋上喷水，以免割口处杂菌污染）。使育耳床内湿度保持在 80%～85%。在这种条件下，黑木耳原基形成快而整齐。

菌袋割口 4～5d 是割口外菌丝愈合期，此时育耳床内温度不超过 26℃，不需通风换气。5d 后，每天早、晚应把育耳床上的塑料膜，在育耳床一边每隔 2～3m 处掀开 0.5～1m 长的通风口，各通风换气一次，每次 30～60min。10d 后，晚上应经常把育耳床上的塑料膜和遮阳网掀开，加强通风换气，使夜间的雾气自然湿润育耳袋，加快原基形成。翌日早晨再重新盖上塑料膜和遮阳网，中午育耳床内温度如超过 26℃ 应撕开菌床两边的塑料膜通风换气，并往塑料膜上面和育耳床两边的地沟放水，既能保湿又能使育耳床内温度迅速降低。按上述管理，一般早熟品种 4～6d，中、晚生品种 12～15d，黑木耳原基可全部形成。此时，应把育耳床内的空气相对湿度提升至 90% 以上，加强通风换气，待子实体长至 1cm 时，开始菌袋分床栽培管理。

2. 出耳期间的栽培管理方法

待集中育耳子实体长至 1cm 时，开始把育齐耳的菌袋分床栽培。分床时，每个栽培床都必须用消毒药物消毒一次。把菌袋口朝下摆放，袋与袋之间距离为 20～25cm，行与行之间距离以 25cm 为宜，摆袋时应按"品"

字形排列，栽培床之间应留 25cm 宽地面不摆袋，用于摆放微喷带。原耳床内的微喷带，此时应把喷水口调至向上喷。按上述操作方法，一边铺塑料地膜和放微喷带，一边摆放菌袋，每摆满一床栽培袋，往栽培袋空隙处撒一层松树针或树叶（目的是在栽培管理喷水时，地面的泥土溅不到木耳上，采收后木耳特别干净，而且还能起到抑制菌袋的杂菌污染作用）。待栽培床全部摆满菌袋后，把每床的微喷带接头，全部安装，并对接封闭好，开始用喷水带喷浇。

前期喷水管理时，因子实体较小，保湿性差，喷水时应勤喷细喷，加大水泵压力，使喷水带喷出的水呈雾状为最佳，但喷水不要过大过猛，以免原基破裂而造成流耳现象。此期空气相对湿度应保持在 90%，使子实体快速生长。随着子实体生长增大，喷水量也随之增大，温度以 20～25℃ 为宜，待子实体长至 2～3cm 时，用 0.3% 浓度食盐溶液均匀地喷到子实体上，每隔 5d 喷一次，每次喷洒需在傍晚最后一次停水时进行。喷洒食盐溶液的目的是防止子实体流耳、烂耳，增加子实体厚度。

喷水管理时不一定要按规定次数去做，应灵活掌握喷水量，阴天少喷，晴天、风天应多喷，雨天少喷或不喷，无论每天喷多少次水，只要保持栽培体内的空气相对湿度不低于 90%，即用眼观耳片全部平展，有水的光泽湿润感即达到喷水最佳标准。在喷水管理期间，如果出现子实体停止生长，原因是连续喷水过长，袋内菌丝缺氧造成暂时性的营养供应不足，致使子实体停止生长。此时应停止喷水，菌袋在阳光下暴晒 2～3d，使菌丝重新愈合复壮后，再继续喷水管理，即可恢复正常生长。目前各地黑木耳栽培户出现子实体停止生长时，不了解停止生长的原因，误以为喷水过小造成子实体停止生长，继续加大喷水量。一般出现子实体停止生长后，如果再继续喷水 4～5d，将会使大面积子实体出现流耳、烂耳和霉菌现象，甚至造成整批绝收。

当耳片逐渐长大（耳片长至 3～4cm 时），耳片肥厚，每天应加大足够的喷水量，要求勤喷、细喷，即喷水 40～60min，停止喷水 30min，再继续喷水 30min，停水 20min 后，然后第三次喷水 60～90min，使栽培床内空气相对湿度达到 90%～95%，温度以 20～25℃ 为宜。按上述喷水管理加快耳片及耳根处的水分浸透，有利于子实体的迅速生长。喷水管理时，禁止连续2～3h的一次性喷水管理方式，这种方法虽然感官上看耳朵或耳片已吃透水分，但往往耳根处没有达到所需的生长水分，久而久之，由于耳根处长时间水分达不到子实体所需的养水，加之耳根处长时间处于缓慢生长状态，又在阳光下长时间照射，使靠近袋内耳根处高温环境，致使菌袋内部营养供应不能满足子实体的生长。因此造成耳根变红，出现子实体停止生长。流耳、烂耳和真菌污染等现象。

春栽黑木耳生长期间，白天子实体生长缓慢或几乎停止生长，夜间有利于子实体生长，而且生长速度快。因此白天喷水应保持耳片不卷边，夜间应加大喷水量。当耳片伸展开片后，应注意气温的变化，如白天温度连续超过28℃时，应停止喷水，使耳片自然快速晒干（特别是中午气温最高时），待下午温度降至26℃以下时，再开始喷水管理。晚上应多喷水，一般按间隔式喷水至21时左右，翌日早晨2—5时按间隔式喷水进行管理，5时以后至当天下午温度降至26℃以前，禁止喷水管理，任耳子实体快速干透。黑木耳的生长条件，需要干干湿湿交替式喷水管理，才能顺利生长，即喷水管理时，要求间隔式喷水，要喷就必须使耳片及耳根全部喷透，不喷就使子实体全部干透。开放式地摆栽培黑木耳，由于阳光照射，使紫外线可抑制菌袋上的杂菌孢子萌发，栽培成功率极高。

总之，在栽培喷水管理期间，喷水量应以耳片平展、不卷边、有光泽湿润感就不需要喷水。全光照开放式栽培黑木耳，一般从原基形成至采收需要栽培管理60～70d。待木耳至中后期（即采收期）时，遇有连阴雨，应在栽培床两头的中间，各埋一根1.5m高的立杆。在立杆上方用尼龙绳绑好，拉紧后绑在另一头的立杆上。之后，在绳子上面放好塑料膜。塑料膜宽度要能盖到栽培床两边，并用石头或土压实，防止风大刮走塑料膜。停雨时应隔一段距离，用木棍支起塑料膜，加强通风换气。此方法雨水浇不到子实体上，塑料膜两头始终通风换气，避免了已成熟的木耳造成流耳、烂耳及品质下降和大量损失等严重后果。待耳朵或耳片全部伸展后，耳根收缩由粗变细，木耳长至八成熟时采摘。此时的黑木耳，耳片黑厚，品质好，木耳质量增加。如木耳过熟采收，耳片特薄，晾晒时耳根易腐蚀，品质低，采收时应提前 1～2d 停止喷水，选择晴天集中人力，抢摘采收黑木耳。

注意事项：全光照开放式栽培管理，菌袋上面没有任何遮阳物，菌床内保湿性差，栽培时间长。因此，喷水管理时应保持足够的保湿环境，尽可能缩短周期，避免耳片过薄，大量弹射孢子，降低产品质量及销售价格。

3. 黑木耳的采收

（1）成熟标志。黑木耳应掌握好采收时机，不要把还未成熟的耳片或生长过熟的耳片采下，以免影响木耳的产量和质量。黑木耳标准成熟标志，以耳朵或耳片全部开片平展，耳片上翅，耳根由粗变细，长至八成熟时即可采收。采收时应参照天气预报，选择连续晴朗天气，阳光充足时，抓紧时间集中人力抢收，采摘黑木耳，以免天气变化出现连阴天，造成黑木耳流耳、烂耳及毒菌污染等现象。

（2）采收方法。采收时一手拿着菌袋，另一手拿着黑木耳根部，轻轻掰下来。不论怎样采摘，必须把黑木耳根处的培养基清理干净，否则会直接影响黑木耳的产品质量和销售价格。采收前停止喷水 1～2d，并加强通风，让耳片稍干，表面含水分少，采收时不易破裂。采收之后，把朵形木耳分别掰成片状即可晾晒。

袋栽黑木耳，穴口多而小，朵形美观，耳根集中，可采大留小。采收时，用利刀沿袋壁耳根处削平，整朵割下，不要强拉耳片。采收时不要留耳根，留下的耳根如被碰伤，极易腐蚀发霉，影响下一次出耳，第一批采收后，要停止喷水 2d，使菌丝干一干。然后用利刀削去表皮老化菌丝 1cm，让新菌丝再生，形成原基出现，也可在菌袋上另打出耳穴。

（3）自然光照晾晒法。采收后的黑木耳含水量较大，不能存放时间过长，必须及时加工干制，以免腐烂变质。因此在采收时必须使鲜木耳干净卫生，耳根不带菌料。晾晒时应选择天气晴朗，阳光充足的天气，将采收加工后的鲜木耳排成薄薄的一层放在遮阳网上（遮阳网应放在事先做好的晾晒架上，架高以离地 0.8～1m 为宜），在烈日下晒 1～2d 后，即可全部晾晒干透。晾晒时待黑木耳半干后，再翻动一次，以干透为止。晾晒黑木耳不要多次翻动，以免耳片卷曲呈拳耳，加之晾晒时间较长，很容易使木耳卷曲呈拳耳，外形品质很差。此种黑木耳没有腐蚀变质，待雨天过后，天气晴朗时，把所有的干拳耳分批放入大容器内加入洁净的清水浸泡至耳片全部展开（黑木耳浸泡时，禁止用手搓黑木耳，以免晒干后的黑木耳失去亮感，影响木耳质量及销售价格），迅速捞出并放在遮阳网上晾晒，直至晒干为止。用此方法加工晾晒的黑木耳，干后的黑木耳质量完全可以恢复到国际水平。

（十四）黑木耳采收后的继续管理技术

黑木耳代料栽培的菌袋一次接种，可采收 1～2 茬。第二茬再出耳，关系到整个的生产效益。一般黑木耳代料栽培第一茬采收后，原基内营养消耗，水分散失和环境条件的变化，使第二茬出耳时较为困难。因此，栽培者必须掌握好再出耳的管理技术。首先，清除栽培床上的残留耳根，铲除杂草，清除污染的菌袋。之后用 0.1%（含量 70%）浓度的甲基托布津溶液，用喷雾器均匀地喷一遍并使菌袋外部全部湿透，待菌袋表面稍干后，对菌袋进行重新割口。一般黑木耳菌袋第一茬出耳时，如果原基形成整齐、管理得当，可一次采收并能达到较高的产量。这种菌袋萎缩大，培养基全部的营养及水分基本消耗失散。因此菌袋已割口出耳部位不需再重新割口，任其自然出耳。但出耳后的菌袋培养中心处营养水分充足。为此，用刀片把菌袋底部的塑料膜全部割掉，待所有袋底割完后，把袋底朝上摆放。此时割口后的菌袋不需遮盖，应开放自然阳光暴晒 5～6d，在原栽培床两边的木棍上面，覆盖一层遮阳网，并拉紧绑牢。之后开始喷水管理，前 2～3d 内应加大喷水量，尽快提高袋底菌料含水量，待菌袋含水量达到 65% 时，应降低喷水量。在日落停水后，开始用喷雾器按 5g 三十烷醇加 15～25L 水溶化后，均匀地喷湿所有的菌袋底，此后每隔 3 天按上述比例和时间喷雾 1 次（共喷 3 次），刺激黑木耳原基快速形成，保持栽培床内的空气相对湿度达到 85%。总之在菌袋底部没有形成子实体之前，喷水量不要过大，应保持好空气的相对湿度。按上述管理，一般 10～15d 袋部原基即可形成，待袋部原基全部形成后按常规黑木耳袋料栽培出耳技术管理，直至黑木耳成熟并采收为止。

（十五）黑木耳的包装和储藏

1. 黑木耳的包装

黑木耳应用白色透明塑料袋装好，外套用图标麻袋或塑料编织袋包装，盛装黑木耳的编织袋，必须编织紧密、坚固、洁净、干燥、无破洞、无异味、无毒性。凡装过农药、化肥、化学制品和其他有毒物品的包装袋，不能用于包装黑木耳。

2. 运输

黑木耳在运输过程中要注意防暴晒、防潮湿、防雨淋，严禁与有毒物品混装，严禁用含残毒、有污染的运输工具运载黑木耳。

3. 黑木耳的储藏

黑木耳不能与有异味的、化学活性强的、有毒性的、易氧化的、易返潮的物品混合储藏。库房应设在阴凉干燥的楼上，配有遮阳和降温设备，切忌在一般地面仓库堆放，严防雨水淋入。进仓前，仓库必须进行清洁、晾干、消毒后再用。

成品进仓后，合理排布，以方便检查。堆叠时要小心搬动，防止挤压破碎。库房内空气相对湿度不要超过70％，可在房内堆放1～2袋生石灰粉吸潮，如果空气相对湿度为80％～90％极易霉变，库内温度以不超过25℃为好。

4. 防治害虫

黑木耳储藏期间极易发生虫害，其防止办法是搞好仓库清洁卫生，清理杂物、废料，定期通风、透光，储藏前进行薰烟消毒，杜绝虫害。同时要保持黑木耳干燥、不受潮。要定期检查，若发现受潮霉变或害虫时，应及时进行干燥处理和清除虫害。

（十六）黑木耳袋料栽培常见问题及预防措施

1. 畸形耳发生的原因及防止措施

（1）拳状耳。

1）表现。原基不分化、耳片不生长，球状原基逐渐增大，也称拳耳、球形耳，栽培上称不开片。主要原因是出耳时通风不良，光线不足，温差小，划口过深、过大或分化期温度过低。

2) 预防措施。开孔规范标准，分化期加强早晚通风，让太阳斜射刺激促进分化；合理安排生产季节，早春不过早开孔，秋季不过晚栽培，防止分化期温度过低。

（2）瘤状耳。

1) 表现。耳片着生瘤、疣状物，常伴虫害和流耳现象。发生的原因：一是高温、高湿、不通风综合作用的结果，虫害和病菌相伴滋生并加重瘤状耳的病情；二是高温高湿季节喷施微肥和激素类药物也会诱发瘤状耳。

2) 预防措施。选择适宜出耳时期，避开高温高湿季节，子实体生长期要注意通风；为抑制病菌与虫害滋生，应多让太阳斜射耳床，高温时节慎用化学药物喷施。

（3）黄白耳。

1) 表现。耳片色淡，发黄甚至趋于白色，片薄。发生原因是光线不足，通风不良；采收过晚，耳片成熟过分；种性不良。

2) 预防措施。早晚多通风见光；及时采收，保证质量；生产时选择优质菌种，禁用伪劣菌种或转袋（管）次数过多的菌种用于生产。

（4）单片耳。

1) 表现。木耳不成朵，三两单片丛生，往往耳片形状不正。发生的原因菌种种性不良；栽培袋菌丝体超龄或老化；培养基配方不当，营养不良或氮源（麦麸子、豆粉等）过剩；原料过细，装袋过紧，培养基透气性差。

2) 预防措施。严把菌种关，不购伪劣菌种，不用谷粒菌种。发菌期防止低温，防止菌丝吃料慢而延长发菌期，严格配料配方，不用过细原料，装袋要标准。

2. 黑木耳栽培中的杂菌污染与防治

袋料栽培木耳生长周期短、产量高，原料来源广泛，但是生产环节多，容易造成霉菌污染，如果处理不好，将严重影响菌种成活率，正确解决污染问题是非常重要的。

（1）绿色木霉。绿色木霉是对木耳菌丝最严重的常见霉菌，生长速度较快，菌丝呈蚕丝状，菌丝亮度大，边缘整齐，菌丝成熟形成孢子时，先出现白色粉状，两天后逐渐呈青绿色，并有一种霉腐味。这种菌丝生命力较强，在很干燥的情况下，数年不会死亡，这些菌丝体遇到适宜的环境几个小时就会萌发生长。

（2）绿霉。绿霉也是一种常见的霉菌，菌丝生长慢，很快形成孢子，先白后绿，孢子较干燥，易挥发，主要是以孢子形成传播污染。

（3）链孢霉这种霉菌生长速度最快，在适宜环境下，一昼夜可长 2cm 左右，菌丝几个小时就可形成很大的孢子团，粉红色，它以孢子量大，传播速度快，生长在适应的空间中。

（4）黄曲霉先有菌丝体，成熟后形成孢子，呈黄色，菌丝速度慢于绿霉菌，孢子易扩散，耐高温，耐干燥，耐受力比绿霉还强。

预防措施，以上几种杂菌，分别有不同特点，绿霉、黄曲霉，能分解吸收糖类和蛋白质，对木质素的吸收力较差。链孢霉主要分解吸收糖类。对蛋白质分解吸收力较差，对木质素几乎不吸收。绿色木霉分解吸收糖类、蛋白质及木质。出现以上几种杂菌，都可以降低温度培养。低温下各种杂菌生命力下降，生长慢或不生长，木耳菌丝仍能继续生长，菌丝旺盛，从而抑制了杂菌生长。

3. 霉菌污染菌袋的途径

（1）消毒不严，培养料灭菌不彻底，使用的消毒药品失效或用量不足，方法不对，培养室内的杂菌没有彻底消灭。接种时消毒不严或方法不对，灭菌不彻底，使菌种和杂菌同时接进培养基内。

（2）接触污染，灭菌后的袋子出锅搬运过程中，接触到带霉菌的物体，使培养袋污染。

（3）培养基水分过大，培养基变质、变酸，接菌后发菌迟缓或不萌发。

（4）菌种菌龄不够，萌发力差，菌种严重老化降低萌发力，菌种纯度不够，带有杂菌。

（5）培养室湿度过大、温度过高、通风不良。

对以上菌袋污染后，都可以重新灭菌，重新接种培养。要做到严格管理，杂菌污染率就会大大地降低。

二、柞枝木屑香菇栽培技术

(一) 栽培料的选择

1. 主料选择

柞枝木屑是栽培香菇的上等材料，对木屑颗粒大小的要求，以粗细搭配为好，粒度 2~3mm 的粗木屑应占 70%。加工木屑用材的伐树期以休眠期为好。根据栽培季节，可秋、冬伐树加工木屑，用于春栽或冬春伐树加工木屑，用于秋栽或冬栽。就木屑的内质变化，采用存放一年以上的陈木屑比新伐林木加工出来的木屑为好。

2. 辅料选择

加入辅料的目的是在以木屑为主料的基础上，使基质的养分更全面，比例更合理，为早出菇和增加产菇量打好物质基础。原理是因为木屑的主要成分是木质素、纤维素、半纤维素等高分子物质，香菇菌丝虽能通过自身所产生的酶分解利用这些物质，但毕竟需要一个漫长过程，因而出菇期推迟，也难以高产。常用的辅料有麦麸或米糠、棉籽壳、蔗糖、石膏粉或碳酸钙、过磷酸钙或钙镁磷肥。

（1）麦麸或米糠。可选任何一种或两种搭配使用，其作用：①增加氮素营养，促使菌丝旺长；②增加菌丝易于吸收利用的低分子物质，缩短菌丝分解基质，累积养分的过程；③补充香菇发菌所必需的维生素 B。选用的麦麸或米糠要新鲜，霉变的忌用。

（2）棉籽壳。营养价值高，质地坚硬，加入棉籽壳可以丰富基质营养和改善基质的通气性，从而加快发菌进度，收到早出菇或提高产菇量的效果。因为棉籽壳的含氮量高于麦麸，加入棉籽壳后要减少麦麸或米糠的用量。

（3）蔗糖。以一种速效有机碳素营养，易被菌丝吸收利用。在发菌初期加入蔗糖可催化菌丝自身酶的活性，促使菌丝早生快发。

（4）石膏粉或碳酸钙。可任选一种，用量 1%~2%，加入石膏粉或碳酸钙的作用是补充钙元素和稳定基质的 pH 值。

（5）过磷酸钙或钙镁磷肥。可任选一种，用量为 2%；加入这两种矿质磷肥的作用主要是补充磷元素，其次是钙、镁元素。

（二）栽培季节的确定

香菇栽培的主要季节是秋季，要根据栽培计划，制种条件，栽培品种以及当地气候条件妥善安排。要努力创造条件，争取早出菇，早上市，才能获得高产稳产，取得良好的经济效益。

（1）菌种生产时间。4月底至5月上旬接种母种，5月下旬至6月中旬接种原种，6月下旬至7月下旬接种栽培种的数量。

（2）栽培时间。8月上旬至9月初接种栽培袋，8月上中旬仍处在全年的高温季节，培养室要安排空调降温。不具备空调培养条件的，应在8月底9月初突击接种栽培，最迟在9月10日前接种，以确保秋菇产量。

（3）品种布局。先接种中温型品种，争取早出菇、早上市，再接种低温型品种，最后接种中高温型品种。

（三）菌种的选择

1. 优良菌种的表现

菌丝白色，粗壮，接种后在24～25℃下培养，菌丝生长速度快。在紧贴瓶壁的培养基上菌丝呈扇形羽毛状延伸发展，生长健壮有力，分泌深褐色至棕褐色水珠，后期在菌种表面结成一层褐色菌皮。菌种最适宜的菌龄应当是菌丝伸展到瓶底，再培养10～15d，在靠近瓶壁的菌丝桩上出现少量白色突起的子实体原基为好。菌种有一股香菇特有的芳香气味，未感染杂菌，无臭味。

2. 按季节分

秋季袋料香菇应选用早熟品种，从接种到出菇需60～80d，以争得较多的适温出菇日数，增加对培养基的分解利用，提高香菇产量。对夏季栽培香菇品种的选用有两种情况：一是冬春接种，菌丝越夏，秋冬春出菇，应选用中低温型品种，接种后，至翌年春季不能出菇，必须越夏，但也不宜选用低温型品种，以免越夏后迟迟不能出菇，耽误了适温出菇日数；二是在海拔700m以上的山区，冬春接种同年出菇，应适用高温品种。

（四）香菇袋料栽培工艺流程

香菇袋料栽培工艺流程如图7-2所示。

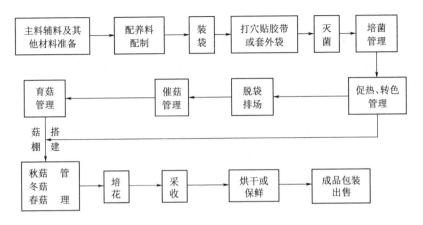

图 7 - 2　香菇袋料栽培工艺流程

（五）袋料香菇培养基配方

（1）木屑麸皮培养基。木屑 78％、麸皮 20％、石膏粉 1％、过磷酸钙 1％，料水比 1∶1.1～1∶1.2，自然 pH 值。该配料适合夏季栽培法采用，生长周期长，基质能得到充分分解利用，以提高产量。

（2）添加棉籽壳培养基。木屑 63％、棉籽壳 20％、麸皮 15％、石膏粉 1％、过磷酸钙 1％，料水比 1∶1.1～1∶1.2，自然 pH 值，该配方适合秋栽法采用，加入棉籽壳后可促菌快发，提前出菇有利高产。

（3）拉大碳氮比培养基。木屑 82.5％、麸皮 15％、石膏粉 2％、石灰粉 0.5％，料水比 1∶1.1～1∶1.2，自然 pH 值。该配方碳氮比较大，适合秋栽培育花菇采用，可防止菌丝陡长，减少畸形菇，改善产菇品质。

（六）拌料

（1）过筛。先把主料木屑过一道铁筛，剔除其中的小木条、小木块及其他硬物，以防装袋时刺破料袋。然后按照配方称取各种原料进行混合。

（2）混合。先将各种不能溶解于水的辅料搅拌均匀，而后混入主料再充分搅拌达到均匀。能溶解于水的辅料，结合加水，溶解于水后加入。

（3）加水。主辅料混匀后加水。基质的加水十分重要，就是配方中的料水比仅供参考，在实体操作中要灵活掌握。因为各种原料，特别是木屑其自然含水量变化很大，高低不一，在基质加水时必须考虑这一因素。这就要按配方中的料水比，将水分次第加入，达到适宜时为止。适宜的含水量为 55%～60%。根据经验，水分适宜时用手紧握成团，松手开裂而不全散，不能握出水珠。在加水掌握分寸上，偏干比偏湿好。

（4）拌料。原料混匀加水后，要反复搅拌使干料充分吸水，搅拌 3～4 次后起堆，再过一道铁筛，打散结团即可。

调制好的基质要达到"两匀一充分"：两匀就是各种原料搅拌要均匀，料水搅拌要均匀；一充分就是原料吸水要充分，不得有多余的水分析出。

调料要快，特别是秋栽制袋，当时气温高，更要抢时间。以每批投料 2500kg 计，用装袋机装袋，从调料到装袋结束应在 8h 以内完成。

（七）装袋

采用高密度聚乙烯袋子，宽 15～18cm，截长 55cm，厚 0.04cm，属细长小袋。不便于人工装袋，应采用机器装袋。装袋前先将袋子截好、扎好。截袋的方法是把袋子卷在 27.5cm 宽的硬纸板上，不要卷得太厚，从一端割开后就成了 55cm 长的袋子。袋子截好后，将一端用棉线或塑料绳扎紧，并用酒精灯熔封。

采用机器装袋，日装 20000 袋，可配一台装袋机和一台扎口机，6～8 人操作。劳力分工为两人上料，一人套袋，1～2 人扎口，1～3 人码垛，同时检查是否有破损袋。

人员分工要相对稳定，装袋质量要求密实均匀。标准是以手指按料袋，有弹性不下陷为适宜；用手抓起料袋，手指下陷，两端下垂，表明太松，也可采用称量法检查，先秤出符合质量标准的重量，以此为标准，达不到者为不合格。

（八）打穴

这两种方法可任选一种，打穴用直径 1.5cm 的铁皮制打穴器，每袋打四穴，穴深 1.5cm，打穴后紧贴预先准备好的正方形（3.5cm×3.5cm）专用胶布。套装法外用套袋为降低成本，要薄，0.005cm 即可；宽比内袋多 2cm，长与内袋相等；两端扎成活结，以便接种时打开操作。这一工序结束后，每 8 袋装入一编织袋，扎口准备上锅灭菌。

将料袋装入编织袋的好处：一是将料袋入编织袋，就是变小袋为大袋，上锅后大袋间形成的间隙较大，有利于蒸汽穿透，达到灭菌彻底；二是便于上锅，出锅操作提高劳动效率；三是减少了灭菌出锅后料袋表层的杂菌污染；四是减少了上锅、出锅和搬运过程中人为造成的料袋破损。

（九）灭菌

料袋上锅要平放，使出锅冷却后略扁，以便接种操作和以后的摆放。烧火开始火力要猛，要求 5h 以内达到沸点温度。当锅温达 100℃ 时，调节烧火，保持 13h，停火后焖 2~3h 出锅。

料袋出锅冷却后观察，达到灭菌彻底的标准应为，主料辅料经灭菌后，受高温作用而融为一体，手按比较坚硬，料袋变为棕褐色，且略有光泽。

（十）接种

当袋温冷却至 30℃ 以下时，就将接菌袋运进接种室接种。接种室可单设，也可在培养室接种，先将料袋、接种用具、工作服、工作帽、拖鞋等一并移入室内进行一次熏蒸消毒。

待熏蒸药味消除后，工作人员入室，并将菌种带入，戴工作帽、穿工作服和拖鞋，再进行一次喷雾消毒后开始接种。采用打穴贴胶布法，可 4~5 人一组操作，一人搬递料袋，一人将除去老菌皮的菌种挖入灭过菌的瓷盆内，并启封和重贴料袋胶布，一人用 75％ 的酒精消毒双手后，将菌种掰成长块接入接种穴，一个排放接种完的菌袋。菌种入穴要求按压密实，压严穴口周边，并略有凸起。盛放菌种的瓷盆灭菌，是将瓷盆装入薄膜袋，趁料袋灭菌时一起上锅灭菌。

采用套袋法接种，操作方法是一人将外袋一端解开，脱下至另一端平放，用打穴器经酒精灯灼烧灭菌后打穴，一人用 75％ 的酒精消毒双手后，将菌种掰块接种入穴，按压密实，压严穴口周边，并略有凸起，另一人再将外袋提起扎口。

套袋接种法所用打穴器采用一直径 1.5cm 的圆木棍，将一端削尖，打入一根铁钉制成，到 2cm 穴深刻一记号。

比较两种方法，套袋法的好处：一是套袋比贴胶布成本低；二是比贴胶布法接种快、省工；三是每根料袋都成了一个封闭的小环境，减少了杂菌污染机会；四是接种结束后，若室内温度过高，可立即打开门窗通风换气，减少了高温带来的技术风险；五是脱去外袋前，若室温太高可喷水降温，可促菌快发，增强对杂菌的抗性。

（十一）发菌、转色管理

料袋接种后的培菌要达到两个目的。

1. 促菌快发

接种后的料袋要及时转入已做清理消毒的培养室发菌，菌袋的排放方式为"井"字形，每层3根，摆放8～10层，每两排间留一走道，以便管理和观察方便。这样做既能充分利用空间，又有利于通风透气。培养室温度最好控制在30℃以下，最高不超过28℃，相对湿度以75％为宜，室内切忌高温、高湿。接种后立即打开门窗，通风透气，使室内空气新鲜，促菌快发。

发菌7d，菌种已明显定植吃料，进行第一次翻堆。至15～20d，发菌穴直径长至8～10cm。为了促菌快发，应奖胶布揭起拱贴形成小洞，增加供氧，此时袋内温度明显上升，要加大通风，以后每7～10d翻堆一次。至25d左右，发菌圈达到相连，结合翻堆用牙签粗细的竹针做第一次刺孔，每袋增加刺孔15～20个，这次刺孔要深一些，接近菌袋半径。

采用套袋接种的，于接种后7～10d，将外袋脱掉，增加供氧，促菌快发。以后的翻堆、刺孔等项管理与打孔贴胶布法相同。

2. 发菌满袋后的转色促熟

发菌满袋后即进入菌袋转色和成熟管理期。秋栽采用的是早熟品种，转色和菌丝生理成熟基本同步，对环境条件的要求也基本一致。在这段管理中，要求温度最好控制在18～22℃，通风透气要好，勤翻动使通气均匀，达到成熟，转色一致。

菌丝生理成熟的适温弹性较小，高于25℃，低于15℃都难以成熟。若接种偏迟，菌袋发菌满袋后，已到冷凉季节，需要增温促熟。增温措施：一是采用增温设施，提高室内温度；二是利用菌丝生理产热，满足自身成熟的需要。利用菌丝生理产热可结合刺孔增氧进行。随着刺孔增氧，菌丝生理活跃性增强，产热量加大，室温就能升高，可再增加刺孔，加以调节。

菌丝达到生理成熟的标志：一是菌袋表面菌瘤变软，略有弹性；二是形成褐色水珠现象基本停止；三是生理产热基本停止。菌袋的转色程度与出菇期、出菇数、菇体大小、菇体品质有一定相关性。深褐色菌袋为转色偏老，出菇迟，出菇数少而个大，无畸形菇，品质好，产菇量偏低；棕红色菌袋为转色适中，出菇较早，出菇疏密适中，菇个大小中等，质量好，产菇量高；不转色也能出菇，但多表现出菇早、多丛生，畸形菇多，商品价值很差。

在促进菌袋转色和成熟管理后期，若形成褐色水珠过多，要及时排除，不可积累，不然会妨碍出菇。

（十二）脱袋摆场和催蕾育菇

菌袋转色成熟后，表明了已具备出菇的内因条件，就可进入脱袋摆场和催蕾育菇阶段。

菌袋转色成熟后，运往已搭好的菇棚内进行脱袋排场。脱袋方法是利用刀子将袋子纵向划破，脱去袋子，将菌袋入畦斜靠在横枕上，与地面成70°～80°，而后盖膜，使每畦成为一个小拱棚。也可在发菌满袋后立即脱袋排场，进行转色促熟管理。

菌袋的催蕾育菇是在小拱棚的小气候下，通过揭膜通风管理，对菌袋形成低温、温差、光照刺激及干湿刺激，促进菇蕾发生，当气温23℃以上时，每天揭膜通风三次，早、中、晚进行，18～23℃时早、晚各通风一次，17℃以下时，每天通风一次。畦内空气相对湿度在80％～95％，常见温度10～20℃，昼夜温差10℃以上。若温差不够，可白天盖膜增温，夜间揭膜降温。在此环境条件下，菇蕾便会很快发生。当菇蕾即将发生时，要适当增加通风透气，因为在供氧充分条件下，现蕾稀，菇蕾壮，成菇率高。若遇现蕾过密现象，就要及早疏蕾，疏蕾原则剔小留大，剔弱留壮，达到疏密适中。

在适宜的管理条件下，接种后60～70d就可以出菇，此时，已是秋末冬初季节。菇蕾发生后，要协调好光、温、水、气的管理。随着气温的下降，可拆下棚顶部分遮阳物，以增加小拱棚的采光量，使菇畦温度保持在8℃以上。头茬菇菌袋含水量多属适宜，在水分管理上主要是保水，菇畦地面要保持湿润，干时喷水，空气相对湿度保持在90％左右。通风管理可依菇体长相而定，当菇体盖小肉薄、柄细长时，表明缺氧，要增加揭膜通风；也可凭感觉进行通风管理，管理人员进棚后，感觉空气清新舒适，就能成好菇，若感觉闷气，就要揭膜通风。供氧正常的菇体应是盖大肉厚，柄短粗。采用薄膜育菇，要严防缺氧使菇体生理活动受阻。缺氧往往伴有高温、高湿。秋末冬初也有出现高温的时候，若湿度偏高，菇体生理活跃性增强，排出的二氧化碳就多，若不及时揭膜通风，就会造成危害。在高温、高湿缺氧条件下，菇体生长很慢，菇色变黄，严重时枯死。

在适温条件下，从菇蕾到成菇只需 4～5d，低温需 7～8d 或更长一些。头茬菇采收后，可揭膜通风，使菌袋表面干燥，增氧养菌 7d 左右，采收后留下的菇脚痕迹就会长满菌丝，此时开始喷水，并盖膜保温、保湿，结合揭膜通风，促使下茬菇的发生，两茬间隔 10～15d。如此管理，从秋末至早春整个低温季节可出菇 2～3 茬。在这一时期气候干燥，气温低，易于形成优质菇，因此在管理策略上要促使多产冬菇。

开春以后，随着气温的回升，进入春菇管理期，春季温、湿度恰好适宜香菇菌丝生长和菇体形成，是出菇盛期，可出菇 3～4 茬，两茬相隔 7～10d。其产菇量可占总量的 50%，接种晚的菌袋所占比例更大。春菇管理主要是遮阳降温，结合降温协调好通风、光照及水分管理。在我省，菇棚遮阳时间应在 3 月上中旬，不可太迟，以免高温烧菌。就产菇品质而论，春季气温偏高，特别是 3 月底以后，因此，春菇管理要尽量往前赶，以减少薄菇所占比例。

在出菇过程中，随着出菇茬数的增加，由于菌袋出菇自身耗水和水分的蒸发，菌袋就会失水变干，重量减轻。为使菌丝恢复生长，蓄积养分，为下茬菇打好物质基础，就需要给菌袋补水。这项管理应在出过 1～2 潮菇后，视菌袋失水程度而定。

补水方法可采用浸泡法。菌袋泡水要注意四点：一是袋内温度要高于水温，否则难以吸水；二是随着出菇茬数的增多，到了中后期菌袋逐渐变松，不可泡水过重，以免菌袋解体；三是气温过高，超过 25℃，不宜浸水，否则易于解体；四是菌袋泡水程度与出菇数和菇体大小有关，泡水充足，出菇少，菇体肥大，易于达到优质高产，否则泡水不足，菌袋偏干出菇密，菇体瘦小，产量和品质都差，但也不能泡水太重。太重将难以出菇，因为菌袋泡水程度与出菇数有关，所以对出菇性不同的品种，泡水程度也应有所区别：对出菇密，易丛生品种泡水应偏重一些；对出菇稀，单生品种泡水应偏轻一些。泡水方法是采收后冬季养菌10～15d，春秋养菌7～8d，用寸钉将菌袋打几个孔，而后排入浸水池或水缸，上压木板和石块，灌水将菌袋淹没。浸水时间一般为8～12h，手托菌袋明显变重时为宜，此时就可重新排场催蕾育菇。

也可采用补水器补水。补水器的制法是用一直径0.5cm的铜管或不锈钢管，一端修尖，近尖端10cm长的一段钻成四行小孔，另一端与卸掉喷头的喷雾器旋接，将补水器插入菌袋，加压补水，逐袋进行。

菌袋补水后盖膜保温、保湿，促使菌丝恢复生长。为降低菇棚CO_2含量，每天要揭膜通风1～2次，每次1～2h，遇到阴雨天气通风时间可延长一些，或将两侧薄膜掀起，进行半天或整天通风。

待菌袋补足水分，菌丝恢复生长后，要尽量增大温差和湿差，促使菌丝由营养生长转向生殖生长，分化菇蕾。当气温上升到25℃以上时，菇体分化受到抑制，而菌丝仍在生长。对此可待冷空气来临时立即将菌袋浸入冷水中，并加入冰块降温，以增加温差，促蕾发生；也可将补水恢复发菌后菌袋放入4～5℃的冷库处理2～3d，而后升温，形成温差，促使现蕾。

一般到5月下旬以后，气温再度上升，菌袋养分已大量消耗，此时已无管理价值。但对接种晚的菌袋要区别对待，这类菌袋出菇茬次少，仍应进行降温管理，争取多出一些菇。

判断菌袋有无管理价值的方法：一是以手按菌袋，明显变软变松，已无管理价值；二是观察菌袋即使能出菇，但出菇很少，菇体很小，也不再有管理价值；三是测定菌袋干物质消耗率若已在70%以上，表明已到了产菇末期。

（十三）花菇的培育

袋料栽培香菇也可培育花菇，这就需要增加必要的菇场育花措施，并采取相应的技术措施。现以立体育花棚为例，育花菇场所和技术如下：

（1）菇场育花设施。可靠近菇棚设立体育花小棚。其结构为长6m，宽2.8m，中间留走道宽0.8m，两边各搭一排菇架，宽1m。棚的两头用砖砌墙，宽2m，上为弧形。菇架搭成七层，间距20cm，每层纵向四根棚竹。为使菌架牢固，每层每米加一根横竹，并于横竹两端各加根立竿将横竹托起，棚顶用竹片起拱，使用中从两侧盖膜或揭膜。

这样大小的立体育花菇棚，每棚可排放一吨干料的菌袋。在使用中，培育花菇的菌袋不能脱袋，先在畦栽菇棚内催蕾破膜育菇，当菇蕾生长到适合催花菇龄时，将菌袋移入育花棚上架催花，保花生长到适宜大小，采收后再将菌袋转回畦栽菇棚，进行下茬菇的催蕾、育菇和移入育花棚育花。如此分批进行。

（2）育花的季节安排。花菇形成是有条件的，就菇体内因而论，菇龄应在幼嫩旺长期；就外因而论，在雨量小、气温低的低温季节易于形成花菇。因此，在季节安排上，育花应在3月上旬以前进行。在这一时期内，为了菌袋起架育花保湿，减少菌袋内部水分蒸发，菌袋应带袋催蕾、育花。3月上旬以后，气温回升，雨量增大，菇体生长加快，很难满足形成花菇的各种条件，因此，春菇的管理应是培育光面菇，不再育花。春菇的培育应在畦栽菇棚中进行，将菇袋全部脱袋，泡水后斜立菇畦或埋土出菇，提供适宜的温、光、水、气条件，促使多出春菇。

由此表明，花菇的培育是通过"三场制"的管理实现的，即室内的培菌，转色成熟，畦栽催蕾育菇，立体小棚催花育花。在出菇过程中，低温季节利用畦栽菇棚和立体小棚结合，菌筒带袋培育花菇；春菇菌袋脱袋在畦栽菇棚中管理培育。

（3）育花技术措施。菌袋转色成熟后在畦栽菇棚内斜立排放盖膜催蕾，协调光、温、水、气管理，提供适宜的光照、低温、干湿差刺激和10℃以上的温差刺激，促使菇蕾发生。菇蕾开始发生时，增加通气，使现蕾稀疏肥壮。若现蕾过多、丛生，要及早疏蕾，留大疏小，留壮疏弱。菇蕾将袋膜略有顶起，顶端变为黑色时，用利刀沿菇蕾四周破膜4/5，不可伤及菇蕾，使蕾增大到直径2～3cm，手摸略有弹性时，移入育花棚上架育花。

菌袋移入育花棚后，要围绕降湿保温两个基本条件进行管理，使空气相对湿度降到60％～70％，保持菇体能正常生长在8℃以上的棚温，这样使正值旺长期的菇体，表皮细胞因干燥停止生长，内部细胞仍在生长，迫使

302

菇体表皮开裂，露出白色菌肉而成为花菇。

棚内降湿的措施：一是趁晴天揭膜，让微风吹拂降湿；二是因育花是在低温季节进行，棚膜不必遮阳，以增强光照，使菇体表皮干燥；三是若阴雨或雾天，棚外湿度大，不能揭膜，可在棚内铺干煤渣或放生石灰吸湿；四是冬季棚温太低，不能揭膜，可采取烧火加温，使棚内干燥，并与通气协调管理，直到花菇形成。

花菇催出后，仍不能放松管理，还有一段保花生长时间。在这段时间内，棚温仍不能低于8℃，湿度仍保持在70％以下。特别是湿度，若超过70％，已经形成的花菇，其花纹就会由白变黄甚至变成棕红色而成为暗花菇，品质大降。

棚内温度管理：①不能太低，若在8℃以下，菇体表皮和内部细胞都不能生长，也就催不出花菇了；②不能太高，若高到20℃以上，菇体生长很快，也难以育出花菇。

（十四）香菇增产方法

出三茬菇后，正值冬季或早春低温时期，菌丝体多呈休眠状态，不出菇或很少出菇。生产上除通过大棚加温提高菇床温度外，还可以用以下几种方法，提高春菇产量。

（1）拍打菌袋。用拍打和震动方法，将菌丝催醒，迫使菌丝恢复生长。方法是：将发育良好的菌袋停止供水，让其充分干燥，当含水量下降到原来湿度的50％时，用海绵拖鞋将菌袋逐一拍打3～5下后再进行补水。

（2）热水浸袋。低温条件下，用热水浸袋，不但可以增加温差、排出袋内二氧化碳，且可增加袋内的温度、湿度，活化低温下停止生长的菌丝。浸水时将水烧至33℃，倒入浸泡缸中，将菌袋放入泡3～5h，途中水温下降可补充热水，调节水温18～33℃，浸好后的菌袋捞出上架，用小棚覆盖，保持温湿度，直到现蕾再进行通风。出菇期间如空气湿度小，可直接向菌袋喷洒18～33℃热水，然后将薄膜盖严，改善棚内的小气候条件，以利香菇正常生长。

（3）补充营养。出过三茬菇的菌袋，通过人工补充营养，可以增产20％。方法是：每次菌袋吸足水分后，每袋注入30mg/kg柠檬酸溶液，也可用淘米水、豆浆香菇生长素等放入水中，结合浸袋追肥。

（十五）香菇采收

采收香菇要坚持先熟先采的原则，才能保证高产优质。菌伞尚未完全张开，菌盖边缘稍内卷，菌褶已全部伸直为采收最适期。

鲜菇采下后，要放在衬有塑料薄膜的小箩筐或小篮子里，轻拿轻放，以保证香菇新鲜完整。不用大箩筐或麻袋，塑料麻袋，更不能挤压，以免通气不良而使香菇变形变色，影响质量。采收后的香菇应及时包装销售或加工。

（十六）香菇袋料栽培常见问题及预防措施

1. 香菇发菌阶段常见问题及防控措施

（1）闷堆烧菌的防控。培菌场所要加强通风、遮阳、疏排或人工制冷，经常进行菌棒检查，严防闷堆烧菌。刺孔后，由于菌丝受到刺激，呼吸骤然加剧，生物热能集中释放，最容易造成闷堆烧菌。因此，高温期间，应避免进行刺孔通气、割袋等措施。在气温较高时，出现发菌受阻，菌瘤大量发生，不得已的情况下进行刺孔通气，应选在天气相对凉爽时进行，最好在晴天的夜间进行。对同一房间内的菌棒刺孔，要分批进行，使生物热能分批释放。刺孔后的2~3d内应加强通风散热。

（2）黄水的发生与防控。菌丝在不良的环境条件下，细胞死亡，而分解出黄色液体——黄水。黄水的产生又增加了袋内湿度，阻碍氧气通透，并使菌棒表面富营养化，诱使杂菌的滋生危害，进一步促进香菇菌丝体的死亡和被分解。

主要防控措施：选用高抗品种，注意接种时间的安排，尽量使发菌阶段避开夏季高温季节。通过遮阳、通风、减少振动等人工调控措施，降低培养环境的温湿度。

（3）虫害。发菌阶段害虫主要是双翅目幼虫，即菇蚊和菇蝇的幼虫阶段危害。危害方式是幼虫啃食菌丝，造成香菇菌丝死亡和引发杂菌侵染。防控措施是清洁环境减少虫原基数，采用高效低毒的药剂熏蒸和喷雾，或用黏虫板（纸），杀灭成虫，或用腐烂的麸皮加农药诱杀，减少着卵量；有条件的可用隔离的方式，保护菌棒。

（4）避免"不时出菇"通过接种期调整，发菌速度调整，排场时间调整、减少温差、减弱光照和避免振动等方法，可以最大限度地避免不时出菇。

2. 菌袋杂菌污染的处理方法

（1）轻度污染。只是在菌袋扎头或是在菌袋某一漏孔发生杂菌小菌落，没有蔓延的，可用注射针吸取福尔马林和75％的酒精各50％的混合注射感染处，药液浸过感染点后，并用手指轻轻按摩表面，使药液浸透菌体，然后用胶布封好注射口。

（2）穴口污染。杂菌浸入接口和胶布边而香菇菌丝还正处在生长状态，不受多大影响的菌袋，可用5％～10％石灰水上清液，或50％的多菌灵400倍液等，涂患处，但药液对香菇菌丝同样有杀伤力，用药时要尽量少伤害香菇菌丝。另外，两种药不能同时使用，因前者是碱性，后者是酸性，同时使用会引起中和失去药效。如果发现死菌，应重新接菌。

（3）严重污染。杂菌污染口大，或污染点多，无可救药的，应采取破袋取料，拌以3％的石灰溶液闷堆一夜，摊开晒干，重新配料，装袋灭菌，再接种培养。如发生链孢霉污染，应立即用塑料袋套住然后连袋烧掉或深埋，避免孢子飞扬传播，造成环境污染。

3. 常见杂菌的防治

危害香菇生产的杂菌种类很多，这里重点介绍发生较为普遍，危害比较严重的几种杂菌。

（1）绿色木霉。绿色木霉是香菇生产中一种常见的，危害极大的竞争性杂菌。

1）形态特征。木霉菌丝生长初期呈白色斑块，逐步产生浅绿色孢子。菌落中央为深绿色，向外逐渐变浅，边缘呈白色，后期变为深黄绿色、深绿色。会使培养基全部变成墨绿色。

2）发生与危害。绿色木霉菌适于在15～30℃温度和偏酸性的环境中生长，常发生在菌种和菌袋的培养基内及菌筒子实体生长阶段，与香菇争夺养分。受其污染后，养分受到破坏，严重的使培养基全部变成墨绿色，发臭腐烂。

305

3）防治方法。注意清除培养室内外病源，长期保持通风，净化环境，杜绝污染源；接种时严格执行无菌操作，充分发挥香菇菌丝生长的优势，人为创造不适于绿色木霉的生态环境，菌筒脱袋出菇阶段，防止喷水过量，注意菇床通风换气。

如果在菌袋料面发现，可用2%甲醛和5%石灰混合液或1%～2%来苏水液、0.1甲基托布津、0.1～0.2代森锌等药剂注射于受害部位。若在脱袋后的菌筒上发现，第一天用0.2%的多菌灵溶液抹于受害部位及四周，第二天再用5%的石灰上清液重涂于患处，即可杀灭。如果菌袋1/3被侵害时，可用刀切除侵染部分，切口用500倍波尔多液涂抹或浸泡消毒。

（2）链孢霉。

1）形态特征。链孢霉为常见的一种杂菌，其菌落为白色，粉粒状，后为绒毛状。

2）发生与危害。链孢霉是土壤微生物，适于高温、高湿季节繁殖，夏天制种易受污染。链孢霉蔓延迅速，是制种接种培育的主要有害菌，其分生孢子耐高温，湿热70℃下失去活力，干热达130℃尚可潜伏。分生孢子为粉末状，数量大，个体小，随气流飘浮在带入接种箱、培养场所，传播力极强。不少栽培菌袋受其污染，出现"满堂红"，危害严重，给生产造成极大损失。

3）防治方法。严格控制污染源。链孢霉多从原料中的麦麸、米糠带入，因此选择原料时要求新鲜、无霉变，无结块，塑料袋要认真检查，剔除有破裂与微细针孔的劣质袋；清除生产场所四周的废弃霉烂物；培养基灭菌要彻底，未达标不轻易卸袋；接种时用多菌灵液擦袋面消毒，严格无菌操作；菌袋排叠场所要干燥，防潮湿、防高温、防鼠咬，脱袋转色出菇期，喷水防止过量，注意通风，更新空气。

一旦在料面上发现链孢霉时，用石灰粉撒于袋面，起到降温抑制杂菌的作用，同时用500倍液可湿性托布津或500倍甲醛，注射污染部位，用手按摩使药液渗透料内，然后用胶布封针眼。

链孢霉只是与香菇菌丝争夺养分的一种杂菌，并不是香菇菌丝最终的竞争对手。它前期由于蔓延快，覆盖面大，形成满袋红。但只要香菇菌丝

能够萌发生长，到后期链孢霉在气温 20℃以下时，便可逐渐消退，而此时
香菇菌丝则生长旺盛，占据优势。但受其污染的菌袋，养分被破坏，产量
受影响。

（3）毛霉又称长毛菌。

1）形态特征。毛霉菌丝无隔，细长、生长茂盛，气生菌丝如棉花状，
无匍匐菌丝及假根。

2）发生与危害。发生毛霉的原因，主要由于培养室，栽培场所通风不
良，温度过大，菌瓶棉塞受潮或菌袋内培养基含水率过多。这种霉菌发生
在培养基内，会破坏养分，影响香菇菌丝的正常生长。

3）防治方法。加大接种量，造成香菇菌种优势，同时加强室内通风换
气，并降低空气相对湿度，以控制其发生。一旦在培养基内发现污染时，
可用 70%～75%酒精注射患处，也可用 pH 值为 8.5 的石灰水上清液涂刷患
处，以控制扩散。

（4）曲霉。曲霉其种类很多，危害香菇生长的主要有黑曲霉、黄曲霉
和烟曲霉等。

1）形态特征。曲霉的菌丝粗短，初期为白色。以后则出现黑、黄、
棕、红等颜色。其菌丝有隔膜，为多细胞霉菌。

2）发生与危害。曲霉适宜在 25℃以上，湿度偏大，空气不新鲜的环境
下发生。它多侵染培养料表面，使其与空气隔绝，争夺养料和水分，产生
有机酸和毒素，影响香菇菌丝的生长发育，并发出刺鼻的臭气，致使香菇
菌丝死亡。

3）防治措施。停止喷水，加强通风，增加光照，控制温度，造成不利
于曲霉生长的环境，一旦发生污染，应加强通风，降低空气相对湿度。污
染严重时，可喷洒 pH 值为 9～10 的石灰水上清液喷洒 1：500 倍的托布津
溶液。

（5）青霉。青霉种类繁多，主要有圆弧青霉、绳状青霉和淡紫青霉等。

1）形态特征。青霉在自然界中分布极广，菌丝前期多为白色，与香菇
菌丝相似，难以辨认。后期转为绿色，蓝色、灰绿色等。

2）发生与危害。青霉一般侵染培养料表面，出现形状不规则，大小不

等的青绿色霉斑，并不断蔓延。适宜温度为 20～25℃在弱酸性环境中繁殖迅速，与香菇菌丝争夺养分，产生毒素，破坏香菇菌丝生长，影响子实体的形成。

3）防治方法。加强通风，场所保持清洁，定期消毒，同时注意降低温度，以控制发生。若局部发生时，可用 5％～10％石灰水涂刷或用 40％甲醛溶液擦拭，然后盖上湿纱布。

第二节　柞蚕蛹、蛾的利用

随着我国人民绿色环保意识的逐渐增强和物质文化生活水平的逐步提高，人们对所食用菜品越来越追求天然和保健功能，自然状态下生产的昆虫，逐步走上了大众的餐桌。来源于我国传统优势产业柞蚕业生产的副产品的蚕蛹、蚕蛾，作为绿色无公害高级营养食品也逐渐走进广大食客的视野，它不仅营养丰富、美味可口，而且还是很好的滋补佳品。

一、食用

柞蚕鲜蛹含有丰富的蛋白质和脂肪，是低脂肪、高蛋白的营养食品。柞蚕蛹含有的蛋白质属于动物性蛋白质，营养价值高，多为球蛋白和清蛋白，易于人体消化和吸收。它含有人体极易吸收的 18 种氨基酸优质高蛋白、保幼激素和蜕皮激素，对滋肤养颜延缓人体衰老作用非常，更是糖尿病、动脉硬化高血压等一些老年病症患者的绝佳食品。日常生活中人们利用柞蚕蛹作为原材料制作菜肴，可通过煮、炒、煎、炸等烹饪方法制成色、香、味俱佳的营养佳肴。

1. 干煸柞蚕蛹

（1）材料。柞蚕蛹 400g，食油 500g，清水 500g，精盐 20g，干辣椒、葱、生姜、花椒、大料、桂皮、味精适量。

（2）做法。先将柞蚕蛹、葱、花椒、大料、桂皮、精盐、味精放入锅内，倒入清水烧开至 10min，捞出柞蚕蛹待凉后使用，将锅油烧至六成热，投入柞蚕蛹慢慢炸出其中水分，将炸过的柞蚕蛹用刀从头到尾切为两瓣，锅内放适量食油，烧热后依次放入柞蚕蛹、葱段、生姜、干辣椒、精盐、味精煸炒 3min 即可出锅。

（3）特点。麻辣香酥，生津开胃。

2. 拔丝蚕蛹

（1）材料。速冻柞蚕蛹 500g，食油 500g，白糖 250g，食用香料少许，干淀粉 100g，鸡蛋 2 个。

（2）做法。用开水将速冻柞蚕蛹烫一下，然后迅速捞出并用手捏挤柞蚕蛹将皮去掉，将油烧至八成热，柞蚕蛹蘸满蛋液滚上干淀粉入油锅炸至金黄色，将白糖用慢火熬成汁后，把炸好的柞蚕蛹倒入糖汁翻动，并加入少许香料，待糖汁均匀地挂在柞蚕蛹上即可出锅装盘。

（3）特点。香甜酥脆，清润可口。

3. 油炸五香蚕蛹

（1）材料。鲜柞蚕蛹 500g，食油 500g，清水 500g，精盐 20g，花椒、大料、桂皮、葱、姜、味精适量。

（2）做法。先将柞蚕蛹、佐料放入锅内，倒入清水烧开煮至 10min，捞出柞蚕蛹待凉后使用，将锅油烧至九成热，把柞蚕蛹分 2 次放入油锅炸至外皮酥脆即可。

（3）特点。外酥里嫩，香而不腻。

4. 卤蚕蛹

（1）材料。鲜柞蚕蛹 400g，精盐 2g，花椒 1.5g，味素 1g，葱、姜各 1g。

（2）做法。炒勺放清水烧开，放盐、花椒、葱、姜、味素，然后倒在盆里，即成卤汁。将柞蚕蛹洗净后用清水煮熟，捞出倒在卤汁里，4h 后即可装盘上桌。

（3）特点。风味深厚，清鲜咸香。

5. 红烧三鲜蚕蛹

（1）材料。鲜柞蚕蛹 350g，油菜 15g，水发海参 150g，冬笋 15g，酱油 50g，花椒水 0.5g，绍酒 1g，白糖 10g，油 100g，香油、葱、姜、味素各 1g。

（2）做法。柞蚕蛹煮熟去皮，一切两瓣，用滚开水焯一下，海参与冬笋切坡刀片，也用滚开水焯一下，葱切丁、姜切沫、油菜切小坡刀片。炒勺盛油 75g，五成熟时下入海参、冬笋、油菜、葱、姜一起翻炒，放酱油、花椒水、白糖、绍酒、少许鸡汤煨一会，然后倒入滑好的柞蚕蛹烧一会儿，调口后放入味素，用湿淀粉勾明亮薄芡，包严主辅料带香油出勺即成。

（3）特点。色泽红润，明油亮黄，蚕蛹软嫩，三鲜可口。

6. 麻辣蚕蛹

（1）材料。鲜柞蚕蛹 400g，熟花生仁 25g，干红辣椒 15g，玉兰片 5g，蛋黄 1 个，豆瓣酱 10g，酱油 20g，糖 1g，醋 0.5g，味素 1.5g，花椒水 0.5g，料酒 1g，葱、姜各 1g，湿淀粉 100g，香油 0.5g，面粉 10g。

（2）做法。蚕蛹煮熟去皮，保持蚕蛹原形，沾严面粉，用蛋黄和湿淀粉在碗中兑成干稀适当的蛋黄糊，葱、姜分别切丁和沫，干辣椒切成小方丁。用酱油、花椒水、糖醋、味素、料酒、湿淀粉、汤兑成汁水。炒勺盛豆油 1kg，在火上烧七成熟，将蘸满面粉的蚕蛹逐个挂严蛋黄糊下勺内，炸成金黄色，倒漏勺内。炒勺带底油在火上烧热，用葱、姜、干辣椒丁炸锅，下豆瓣酱、配料，煸炒，倒入炸好的香蛹和兑好的汁水，翻勺使汁熟黄亮，挂严蚕蛹，滴入香油出勺即成。

（3）特点。外酥里嫩，麻辣咸香。

7. 木须蚕蛹原料

（1）主料。鲜蚕蛹四两、鸡蛋三个。辅料：水发木耳三钱。

（2）调料。精盐 2g、花椒水 0.5g、味精 0.5g、香油 0.5g、葱、姜各 1g、料酒 1g。

（3）做法。鲜蚕蛹煮熟去皮，用刀顺长切开（不切断），用刀轻轻压平，再切成三分宽的长条，用开水焯一下木耳切三分宽长丝，葱、姜切丝。鸡蛋打碗里，加少许精盐，搅开备用。炒勺擦净带一两猪油烧七成热，倒入搅好的蛋浆炒出整齐的蛋花片，倒在漏勺里，炒勺带底油烧热，放入葱、姜丝炸锅，下入木耳丝和蚕蛹条，轻轻翻炒，浇上花椒水、料酒和盐，再倒入炒好的蛋花片轻轻翻炒，滴入香油和味精，翻倒在盘里即成。

（4）特点。白、黄、黑分明，口味鲜美。

8. 油烹蚕蛾

（1）材料。去翅雄蚕蛾 400g，食油 500g，葱、桂皮、精盐、味精适量。

（2）作法。先将蚕蛾洗净淋干，将蚕蛾放入盛器加入佐料拌匀后待10min，锅内倒入食油烧至九成热，分 2 次加入蚕蛾烹炸，待蚕蛾炸至酥脆时，即可出锅装盘。

（3）特点。香酥不腻，味美可口。

9. 清炒蚕蛾

（1）材料。去翅雄蚕蛾 500g，食油 25g，精盐 10g，葱、味精适量。

（2）作法。先将蚕蛾洗净倒入锅内用慢火炒干，蚕蛾取出，锅刷净，锅内加食油烧热，倒入蚕蛾炒至 4min 左右，再加葱段、精盐、味精炒 2min即可出锅。

（3）特点。清香可口，滋阴补肾。

二、利用一化性柞蚕蛹人工培育蛹虫草技术

冬虫夏草，是我国名贵的中药材，与人参、鹿茸齐名为我国传统强身滋补佳品。传统医学研究证明，冬虫夏草对中枢神经系统、心血管系统、呼吸系统内分泌系统等疾病有治疗作用。近年来研究发现其富含的虫草素、虫草酸、虫草多糖和超氧化物歧化酶（SOD）等生物活性物质，具有提高人体免疫功能，抗癌、抗菌、抗疲劳、抗衰老，耐缺氧、镇静、壮阳固肾等功效。野生的冬虫夏草资源十分有限，近年来，各地相继培育成功的各种蛹虫草，从营养价值、活性成分和医疗保健功效等方面都能和冬虫夏草相媲美。河南省 1 年 10 个月都有鲜活的一化性柞蚕蛹，有着丰富的培育蛹虫草的资源。通过近几年的努力，河南省蚕业科学研究院的一化性柞蚕蛹培育柞蚕蛹虫草技术已进入工厂化生产阶段，现将有关技术介绍如下。

（一）蛹虫草对环境条件的要求

蛹虫草菌丝生长温度为 6～30℃，适宜温度 20～25℃，6℃以下停止生长，30℃以上生长停滞，甚至死亡。子实体生长阶段的适宜温度为 18～22℃，超过 25℃，子实体难以形成。菌丝生长阶段和出菇阶段都需要有新

鲜的空气，人工栽培蛹虫草，菌丝生长期培养器内氧气要满足其生产需要。出菇期需增加培养器内通气量，促进子实体健壮生长。菌丝生长阶段不需要光线，避光培养。菌丝长满后需增加自然光照，生产上一般采用日光灯补光。蛹虫草喜在微酸环境中生长，菌丝生长最适 pH 值为 5.2～6.8，一般培养料中的 pH 值即可，柞蚕蛹更是适于培养蛹虫草。

（二）蛹虫草栽培季节

蛹虫草为低温型真菌，只要有升温和降温设备，一年四季皆可工厂化生产。

（三）柞蚕蛹虫草培育的基本设施及要求

柞蚕蛹虫草的培育需要一定的设备条件，诸如生产场地、生产设施，必要的器材及常用的消毒用品等。这也是蛹虫草培育的基础条件，当然各地也可根据各自的具体情况，结合生产规模。生产季节气候因素等情况综合决定。

1. 培育场地的选择

培育蛹虫草的场所，一定要求周围环境清洁卫生，远离工厂、垃圾场、屠宰场、畜禽养殖场、饲料仓库等易产生微生物污染物的场所，以免蛹虫草受到其他微生物的感染或周围环境所产生的蝇虫的侵害。另外，所选场所要交通便利，水电齐全，地势开阔，排水通畅的地方。

2. 场地的划分和布局

概括地说，柞蚕蛹虫草的生产场地可划分为保茧室、无菌室、菌种室、接种室、硬化室、培育室、虫草摊晾室、原料保管室等。在安排具体生产时可结合生成规模综合布局，合理安排。

3. 生产设施

（1）制种设施及必备器材。良好的菌种是培育蛹虫草的先决条件，制种除了要有一套成熟的专业技术，还需要一些必要的制种设施，制种设施所需的房屋是上述的无菌室和菌种室。各室一般要求四壁光滑易于清洗消毒或灭菌。所需器材大致有高压灭菌锅、超净工作台、光照培养箱、光学显微镜、摇瓶机、冰箱、消毒机、天平及一些必备的玻璃器皿等。各生产单位可根据自己的生产规模选择使用。

（2）柞蚕蛹虫草培育设施：

1）培养架。培养架是蛹虫草培育的主要设施之一，包括蚕蛹硬化室所需用的培养架和虫草培育室所需用的培养架，每种培养架都要根据当地的房屋大小，具体测量尺寸，分别按照蚕蛹硬化培养盒和出草保鲜盒的大小合理设计培养架的层次和高低，床架四周不要靠墙，底层离地面30cm左右，顶层离房顶1m左右，虫草培育室的上下层间距30～40cm，以保证有一定的散射光，其次是要操作方便，能合理利用空间。

2）蚕蛹硬化盒。硬化盒是蚕蛹接种后蛹体硬化期间所需，盒子可采用多种型材的盒子，如木制盒子、竹制盒或蚕匾，塑料盒也可，以能透气的为好，大小可依照培养架的尺寸和操作方便而决定，一般可用60cm×100cm的操作较为方便。

3）保鲜盒。保鲜盒是在蚕蛹硬化以后实体生长阶段使用，因所需的环境和硬化期不同。此期间需要较为湿润的环境，需用保鲜盒或罐头瓶之类的器具，小规模生产可采用罐头瓶，大规模生产要用较大容量的保鲜盒之类的用具。

4）升降温设备。蛹虫草的培育不管哪个阶段都需要恒定的温度，为保证一年四季都能生产，升温降温设备是必需的。按照各个房间的大小，冬季要有能保证室内温度达到20℃的加温设备，同样夏季要有能使内温保持20℃的降温设备。

5）照明设备。蚕蛹硬化以后在子实体生长阶段，需要有一定的光照，需要在墙壁四周安装日光灯，以使室内光线均匀。

（3）收晾储藏设施。柞蚕蛹虫草干燥不能在室外阳光下暴晒，需要在室内弱光甚至暗室内晾干，所以需要一套收晾设施。可搭成多层架子，铺上席子之类摊晾，也可用蚕匾等摊晾。晾干之后收起再用烘箱50～60℃烘干，然后低温干燥黑暗保存。有条件的可采用超低温干燥。

（四）一化性柞蚕蛹虫草菌种的制备

1. 母种的制备

蛹虫草菌种的制备需要经过母种、原种和栽培种3个栽培过程。母种一般是采用孢子分离法或组织分离法得到的纯培养物。

（1）从野生蛹虫草中获得采集野生新鲜的蛹虫草，一般用组织分离法制取菌种，并经过接种试验，选取能在一化性柞蚕蛹上长出较好子实体的作为母种。

（2）选取人工培育的蛹虫草菌株制备。选用人工培育的蛹虫草菌株做母种，关键是对菌株的选择，一般是选择生长周期短，子实体发育良好，颜色鲜艳，无病虫害，没有散发孢子五六成熟的健壮个体作为培养母种的始发菌株。始发菌株可以是一株或多株，但培养时每株要单独分离培养，同样采取组织分离法，并经过接蚕蛹试验，能长出较好子实体的留作母种。

2. 栽培种的制备

柞蚕蛹虫草的生产，因要采用蛹体注射，需要大量的菌种，使用固体菌种耗费人力物力，浪费原材料，且用固体菌种接种后蛹体僵化的速度较慢，而使用液体菌种恰恰能克服上述缺点，并且使用方便。因此柞蚕蛹虫草的栽培种需要使用液体菌种。制备液体菌种，要视生产规模的大小，如果生产规模较小只需配备摇床即可，而生产规模较大的要购置液体菌种发酵罐。

（1）栽培种培养基的制备。取活柞蚕蛹 100g，用手撕开，放入约 1200mL 的水中，然后加热煮沸，文火保持 20min，之后用滤纸或多层纱布过滤，定容至 1000mL，依次加入硫酸镁 1g，磷酸二氢钾 2g，蛋白胨 10g，牛肉膏 5g，葡萄糖 20g，酵母膏 3g，搅拌使充分溶化，分装在三角瓶中。装量为瓶子容量的一半，然后塞好塞子，置高压灭菌锅中，在压力达到 0.11MPa 后维持 1h，自然冷却到 30℃以下备用。

（2）接种培养。接种人员把液体培养基、试管母种移入无菌室，在无菌室内的超净工作台上按无菌操作把试管母种接入上述灭菌过的液体培养基内，接种后的培养基置 20～22℃遮光条件下静止 24h，然后置摇床上，转速 120～150r/min，22℃培养 3～5d。在菌种的摇制过程中，要经常检查培养瓶中菌液的生长情况。观察如没有菌丝形成，没有菌球出现，菌液浑浊的要坚决淘汰，说明菌种已污染或者母种有问题，待看到培养瓶中有很多像小米粒状的菌球形成，培养液像小米粥一样，说明液体菌种培养良好。如果对所制菌种没有充分的把握，可在无菌操作条件下挑取少量菌液，在显微镜下观察有无其他杂菌。

（五）一化性柞蚕蛹虫草的培育

1. 蚕蛹的准备

在摇制菌种的过程中，要削茧准备蚕蛹，削茧的同时要剔除不良蛹，并要大小分开，以便接种时掌握好接种剂量。蚕蛹在接种前要进行消毒处理，要注意所用药品对蛹体不能有太大的刺激，以免对蛹造成伤害，也不能使用对人体有危害的药品，不能有药物残留。生产上可选择酒精、臭氧水等易挥发无残留的药物，在生产量较小的情况下，可用酒精棉球擦拭蛹体；如果生产量较大，可在臭氧水中浸泡 5min，捞出后再用净水冲洗，之后再晾干，即可用于接种。

2. 接种

在整个蛹虫草的生产过程中，接种工作是极为重要的一环，甚至关系到整个批次的成败。

在接种的前几天，把接种时所使用的工具，如接种器具，配制菌种所使用的瓶子、吸管、过滤纸等一并用高压锅进行高压蒸气灭菌。同时，再用角瓶或盐水瓶装水一并进行高压灭菌，制备足够的无菌水，以便稀释菌种使用。

在接种的当天，取上述制备的液体菌种，在无菌室或接种箱内用灭过菌的吸管吸取原液体菌种 1 份，放入大三角瓶中，加入 3~5 份的无菌水，摇匀，再拿无菌的纱布或滤纸将菌液过滤，滤好的菌液分装在无菌的容器中，塞好塞子，就可用于接种蚕蛹了。

接种人员进入接种室前首先要洗手换鞋，再用酒精棉球擦拭双手，换上消过毒的工作服再进入接种室。接种时用微量注射器吸取上述过滤好的菌液，注入消过的蚕蛹翅下，或腹部的节间膜处，针尖的方向与蛹体接近平行，不能垂直刺向蛹体，针头刺进蛹体不必太深，刺进蛹的皮层即可，注射的量为 0.1~0.3mL。每个接种人员面前放盏酒精灯，每接种 3~5 个蚕蛹后，把针头在酒精灯火焰上灼烧灭菌。如不慎针头刺进不良蛹，针头必须经酒精灯火焰灭菌。接种后的蚕蛹轻轻放入消好毒的蚕匾、木盒或塑料盒中，并且把蛹体上刺有针孔的地方朝上，平铺一层即可，摆满后转入

315

消过毒的培养室内。

3. 僵化期的管理

接种后的蚕蛹，进入蛹体僵化期的管理，需要有一定的温湿度保护，才能使蛹体僵化良好，避免死蛹的发生。接种后蛹体僵化期间保护温度为20℃，湿度要低于60%，并要求避光保护，门窗都要用黑布或遮光的帘子遮挡。保护3~4d蛹体开始变硬，5d后全部变硬，一周后可每盒检查剔除没有硬化或已经腐烂的蚕蛹，避免污染其他蚕蛹。蛹体僵化期大约需要15d左右，此时观察蛹体僵化情况，根据蛹体菌丝发育状况，决定是否转入下一阶段的管理。判断蛹体是否已经完成营养生长，第一是在正常的温湿度保护达到15d以上，第二观察蛹体硬化程度，菌丝发育成熟的蛹体手触坚硬，而菌丝在蛹体内没有发育成熟的蛹体，手触还有绵软的感觉，第三观察蛹体节间膜处是否有白色菌丝形成，有白色菌丝形成就标志着蛹体内的菌丝体已发育成熟。

4. 诱导子实体原基形成阶段的管理

当菌丝发育成熟，就需要给予适当的刺激促使它转向生殖生长阶段，诱导原基形成。首先把僵化好的蚕蛹装进能密闭的玻璃瓶（如罐头瓶）、或无毒的PP材料的塑料保鲜盒之类的容器中，平铺一层，稍有空隙即可，之后把蛹体上喷水，保证每个蛹体都能湿润，再把多余水分吸干，并采取一定方法诱导子实体原基的形成。第一温度刺激，白天温度控制在20~22℃，夜间把温度降至15~17℃。第二光线刺激，如果房间明亮，白天主要以自然光为主，傍晚补充光照4h左右；如果房间光线不够明亮，白天也要开灯，保证光照12h以上。此阶段室内湿度可控制在70%~80%，每天上午室内通风1次，通风30min，这样经过3~5d的培养，可见蛹体上长出黄色的小尖芽，即是子实体的原基形成，就可转入子实体（出草）生长阶段的管理。

5. 子实体生长阶段的管理

子实体原基形成以后的管理与原基形成阶段基本相似，只是不用温差刺激，每天温度保持在19~22℃即可，室内仍需要充足的散射光，傍晚再补充光照4h左右，此期间要求光线均匀，各培养架的每个层次都有较均匀的光线，防止光线不均匀和光源不稳定，因子实体的生长有向光性，所以如果光线不均匀或者光源不稳定，子实体就会弯曲生长。此期间要求室内的湿度80％左右，每天可在地面和墙壁四周喷水，或用补湿机补湿，如果室内湿度达不到，每天可往每个培养盒内喷水，喷后再吸去多余水分。在此期间也要注意适当换气，保持室内空气新鲜。如此，从原基分化开始经过25d左右，当子实体生长至4～6cm或子实体顶端出现小突起时表明子实体生长已成熟，即可采收。

6. 蛹虫草的采收与保存

当子实体生长成熟时，轻轻地把蛹虫草从保鲜盒中取出，平铺一层摊晾到干燥阴暗的房间内，房间尽量不要有直射光，如有光线照射，蛹虫草会失去光泽，由金黄色变成乳白色，这样不但影响外观，营养成分也会有所损失。当于室内阴于后，再把蛹虫草装到烘箱50～60℃烘干，当水分含量降至12％～13％时根据不同用途密封保存。

蛹虫草应存放在阴凉干燥的地方，并要遮光密封保存，以防霉变和虫蛀。

三、利用雄性柞蚕蛾生产蚕蛾酒技术

蚕蛾是蚕的性成熟阶段，在此阶段内积聚了大量的营养物质，在中医药学方面的应用自古就有记载。中国古代药典称雄蚕蛾为"壮阳神虫"，雄蚕蛾制品可调节人体内分泌，增强人体免疫力，对人体阴、阳、气、血方面有很强的滋补作用，还可调节身体平衡促进器官功能正常化，有益于强化身体，延缓衰老。作为药食两用昆虫，研究和开发生物源保健品一直是保健食品和医学领域备受关注的热点问题，蚕蛾作为一种新的营养源，有着广阔的开发前景。

雄蚕蛾中含有氨基酸、核黄素、硒、维生素E等，具有延缓衰老、增强免疫调节等功能。目前，国内多家科研单位、企业等以柞蚕蛾为主要原料，经独特的生产工艺而生产出多种药品、保健食品、口服液等，尤其以雄性柞蚕蛾为原料生产的保健酒更是多种多样，如大连酒厂生产的"雄蚕蛾养生酒"，沈阳飞龙医药保健品集团公司生产的"延生护宝液"，大连空津酒厂研制的"雌蚕蛾滋补酒",黑龙江省蚕业科学研究所生产的"龙蛾酒",辽宁省蚕业科学研究所生产的"佳特奇雄娥酒",吉林省蚕业科学研究所生产的"柞蚕公蛾酒"等一批产品相继被开发出来。下面介绍柞蚕蛾的主要成分、柞蚕蛾酒的工艺流程与生产技术。

（一）柞蚕蛾的主要成分

据科学分析，蚕蛾体内含有大量的蛋白质，且蛋白质中 18 种氨基酸比例均衡，是全价蛋白，因此有较高的营养及滋补作用。取刚羽化的柞蚕雌蛾和雄蛾，分析其营养成分构成，结果显示，柞蚕蛾体中蛋白质和脂肪的含量较高，特别是雄蛾脂肪的含量明显高于雌蛾，相当于雌蛾的 4 倍（表7-1、表7-2）。

表7-1　　　　　　　　　　柞蚕蛾的基本营养成分

营养成分	雄蛾/%	雌蛾/%	营养成分	雄蛾/%	雌蛾/%
蛋白质	14.65	18.70	灰分	3.21	3.89
脂肪	17.13	4.19	水分	63.19	71.01
碳水化合物	0.58	0.69	其他	1.24	1.52

表7-2　　　　　　　　　　柞蚕蛾的氨基酸组成

名称	氨基酸/%		游离氨基酸/%	
	雌蛾	雄蛾	雌蛾	雄蛾
天门冬氨酸	1.29	1.28	0.04	0.08
苏氨酸★	0.67	0.64	0.05	0.08
丝氨酸	0.77	0.71		
谷氨酸	1.63	1.58	0.08	0.09
甘氨酸	1.28	0.76	0.03	0.03
丙氨酸	1.22	1.17	9.09	0.11
胱氨酸	0.27	0.14	0.02	0.02
缬氨酸★	0.86	0.72	0.06	0.03
蛋氨酸★	0.44	0.19	0.02	0.02

续表

名称	氨基酸/%		游离氨基酸/%	
	雌蛾	雄蛾	雌蛾	雄蛾
异亮氨酸★	0.79	0.92	0.03	0.02
亮氨酸★	1.08	1.20	0.03	0.02
酪氨酸	1.19	0.78	0.09	0.06
苯丙氨酸★	0.47	0.67	0.03	0.02
赖氨酸★	1.06	1.03	0.05	0.02
色氨酸★	0.45	0.57	0.05	0.03
组氨酸	0.42	0.50	0.09	0.10
精氨酸	0.83	0.89	0.12	0.06
脯氨酸	1.19	0.78	0.02	0.03

注　★为必需氨基酸。

柞蚕蛾中的激素研究结果发现柞蚕蛾体内含有保幼激素（JH）、蜕皮激素（MH），这是维持昆虫正常生长发育所不可缺少的。同时还发现柞蚕蛾体内含有促前胸腺激素（PTH）、羽化激素（EH）、脂质动员激素（AKH）、高血糖激素、利尿激素等，这5种激素的共同特点是其氨基酸序列与人类胰岛素具有同源性，其空间结构也相似，它们具有胰岛素和生长激素或类胰岛素生长因子（LGF）的作用。还有的研究认为蜕皮激素有促进人体蛋白质合成排除体内胆固醇、降血脂及抵制血糖上升的作用。用放射免疫法测定柞蚕蛾提取液中人的激素种类及含量，柞蚕蛾提取液中含有多种人类具有的激素种类，量虽不大，但种类多，配比合理，是理想的保健品生产原料（表7-3、表7-4）。

表7-3　　　　　　　　　**柞蚕雄蛾脂肪中的脂肪酸比例**

脂肪酸种类	含量/%	备注	脂肪酸种类	含量/%	备注
软脂酸 C16：0	14.8		亚油酸 C18：2	7.1	不饱和脂肪酸
棕榈油酸 C16：1	3.5	不饱和脂肪酸	亚麻酸 C18：3	35.9	不饱和脂肪酸
硬脂酸 C18：0	2.8		其他	3.8	
油酸 C18：1	32.1	不饱和脂肪酸			

表 7 - 4   柞蚕蛾体内的部分种类矿物质元素含量

名称	雄蛾/(mg/g)	雌蛾/(mg/g)	名称	雄蛾/(mg/g)	雌蛾/(mg/g)
铁	45×10^{-3}	37×10^{-3}	钠	416×10^{-3}	129×10^{-3}
镁	647×10^{-3}	665×10^{-3}	锰	3×10^{-3}	1×10^{-3}
锌	98×10^{-3}	104×10^{-3}	钙	218×10^{-3}	222×10^{-3}
钾	218×10^{-3}	372×10^{-3}	硒	0.18×10^{-3}	0.17×10^{-3}
铜	7×10^{-3}	7×10^{-3}			

柞蚕蛾中含有脂溶性维生素 A、维生素 E，水溶性维生素 B_1 及维生素 B_2 等丰富的维生素。维生素具有促进生长发育，增强抵抗传染病、润肤及刺激饮食、帮助消化等功能。

（二）柞蚕雄蛾酒的工艺流程及生产技术

现以辽宁省蚕业科学研究所研制的"佳特奇雄蛾酒"为例，介绍柞蚕蛾酒的工艺流程及生产技术。

1. 生产柞蚕蛾酒的工艺流程

一般柞蚕雄蛾酒的生产工艺流程如图 7 - 3 所示。

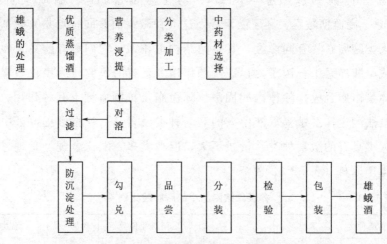

图 7 - 3　生产柞蚕蛾酒工艺流程

2. 雄蛾的处理

要求选择体型端正、健康活泼的雄蛾，去掉蛾翅后，首先用 3% 的盐水，40℃左右的水温洗蛾，然后再用清水反复清洗 3～5 次，待水滴净后转入浸提工序。

3. 雄蛾营养物浸提

将淋净水的雄蛾投入 55%～60%（V/V）的优质蒸馏酒中浸提。按鲜蛾∶酒＝1∶4 的比例充分混合，自然温度下密封浸提 60d 以上。

4. 中药材选定及配方

不同的厂家配制滋补酒和药酒的原料与配方有一定的差异。100kg"佳特奇雄蛾酒"基础配方是鲜柞蚕雄蛾 13.5kg、枸杞子 2.0kg、灵芝 2.0kg、鹿鞭 0.5kg，狗肾、猴头菇、蜂王浆、大枣、蜂蜜、生姜等适量。要求所有中药材无霉变、腐烂现象，并根据不同药物特点分别进行处理。

5. 浸渍及过滤

洗净的鹿鞭、狗肾待水淋干后，放入 50%（V/V）酒中浸提，要求在自然温度下浸提 120d 以上，方可取液使用。枸杞子、大枣和切碎后的生姜、灵芝、猴头菇等一同用慢火煎煮 12h，反复煎煮 3 次混合液体后，取液使用。蜂蜜、蜂王浆直接兑酒使用。具体按如下步骤进行对融和过滤。

粗滤，用 60～80 孔/cm² 网过滤雄蛾酒浸液和煎好后的中药液及浸提好的鹿鞭与狗肾液。

对融，先将中药液、柞蚕蛾提取液对溶，然后边搅拌边加入鹿鞭、狗肾提取液和蜂蜜蜂王浆。要求对溶后的一个剂量为 50kg，酒精度 36°（V/V）。

过滤，用 DZ400 型硅藻土过滤泵过滤、装桶。

6. 防沉淀处理

过滤后的原液，先在 35～45℃条件下保存 10d，然后在 0℃条件下保存 10～15d，再重复过滤，至此作为雄蚕蛾营养母液的原液，即可进行勾兑分装。

勾兑，将原液与酒按 1∶3 的比例调配，并加入适量的蒸馏水，使酒精度至 30°±1°（V/V），并适当加入糖浆调色（不得加入任何其他色素和工业香精等）。

7. 雄蛾酒的品尝、分装与检验

目前还没有国家或地方统一实行的柞蚕雄蛾酒质量检测标准。根据柞蚕雄蛾酒在生产工艺流程和原料配方一致的条件下，各种营养与游离氨基酸呈正比的关系，辽宁省蚕业科学研究所起草了"佳特奇"牌雄蛾酒企业标准，并报辽宁省标准局备案。"佳特奇"雄蛾酒的生产技术、产品检测规则及标志包装、运输和贮存方式标准只适用于以白酒为酒基与鲜活柞蚕蛾及若干种可食中药材，按一定配方和工艺加工调和成的昆虫营养酒。其引用的国家标准有《食品标鉴通用标准》（GB 7718—1994）、《白酒检验规则》（GB/T 10346—1989）、《蒸馏酒及配制酒卫生标准》（GB 2757—1981）。

8. 柞蚕雄蛾酒的质量要求

技术及感官要求，色泽为赤黄色，透明，无明显悬浮物与沉淀物。

香气，兼有柞蚕雄蛾的清新芳香和优质酒的醇香。

口味，醇厚、绵甜、甘爽。

检验方法，批量在 100 箱以下，随机抽取 2 箱；批量在 100 箱以上，随机抽取 4 箱，每箱取 2 瓶，其中 2 瓶（或 4 瓶）作理化与感官分析用，其余由供需双方共同封印备作仲裁样品，保存 3 个月。感官指标检验按《白酒感官评定方法》（GB/T 10345.2—1989）执行；酒中甲醇杂醇油的检验按《蒸馏酒与配制酒卫生标准的分析方法》（GB/T 5009.48—2003）执行；氨基酸含量的检验，采用分光光度法；酒精度的检验方法按 QB 921（又称比重瓶法）化学法检验的规定执行。

9. 标志与包装

产品的标签、标志，按《预包装食品标签通则》（GB 7718—2011）和《包装储运图示标志》（GB/T 191—2000）的规定执行。

第三节　柞蚕卵繁殖赤眼蜂防治玉米螟

松毛虫赤眼蜂是一类微小的卵寄生蜂，为世界各地广泛利用的一种天敌昆虫。防治对象为 60 多种农林害虫，我国放蜂面积达 $8 \times 10^6 \, hm^2$。

一、赤眼蜂蜂种的采集

1. 直接采集法

在害虫产卵的盛期，到田间采集被赤眼蜂寄生的害虫卵，放于玻璃管或瓶内，封严瓶口，将其保存在一定温湿度条件下，赤眼蜂羽化后接种柞蚕卵繁殖。

2. 人工诱集法

将柞蚕剖腹卵制成卵卡或盛在纱网袋内，挂于田间诱集赤眼蜂产卵寄生。挂卵 2～5d，在害虫孵化或赤眼蜂羽化前收回虫卵，在繁蜂室隔离培养。

二、柞蚕卵繁殖赤眼蜂方法

繁殖赤眼蜂需按计划暖茧、暖蜂，要求蜂蛾相遇。如出蛾后蜂尚未羽化，可晾蛾 2～3d 或低温储藏活蛾等方法调节至蜂蛾相遇。蜂种在 22～28℃、相对湿度 80％的条件下暖蜂，种蜂羽化后，移入暗室加饲 10％左右蜂蜜水，出蜂率达到 80％时接蜂。

1. 柞蚕卵蜂卡制作

将柞蚕雌蛾腹中的卵搓洗出来晾干，淘汰不成熟卵。粘卵剂用不含防腐剂和有毒性的桃胶或骨胶。制卡时把配制好的胶液涂于卵卡纸上，将卵均匀地撒于胶带上，用滚筒轻轻压平晾干，粘牢即可用于接蜂。

2. 接蜂

当暗室内种蜂羽化率达 80％时，即可按 1：（10～15）的种蜂卡与卵卡比例接蜂，温度 22～28℃、相对湿度 80％左右。当卵卡上 80％左右的卵上有 1 头蜂时，换卡结束接蜂，移入暗室产卵。

散卵接蜂则当种蜂在羽化出蜂时，按 1：25 的蜂卵比例接蜂，将蜂卵和接种卵混拌均匀，放于消毒的卵盘内，卵粒厚度不超过 3 粒。筛出成蜂和种蜂卵壳，培育到幼虫后期进入低温冷藏。冷藏温度 1～4℃，卵粒厚度不超过 10cm，时间不超过 15d。

用柞蚕卵繁殖赤眼蜂的质量指标：寄生率 80％～90％，单卵寄生数 50～60 头，单卵出蜂数 50 头左右，雌雄比 85：15，羽化历期 5d 左右，雌蜂寿命 3～5d，弱蜂率低于 10％。

三、赤眼蜂田间释放

（1）释放时期。根据越冬代幼虫羽化进度及虫情密度进行释放，保证蜂卵相遇。最佳释放时期为成虫产卵初期，赤眼蜂将卵产在玉米螟卵内，使虫卵不能孵化成幼虫。一般在越冬代玉米螟化蛹率达 20％时，向后推 10d 为第 1 次释放赤眼蜂时期。

（2）释放方法每 667m² 设置 1 个释放点，释放 15 万头赤眼蜂，田间玉米螟卵的寄生率可达 75.6％～86.6％。将玉米植株中部叶片撕开一半，向下卷成筒状，将蜂卡用针线缝在圆筒内。

第四节　柞蚕幼虫的利用

一、食用

在 5 月中下旬，选用柞蚕 4～5 龄，用筷子或其他一头稍钝的小棒顶住蚕的头部，把蚕的中肠倒翻出来，用清水清洗以后即可进行烹饪或烧烤食用。

柞蚕 5 龄幼虫尤其是中肠排空的熟蚕，可直接加工成食品。先将蚕体内的排泄物挤出，再经清洗、沥水，即可通过煎、炒、烹、炸、烧烤等烹调手段直接食用。

二、柞蚕全蚕粉

全蚕粉是一种高蛋白、低脂、无毒、无过敏、营养成分合理丰富，且具有良好的降糖、降脂、增强免疫的功能，是药食两用的佳品。柞蚕全蚕粉对诱导型小鼠的糖尿病具有一定的预防作用。

选取柞蚕 5 龄第 3d 幼虫在－20℃中冷冻保存，再将已经冷冻的蚕体取出放入－70℃冰箱预冷 12h，取出后放入冷冻干燥机中冷冻干燥，约 48h 后取出干燥蚕块，粉碎机粉碎过 50 目筛（孔径为 355m）制成柞蚕全蚕粉，每 1000 头柞蚕可制得约 4.75kg 柞蚕全蚕粉。全蚕粉可按比例加入其他药物混匀成为全蚕粉复合药物。全蚕粉和全蚕粉复合物采用 $^{60}Co\gamma$ 射线 7kGy 辐照处理灭菌。

第五节 柞蚕茧的利用

一、手工制绵技术

(一) 制绵原料及工艺流程

制丝绵的原料有蛾口茧、割口茧、虫伤茧和响血茧等，蛾口茧和割口茧为上等原料，可拉制优质绵。油烂茧为下等原料，利用时需先漂洗，脱去污迹。

制绵的工艺流程为：浸药去杂→拉小绵→脱色→拉大绵。

制成绵的工艺流程为：拉制毛样→整形净面→喷浆→晒干→包装。

(二) 制绵方法

1. 浸药去杂

(1) 浸药。配制浓度5％的白碱（碳酸钠）水，烧开后倒入大盆中，然后放入原料茧，并翻动茧壳，使碱水浸透茧壳。如果茧壳厚，短时浸不透，可在上面压上石块，浸泡一段时间。一般蛾口茧 1kg，需要白碱 0.25kg，水 5kg。

(2) 加热。捞出茧壳，淋去多余的碱水，移入蒸锅屉中，加盖升温，蒸 1～1.5h。若茧层仍不绵软，可将废茧放入盆内，加盖闷数小时。

(3) 脱碱。从蒸锅中取出茧壳放入盆中，用清水反复进行漂洗，脱去碱质和污液，然后用脱水机脱去水分。

2. 拉小绵

拉小绵工具为小绵弓。取 70cm×2.5cm×0.5cm 的光滑竹片，弯成弓状，固定在一块长木板上（木板大小为 100cm×20cm×2cm）。小绵弓宽 30cm，高 35cm（图 7-4）。

拉小绵方法，将小绵弓横放于盛有清水的大盆上，右手取茧1粒，沾水少许，翻转茧壳，套在左手中间的三个手指上，去除死蛹、蚕皮等杂物，套茧 3～4 粒制成小绵套。从手指上取下小绵套，放在水面上拉成 40cm×20cm 大小的丝绵网，然后将丝绵网的中央放在小绵弓上端，均匀地向下拉至底板，连续套绵网5～6次，制成一定厚度的袋状小绵。从竹弓上取下小绵，拧去水分，晒干。

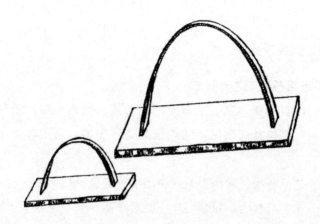

图7-4 制袋绵弓

3.脱色

用茧壳拉制的小绵，一般颜色灰暗，需经化学药剂处理使丝纤维变为白色。脱色剂配制方法：每5kg干绵，需用水35～40kg，硅酸钠（俗称泡化碱）0.5kg，双氧水1～1.2kg。配制时，先把水烧开放入硅酸钠，搅拌使其溶解，再倒入双氧水搅拌均匀。把小绵放入脱色药液煮沸45min，然后用清水漂洗脱药，脱水晒干备用。

4.拉大绵

大绵有2种：一种是袋绵；另一种是片绵。拉制方法大同小异。拉袋绵的工具是"∩"形弓，木制品（或铁制品），弓架高77cm，宽53cm（图7-5）。

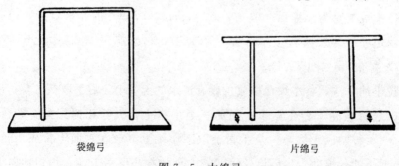

袋绵弓   片绵弓

图7-5 大绵弓

拉小绵的方法：两人协同操作，把小绵浸入清水拉成长 60cm，宽 20cm 的绵片，迅速而均匀地套在大绵弓上，连续套绵 10 余次，便形成一定厚度的袋绵。取下袋绵，拧净水，晒干储存。拉片绵的工具是形"Ⅱ"形弓，木制品，弓架高 85cm，宽 117cm。拉片绵的方法：将"Ⅱ"形弓放在浅水中，二人对坐在弓架的两侧，同拿一张小绵，在水中拉成 1m² 大小的丝网，迅速移往弓架上，向下拉至弓架底座，然后把丝网边挂弓架座的销子上，连续累积 10～15 张小绵网，便形成一张片绵。取下片绵，拧净水分，晒干储存。

（三）制作丝绵成品

1. 制被套方法

（1）拉制毛样。取 2～3kg 大绵，平分两份。先将每张大绵逐张拉开，平摊于木案板（大小与被套相等，高 80cm 左右）上，四人一组，各扯绵片的一角，用力向四角拉扯，扯至木案边缘为止。若用袋绵制作，则应剪开绵袋的两边，使之成为片绵，再向外拉开，用洁净砖石压好木案绵层的三个角，然后从未压砖石的一角开始，将绵层边缘的乱丝向下拉，拉完一方，再拉另一方，于是在案板四周形成一圈下垂绵。离案板面 15cm 处剪去下垂绵，接着整理案板上的绵层，除去杂物，舒展斜筋，再将剪下来的下重绵均匀地铺在绵层上，在第 2 张木案板上，依照上述方法拉伸，叠放另一部分绵片，把剪下来的垂绵也铺在第一张案板的绵层上，掀起四周下垂绵，折向绵层上部，包好四边，再将第 2 张案板的绵层移放在第 1 张绵层上，翻转整个绵层，用第 2 张绵层的下垂绵包装四周绵边。

（2）整形净面。在用垂绵包裹绵层时，注意修整各方各角的形状，最后再进行一次整形工作，舒展绵层表面的斜筋和疤痕。

（3）喷浆。在丝绵被套的两个面上依次喷布一薄层稀面浆，然后用棉布轻轻擦去浮水。

（4）晒干和包装。把被套放在日光下晒干或放在通风处阴干，折叠好，装入塑料袋内备用。

2. 制袄套和裤套方法

先用纸剪裁底样，然后依照底样图形把大绵拉成毛样，再经剪裁、净面、包边、喷浆、晒干等工序，制成符合要求的成品绵。

二、柞蚕割口茧加工丝绵技术

（一）原料选除

在割口茧原料中，常有柞树枝叶、死蛹、蛹皮及油烂茧、蛾口茧存在，需要除去杂质和用剪刀剪开油烂茧、蛾口茧，在人工初选后，可用除杂机进行除杂，进行2～3遍，彻底除掉原料内杂质。

（二）割口茧水煮除胶生产工艺

1. 化学助剂配比

柞蚕茧壳40kg，40％浓度硅酸钠4kg，水1000kg，纯碱5kg。

2. 操作程序

先将硅酸钠和纯碱3kg溶于水中，溶液沸腾后下茧壳浸润均匀，第2次将剩余纯茧全部投入搅拌均匀，煮沸40min后捞出，脱水松壳后待漂。

（三）割口茧漂白生产工艺

1. 化学助剂配比

硅酸钠5kg，硼砂0.2kg，平平加0.15kg，过氧化氢5kg（有效氧27.5％以上），水260kg。

2. 操作程序

先将硅酸钠、硼砂、平平加加水溶解，后加过氧化氢，同时将煮好的茧壳投入烧开的溶液中，沸腾状态下保持30min，并不断进行搅拌，检验白度及丝条完全溶解分离，捞出洗涤脱水。

（四）柞蚕丝绵柔软工艺

1. 化学助剂

浴比6％～8％（柔软剂/水分），硅油1kg，pH值5.8，浸泡时间15～20min。

2. 操作程序

先将柔软剂投放池中，浴比为100∶6～8（即水分∶柔软剂），硅油投放1kg，用pH试纸调pH值为5.8时，投入漂好的准备精干的丝绵，浸泡柔软15～20min，手感检验满意后脱水干燥，即成精干绵。

（五）二次选杂

在水平玻璃桌面上，正面用白炽灯照射，人工选除精干绵内蛹皮、枝叶等杂质。

（六）柞蚕丝绵生产工艺

1. 柞蚕精干绵开松生产工艺

将干燥好的柞蚕精干绵在20℃左右的温度下，用3％平平加水溶液，按10％的比例回潮24h，然后将丝绵分成500g/团。

2. 一次开松

将每团500g精干绵在开松机上（15号针）进行第一次加工。

3. 最后除杂

将一次开松后的绵片放在玻璃桌面上，正面用白炽灯映照，进行最后一遍除杂工作，选去绵结、生茧皮等杂质。

4. 二次开松

将一次开松后的绵片放在开松机上（22号针），进行二次开松（俗称二道片：纤维长，牢度好），根据需要，加工成每片500g或1000g绵片，形成成品。

5. 梳理（精梳）工艺

将二次开松后的绵片放在272型号精梳机上进行梳理，加工成500g或1000g绵片，俗称精梳绵（纤维均匀、手感好）。

（七）柞丝绵成品制作

根据市场需要，将精梳绵片制成2m×2.3m、2.3m×2.3m丝绵被，套上丝绵被被面用缝纫机缝上精美的图案，然后用包装盒进行成品包装，即可出售。

三、柞蚕丝绵被套的检验

根据1992年国家规定的蚕丝产品行业标准，丝绵被的质量标准如下所述。

1. 丝绵被胎的检验

（1）被胎要求色泽一致，手感具有柞丝特有的爽滑感，含杂每床被胎不得超过二处，撕拉韧性好，无异味。

（2）丝绵被胎含油率≤15％。

（3）蚕丝被胎质量偏差率2％～10％。

（4）蚕丝绵压缩回弹性（％），压缩率≥45％，恢复率≥70％。

（5）pH值6.5±0.5。

2. 蚕丝被胎的外观检验

（1）蚕丝被胎厚薄均匀而充实，四角方正，蚕丝充分延伸，纵横分布全部呈网状。

（2）蚕丝被胎面料检验标准：无破损、无污迹、色花，花色不低于4级纬斜，花斜5％。

（3）蚕丝被辅料：如缝线、扣子、牙绳具有耐久性，标签的性能等均匀与面料相适应，松紧适宜，光滑流畅。

（4）被胎面料的缝针、跳针、浮针、漏针每处不超过3针，整体不得超过3处。

（5）标签要具有耐久性，字迹清楚，缝制平滑。

（6）蚕丝被胎的尺寸要求偏差≤2cm。

附录 一化性柞蚕种繁育技术规程

ICS 65.020.30

B 47

DB41

河 南 省 地 方 标 准

DB41/T 1854—2019

一化性柞蚕种繁育技术规程

2019－06－17发布　　　　　　　　2019－09－17实施

河南省市场监督管理局　　发布

目　次

前 言

本标准按照 GB/T 1.1—2009 给出的规则起草。

本标准由河南省农业农村厅提出并归口。

本标准起草单位：河南省蚕业科学研究院。

本标准主要起草人：朱绪伟、郭剑、张耀亭、杨新峰、张静、徐欣、张凡红、李元洪、张开俊、王嘉祯、丁丽、崔胜、陈忠艺。

一化性柞蚕种繁育技术规程

1 范围

本标准规定了一化性柞蚕种放养的术语和定义、繁育技术。

本标准适用于一化性柞蚕母种、原种和普通种的放养。

2 术语和定义

下列术语和定义适用于本文件。

2.1

一化性柞蚕

在自然条件下，一年中只发生一个世代的柞蚕。

2.2

母种

供生产原种及提制原原母种用的蚕种称为母种。可分为单蛾母种和双蛾母种。由保育母种繁育或育成单位提供。

2.3

原种

供生产普通种或一代杂交种用的蚕种称为原种。可为纯种，也可为单杂交种。

2.4

普通种

用于商品茧生产的蚕种。

2.5

健蛹

外部形态和内部解剖结构正常的无病活性蛹。

2.6

非健蛹

指病蛹、死蛹、畸形蛹、伤蛹、发育蛹、死蚕、半脱皮蛹等。

3 繁育技术

3.1 繁育程序

3.1.1 母种

由保育品种通过扩大繁育形成留根母种，由留根母种扩大繁育形成继代母种，由继代母种扩大繁育形成繁育母种。

3.1.2 原种

3.4.3.1 母种

蚕期病毒病调查处理：逐龄调查记载发病蚕头数，确定发病种类，累计计算全龄发病率。淘汰累计发病率8％以上的饲育区。微粒子病调查处理：在1眠～3眠时，每区选择10头～20头迟眠蚕进行显微镜检查，发现有微粒子病者淘汰该区。

3.4.3.2 原种

蚕期病毒病调查处理：见茧时调查一次发病率。随机在蚕场中十字法选五点，每点调查100头，记录健蚕数，病蚕数，确定发病种类，计算一次发病率，淘汰一次发病率超过5％的饲育区。微粒子病调查处理：在1眠～3眠时，每区选择30头～50头迟眠蚕进行显微镜检查，淘汰微粒子病发病率超过1％者。

3.4.3.3 普通种

预防为主，综合防治。蚕期发现蚕病及时挑出掩埋，不应乱扔，防治蚕病传染和污染蚕坡。

3.5 繁育过程质量预控要求

3.5.1 蚕

选留具有本品种固有特征特性，发育齐一，体色纯正，刚毛硬直，行动活泼、环节紧凑的个体。淘汰孵化率不合格饲育区；淘汰迟眠蚕和迟结茧蚕。

3.5.2 茧

种茧质量指标见附录A中表A.1。

3.5.3 蛹

选留蛹体端正，个体饱满，颅顶板灰玉色，环节紧凑有弹性的蛹。淘汰畸形、干瘪、个体小、环节松弛无弹性的蛹。

3.5.4 蛾

选留形态端正，健壮活泼，鳞毛厚密完整，腹部环节紧凑，节间血液清晰，背血管不混浊，无黑褐色渣点。淘汰蛾翅畸形，鳞毛不全，腹部环节松弛，节间血液浑浊，有黑褐色渣点。

3.5.5 卵

同一品种分批次剥卵后，随即选择卵粒饱满、卵色一致、大小均匀的蚕卵，淘汰瘪卵、杂色卵。再称卵重，淘汰卵量不合格的蛾卵。种卵质量指标见附录 A 中表 A.2。

3.6 茧期管理

3.6.1 摘茧

蚕营茧70％后齐苣子（把未结茧蚕移到另外柞树上）。3d 后再齐苣子一次，剩余淘汰。齐苣子后 3d 摘茧。摘茧方法：手握蚕茧，连同苞叶一同摘下，剥去苞叶，将茧放入筐内。

3.6.2 种茧保护

3.6.2.1 各级种茧一般以自然温保护。夏秋季不超过 28℃，冬季不低于 0℃。2月上旬到暖茧前防止接触10℃以上温度。相对湿度 70％～80％。

3.6.2.2 继代母种以饲育区为单位，用匾架放，注明品种、区号，严防混区。

3.6.2.3 繁育母种、原种按饲育区分茧床（匾、箔）保管，注明品种、区号。

3.6.2.4 摊茧厚度不超过 8cm。防止混种、混区。防伤热、鼠害和茧寄生蜂。按时做好茧质检验。

3.6.3 选茧

选留茧形端正，封口紧密，茧层均匀，茧衣完整，茧色一致的茧。淘汰畸形、薄皮、双宫、响茧、蛾口、油烂、死蚕、死蛹等不良茧。

附录

（规范性附录）

一化性柞蚕种茧质量指标

一化性柞蚕种茧质量指标见表 A.1。

表 A.1 一化性柞蚕种茧质量指标

种级	死笼率 %	全茧量 g	茧层率 %	健蛹率 %	微粒子病率 %
母种	≤8.0	≥6.0	≥10.0	≥92.0	≤0.0
原种	≤8.5	≥5.5	≥10.0	≥87.0	≤2.0
普通种	≤9.0	≥5.5	≥9.5	≥80.0	≤4.0

一化性柞蚕种卵质量指标见表 A.2。

表 A.2 一化性柞蚕种卵质量指标

种级	种卵微粒子病率/%	孵化率/%	单蛾卵量/g
母种	≤0.0	≥95.0	≥1.8
原种	≤0.0	≥93.0	≥1.6
普通种	≤3.0	≥90.0	≥1.5

参 考 文 献

［1］ 河南省南召蚕业试验场. 河南柞蚕 ［M］. 郑州：河南人民出版社，1974.

［2］ 周怀民，胡则旺. 柞蚕生产技术 ［M］. 郑州：河南科学技术出版社，1995.

［3］ 辽宁蚕业科学研究所. 中国柞蚕品种志 ［M］. 沈阳：辽宁科学技术出版社，1994.

［4］ 辽宁蚕业科学研究所. 中国柞蚕 ［M］. 沈阳：辽宁科学技术出版社，2003.

［5］ 秦利，李树英. 中国柞蚕学 ［M］. 北京：中国农业出版社，2017.

［6］ 姜义仁，秦利. 柞蚕种质资源研究：回顾与展望 ［D］. 中国蚕学会第八届暨国家蚕桑产业技术体系家（柞）蚕遗传育种及良种繁育学术研讨会论文集，2011，100－111.

［7］ 王昌杰，张绪卿. 柞树栽培 ［M］. 北京：农业出版社，1983.

［8］ 赵建铭，梁恩义，史永善，等. 中国动物志昆虫纲：第二十三卷 双翅目寄蝇科（一）［M］. 北京：科学出版社，2001.

［9］ 高耀亭，等. 中国动物志兽纲：第八卷 食肉目 ［M］. 北京：科学出版社，1987

［10］ 夏武平，等. 中国动物图谱兽类 ［M］. 2版. 北京：科学出版社，1988.

［11］ 罗泽珣，陈卫，高武，等. 中国动物志兽纲：第六卷 啮齿目 ［M］. 北京：科学出版社，2000

［12］ 赵正阶. 中国鸟类志：上、下卷 ［M］. 长春：吉林科学技术出版社，1999.

［13］ 郑作新，寿振黄，傅桐生，等. 中国动物图谱鸟类 ［M］. 3版. 北京：科学出版社，1987.

［14］ 中国科学院动物研究所，等. 天敌昆虫图册（第三号）［M］. 北京：科学出版社，1978.

［15］ 杨有乾，葛荫榕，和振武. 河南省志：第八卷 第十篇 动物志 ［M］. 郑州：河南人民出版社，1992.

［16］ 包志愿，周志栋. 河南柞蚕业生态高效技术集成 ［M］. 北京：中国水利水电出版社，2013.

［17］ 聂富林，李焕匠. 黑木耳袋料栽培致富 ［M］. 北京：金盾出版社，2008.

［18］ 李长喜，李臣，杨英霞. 香菇优质高产新技术 ［M］. 郑州：中原农民出版社，1998.

［19］ 殷利武，王玲娜. 食用菌栽培技术 ［M］. 北京：北京交通大学出版社，2015.

［20］ 丁湖广，王德平. 黑木耳与银耳袋料栽培速成高产新技术 ［M］. 北京：金盾出

版社，1989.

[21] 李素娟，刘爱芝，武予清，等. 河南省主要金龟子（蛴螬）种类分布、危害特点及综合防治技术 [J]. 河南农业科学，2013，6：21-23，7：32.

[22] 朱荣才，袁颖，李克向，等. 利用一化性柞蚕蛹培育蛹虫草的生产技术 [J]. 北方蚕业，2015，36（2）：28-33.

[23] 董绪国，赵世文，张其苏. 辽宁柞蚕新寄蝇——坎坦追寄蝇研究初报 [J]. 辽宁农业科学，2008（6）：42-43.

[24] 陈大光，隋志恒，金俊，等. 柞蚕种质资源退化原因及其预防措施 [J]. 特种经济动物，2013（10）：5-6.

[25] 王林美，岳冬梅，李树英. 柞蚕黄色蛹形成条件探讨 [J]. 北方蚕业，2012，33（4）：13-15.

[26] 郭剑，宋松，周志栋. 河南柞园害虫特征、生活习性及为害调查 [J]. 北方蚕业，2015，36（1）：30-33.

[27] 郭剑，张凡红，邱向成，等. 河南省柞蚕寄生蝇的种群调查及发生原因分析 [J]. 北方蚕业，2013，34（2）：6-8.

[28] 郭剑，邱向成，张凡红，等. 河南省柞蚕区寄生蝇的药物防治试验 [J]. 北方蚕业，2013，33（3）：16-17.

[29] 朱荣才，朱向明. 一化性柞蚕蛹药物解除滞育技术试验初报 [J]. 北方蚕业，2017，38（2）：36-38.

[30] 杨新峰. 河南柞蚕一化二放生产用种的现状与分析 [J]. 安徽蚕业，2016，2：37-38.

[31] 杨新峰. 河南柞蚕一化二放秋柞蚕放养研究现状 [J]. 北方蚕业科研协作区第二十九届学术年会交流，2017.

[32] 周怀民. 柞蚕辉点初探 [J]. 蚕业科学，1983，9（2）：110-113.

[33] 田旭，褚金祥，申保青，等. 试析气象因素对柞蚕产茧量的影响 [J]. 河南蚕茶通讯，1992，1：54-60.

[34] 田旭，褚金祥，田旭，等. 高温处理柞蚕蛹防治微粒子病胚种传染的研究初报 [J]. 河南蚕茶通讯，1988，1：15-19.

[35] 李树英. 柞蚕综合利用（3）——利用雄性柞蚕蛾生产蚕蛾酒技术 [J]. 中国蚕业，2013，34（3）：81-84.

[36] 杨新峰. 河南省柞蚕生产区防鸟网的应用技术 [J]. 北方蚕业，2019，40（4）：44-51.